自媒體時代實戰行銷術

李娟受、文仁宣 著 林大懇 譯

/ 作者序 /

這本書幫你找到公關行銷的光明燈！

我作為二十年以上的記者和公關行銷人員，活躍在社群領域當中。或許是因為之前長期的公關工作讓自己過於疲憊，最後以「打算更悠哉、更優雅地工作」為由遞出辭職信後，離開了令人羨慕的文化藝術領域工作，動身前往坡州 Heyri 創意藝術村，去進修藝術經紀人的教育課程。課程順利結業後，作為新進策展人，在準備展覽的過程中，就遇見了一位三十歲後半的韓國傳統畫畫家。這位畫家在從美術大學畢業後的十餘年間持續不斷作畫，每年都開個人畫展，也會參與團體畫展，是美術界裡的知名畫家。當他在整理要展出的畫作時，有一幅作品特別入眼。那幅畫用綠意盎然的綠葉畫滿了整張畫布，仔細一看，就發現有一雙鞋藏在那些草叢裡。好像是在玩看圖找物的遊戲一樣。於是，我詢問了這幅畫的含義。

「它正在吶喊著：『請來找一找我！』躲在草叢裡、看不太出來，也不怎麼顯眼的那雙鞋，不就跟我很像嗎？」

她說，自己作為畫家活著，總感到孤單，內心很不安、也很焦躁，覺得再怎麼努力，這世界也不會認出自己。看著渴望能獲得大眾關心、美術界肯定的自己，就覺得窮途落魄，而且是永無止境。說到這裡時，她的眼淚在眼眶裡打轉。

接下來是一位中小企業老闆的故事。曾經為大企業中備受矚目的工程師，距他自己跳出來創業，也已經十多年了。在這段日子裡，不僅申請到好幾個專利，也開拓了海外市場，他一直都為了擴展事業，只注視著前方努力奔馳。他始終懷著作為開發者又身兼管理階層自信的工作著。但是回頭一看，竟然看見組織停擺，資金收支情況一年比一年每下愈況，還因為身為重要客戶的大企業和公家機關在暗中的甲方行為（譯註：仗著自己有利地位就處處刁難、欺負別人。由合約書中「甲方」、「乙方」，以及「惡劣行為」結合而成。）而留下了一身傷痕。雖然處在這種狀況，但他擔心著好不容易研發的新產品，會不會這次也在沒獲得市場評價的狀況下，直接被打入冷宮。

「現在我們公司最需要的是轉捩點。需要某種能脫離停擺的原動力。而這指的應該就是公關行銷吧？現在此時此刻，我們就該完整地宣告我們是誰，並展現我們到底擁有什麼樣的能力。明明這些道理我們都懂，但總是忙著解決眼前發生的事，也不太知道做法，所以這事就不知不覺一直往後拖延。我擔心再這樣下去，會永遠錯失機會。」

從那之後，我也和身邊的其他「畫家」和「中小企業老闆」見面了。他們都如此吶喊著：「明明市場那麼寬敞，但我能站立的地方卻很狹窄。即使如此，我還是熱愛我的工作，很希望未來也能持續達成更多成就。好希望世界能發現到我。就算一次也好，我也想成為發光又備受矚目的存在啊！」

因此，離職不到一年，我便著手創辦了一家公關行銷公司。我很想要再次回到戰場工作。不對，我覺得我就應該要這麼做。我真的有很多想要對他們說的話。

這本書是我們致力於為了完全不懂公關行銷的中小企業、新創公司、一人公司、小工商業者、自由業者、藝術家、文化藝術團體、非營利財團以及NGO，以簡單、易理解的方式書寫，能不花大錢卻能發揮效果良好的公關行銷實戰訣竅。面對公關行銷時，請拋棄「很難，要花錢做，或是找外面的專家來做」這種消極的態度，我很想藉這個機會勉勵各位，讓各位能產生「我要寫出我自己的故事，我也來做看看！」的勇氣和想法。

希望這本書能成為大家找到個人和組織價值的光明燈，照亮那些停擺的工作時，有全新的視野。戴上公關視角去察看清楚行銷的內部，而且在這過程中能與世界連結，並展現自己的差異化和優點。因此，就能鞏固工作的價值和名分，也能獲得往後繼續工作的原動力。公關行銷，是強而有力的。

Contents

作者序

這本書幫你找到公關行銷的光明燈！ 002

前言

關於公關行銷的誤會和真相 008

PART 1 什麼叫做公關行銷

公關行銷就等於買賣生意 016
最厲害的武器是真相和真誠 019
讓內容宣傳我們 024
公關行銷不是解說員，請成為創造價值的人 030

PART 2 提升行銷實戰經驗，成功就很簡單

在公關行銷計畫中尋找有用的資訊 038
善用大數據創造話題 045
公關行銷的重點是時機 052
友善的行銷力量好感勝過戰略 057
公關行銷人必備的五種高效工作能力 063

PART 3 制定公關行銷的實戰計畫策略

擬定有效且準確的年度公關行銷計畫 072
制定高執行力的公關行銷計畫 080
找出特別專屬自己的必殺技 087
利用「混搭法」發揮協同效應 095
跟計畫一樣重要的公關行銷成效之測定 099

PART 4 宣傳成功的行銷實戰策略

公關行銷最該先具備的四個要件 108
新產品上市的十個公關行銷策略 114
培養性別敏感度 121
針對千禧世代的公關行銷實戰策略 128
迎來 Z 世代的公關行銷實戰策略 138

PART 5 公關行銷與記者打交道的秘訣

設計新聞廣告前的四大關鍵 148
撰寫新聞稿的六大要點 152
優秀的新聞稿 vs. 失敗的新聞稿 158
提高報導可能性的照片和影片 164
發送新聞稿也需要技術 170
在多變的媒體環境下，有智慧地面對記者的方法 175
提高活用的新聞稿形式 182

PART 6 對小公司有利的網路宣傳

不花大錢的網路行銷是現今的生存武器 186
需要找網路公關行銷代理商嗎？ 190
網路行銷成功的祕密 200
用大數據了解顧客和市場 204
網路公關行銷擬定預算的五大原則 213
安全地與網路廣告簽約的訣竅 217
顯得更吸睛的搜尋引擎優化策略 226
在網路平台廣告行銷致勝的秘訣 234
病毒式行銷成功策略 241
現在是 YouTube 的天下要用影片內容來和世界連接 249
審查網路廣告效果 259

PART 7 面對危機時，更發光的公關

平常就要做的危機管理 270
製作符合自己的危機管理作業手冊 276
發生危機時的可做 & 不可做......282
藉由好的道歉來度過危機 287

PART 8 自媒體時代，這樣宣傳自己

讓「自己」這品牌上市 294
為宣傳並推銷自己的四件預備工作 300
不是要炫耀，而是要「宣傳」 305
要勤奮地發掘出「像我自己」的內容 310
檢視自己的人脈並加以拓寬 318
藉由不同平台，在公開場合展現自己 325
我的聲譽由我自己來管理 331
最棒的「自我推廣法」 337

後記

找尋最適合自己的實戰行銷術 344

參考書籍 348

/ 前言 /

關於公關行銷的誤會和真相

「公關行銷」是為了讓大眾知道某項商品或個人而衍生出來的媒介。是將商品的優點和特徵包裝成大眾能清楚看懂的形式後去呈現出來的技巧，也是一種向大眾和人們溝通的橋樑。

與其說公關行銷有某種特定表現技巧或訣竅，不如說它在面對大眾時有不同的觀點及思考方式。站在所謂「向大眾分享」的公關行銷的起點上，首先我發現大多數人對這個領域不太關心和不了解。因此在理解時，應拋開先入為主的想法或誤會，這樣的心態才是最重要的。

誤會1 不需要公關行銷啦，只要產品服務好，就能賣得好啊！

即使企業有再好的技術、商品和服務，人們若看不出來，就無法在競爭當中脫穎而出。不是只有第一名的產品會在市場成功，就算不是最了不起的產品，只要有些差異化、擁有只屬於自己的產品和服務，就能吸引顧客的心。有句話說：「玉不琢，不成器。」各位該如何雕琢手上擁有的玉石呢？幫助你尋找那方法的就是「公關行銷」。

 公關行銷就是要花大錢，才有效啊！

「公關行銷就是砸大錢做啊！」

「等公司穩定之後、資金有餘，再來做好了。」

小企業、小工商業者、新創公司、一人公司、自由業者、非營利組織和預備創業者們，常常會這麼想。但敢斷言的是，**公關行銷絕非砸錢來做的，而是靠策略來做的**。跟以前相比，公關媒介變得多元，消費者也不一樣了。現在這時代，任何人都是「媒體」——一個人就是一個媒體，雖然讓公關行銷的門檻降低了，但同時創新力、企劃力及誠信的執行力卻也顯得更為重要。以跳脫既有思考的創新力作為基礎，僅拿少許費用，就能做出效果良好的公關行銷策略，現在就是該找出這個方法的時候！

 只要建立社群網站帳號，這樣就可以了吧！

「聽說最近的趨勢是使用社群網站來宣傳耶？我們創建了官方網站、部落格、粉絲俱樂部、Instagram、Facebook，還有 YouTube。但是太忙，沒辦法好好經營。」

官方網站中留言版上最新文章竟是三年前顧客留的諮詢，在 Instagram 上的是年輕職員上傳的公司聚餐合照，而部落格上則被垃圾廣告洗版。或者，最近建了 YouTube 帳號，頻道上只有公司宣傳影片，訂閱人數也就 12 人而已。你的公司是否陷在這樣的處境中？

要把社群網路媒體的趨勢打造成實際有效的宣傳平台，必須做好提案企劃，而且要誠信地好好經營。首先，找出能將公司內容展現得最好的網路平台，選好平台之後，要規律且不間斷地上傳符合平台受眾的貼文。要是沒有好好地管理這些網路媒體，就有可能導致公司形象變更差。在變化無常的數位時代裡，小公司和自營業勢必能抓住更好的機會。但前提是，要從公關行銷的角度去接觸才有可能辦到。

誤會4 像我們這樣的小公司或團體，新聞媒體會關注嗎？

只要有「能宣傳的事物」就可以獲得關注！行銷公關是很了不起的戰術，足以讓中小企業、新創公司、一人公司、自由業者、非營利組織、預備創業者、個人等被大眾看見。必須要知道哪些媒體會對我們組織的技術、產品和服務產生興趣，也要知道該如何提供資訊才會有後續的取材和新聞報導。新聞稿就是寫給媒體的情書，必須寫得正確又有魅力，並寄給最恰當的對象！現在就該擺脫「只有報章雜誌、電視台是媒體」的認知，要帶著策略去攻占各式各樣的媒體才行。

誤會5 公關行銷就是在耍小聰明、計謀？

公關行銷常被視為是「輿論操作」及「小聰明和計謀」，但絕對不是這樣的。現在的公關人要面對的是既有新聞媒體、數不清的網路媒體、一人媒體和自媒體。隨著社群媒體的使用率上升，媒體環境有了急速的變化，與記者的關係已不像過往密切，現在已經擴大到「公眾」了，意即和所有人都有關係。耍伎倆、見機行事的這種行為，現在看來都是徒勞無功。**最強而有力、有效的武器就是「真誠」**。現在這個時代就是要坦白地展現優點，也承認缺點，但同時也展現出我們改善的誠意，藉此提升信賴度。

 只由我們公司的公關行銷負責人做事就好了？

在宣傳方面失敗的許多組織都有一個共同點，那就是在組織內盡是帶著「公關就由負責單位去做就好，跟其他人無關」的態度。當公關行銷部門向其他部門索取資料時，常常都以「我們很忙，你們自己看著辦」為由拒絕，或是拜託別讓自己部門的事上新聞。

只有負責同仁做到差點喘不過氣，其餘的就是袖手旁觀。

相反地，看看那些被評為公關行銷做得好的公司，就能發現公司的氣氛是從老闆到全體職員都對公關行銷的重要性有所認知，所以整間公司全力付出關心來推動。為了讓組織有所發展，全體同仁都應帶著「公關行銷要成功，我們的公司才會成功」的想法，而且在必要時，要積極地、井然有序地做事。當然更不用說，公關行銷負責人必須在中央帶頭指揮。而一個有能力的公關行銷負責人，就是要懂得讓組織的所有同仁都成為公關行銷的後盾。

誤會7 內部社群是什麼，不需要關注吧！

在公關行銷裡，「敵」與「友」都近在眼前，意思是他們都在組織內部裡。在現在社群媒體蓬勃發展的時代裡，不管是外部顧客，還是內部員工，任何人都能是「社群顧客」。

藉由積極經營內部社群來提高職員對公司的喜愛，這樣獲得的效果就等同是找了一位代言人一樣。相反地，如果公司內越不交流，就越容易因小議題而讓公司的根基動搖、產生大危機。公關行銷的第一顧客其實就是內部職員。不該用不同於外部顧客的態度來對待職員，必須一視同仁，也要誠心誠意地對待，這才是核心。

誤會8 危機就像是天然災害，只能乖乖承擔嗎？

很不幸的，很多時候只有在真正實際遭遇危機時，才能為公關部門的危機處理能力做出評價。也只有在處於危機時，才能發揮出公關行銷的真正價值。因此，平常就要做好危機管理，這樣在真的遭遇危機時，才能把組織從沼澤中救出來。

提早做好危機管理的組織和沒那麼做的組織就只有一個差異。差別就在於有沒有「準備和預備」的態度。要做到有效的危機處理，其中 70% 在於預防，而其餘 30% 則是左右於事發後執行危機管理作業。這代表預防很重要。為了讓組織在遇到危機時，還能帶給外部信賴，平常就要將形象打造得友善又值得相信，這會成為日後有用的保險。

誤會9 現在馬上！證明一下公關行銷的效果！

「投資報酬率是多少呢？」這是每次做公關行銷企劃時，負責人都得苦惱的問題。這是因為由公關行銷來創造的直接收益，其準確數值是難以得知的。能否將品牌認知度、好感度、製造友好輿論、管理負面議題等用準確的數字來表示呢？就連公關學者也認為最難研究的領域就是「公關行銷效果之測定。」

公關行銷就像是一場馬拉松，常常得經過一段時間才能知道結果。這項工作並非一下就能看到效果，就像聚沙成塔的道理一樣是需要長時間經營的。讀懂從各種訊息、回饋中流露出的公關效果，藉此了解顧客或利害關係者的想法，雖然這點是公關當中較困難的部分，但同時也是有趣的地方。

光是消除對公關行銷的莫名恐懼、抗拒或是誤會，也算是在過程中最重要的一部分。與其說人生中重要的事都是事先知道才開始去做的，不如說我們都是在過程中有所學習並一直走下去的。

公關行銷也是這樣，起步是重點。雖然這段路程可能會很辛苦，但一定會獲得滿滿的成果，讓你津津有味。

大家請在公關行銷這場馬拉松上，邁開步伐的跑吧！

PART

1 什麼叫做公關行銷

公關行銷就等於買賣生意

「感覺就像是拿著一把斧頭站在險峻的高山前。」

腦中浮現了申福榮教授* —— 寫《來自監獄的思索》、《講義》中提到的，每當面對古典著作時，他都會有這樣的感受。這古典，是當時的人留下了對於龐大格局之智慧、遙遠時光帶著的敬意與謙虛之心。

公關的英文縮寫為「PR」，意指「公共關係（Public Relations）、組織和公眾之間的關係」。從意義上開始就很有壓倒性。在公關行銷中所說的「公眾」指的是顧客、新聞媒體、股東、區域社區、政府、首席執行官以及內部員工，並沒有上下層之分。就是因為該面對的對象如此廣泛，導致常常有不可抗力或無法預測的狀況發生。因此，面對「公關行銷」，我也有著相同的感受。

若問一般人說：「什麼是公關行銷？」往往他們的回答是「刊登在新聞媒體的報導」、「製作廣告後透過報紙或電視傳播」之類的。這些回答其實都是對的，不過這只是公關行銷的一小部分而已。公關行銷過去輕易地被我們侷限在與媒體間的關係、新聞廣告裡，然而，隨著貿易環境有了綜合性的發展之後，其存在意義和扮演之角色變得越來越重要。

*編註：申福榮教授為當代韓國思想代表人物，有韓國魯迅之稱。

公關行銷有多重要？

美國行銷大師菲利普・科特勒的《高度可見性 High Visibility》著作中就提到：「擁有高知名度的傑出之個人或組織，這些存在是如何造就而成的呢？」結論是要讓「其他人」了解「我」。而公關行銷其實就是在做這件事。

不需要因為自己公司小，或正在剛要踏入市場第一步的創業階段，就意志消沉。不論是大公司還是小公司，現在大家都是站在相同的起跑線上。**透過製作昂貴的廣告，或是舉辦大型行銷活動來做宣傳，這些再也不是治百病的萬靈丹**。憑普通的策略和技巧，是不會讓顧客買單的。顧客再也不會無條件地接受公司丟出來的訊息。顧客變得嚴謹、主動，同時他們轉變想法的速度越來越快。面對他們時，用普通的說明或誘惑是行不通的，**應該是要引起共鳴才對，這樣他們才會有所行動**。所以，公關行銷就顯得更重要了。

公關行銷是最一開始創業就該考慮的事

回想看看準備創業的那個時期吧！我們會對很多部分進行評估分析，也會蒐集資料、擬定目標。但大多數人卻沒有將公關行銷計畫一起考慮好就定下相關的企劃。

「寫好營運計畫書是現階段最重要的事。等到公司某種程度上軌道了，再來擬定公關行銷計畫來做，這樣也不遲。」

普遍都會如此安排事情的順序。就算參考創業相關的書籍，通常也都是先抓住項目、選定銷售通路、進行組織的編制後投入事業，這些都完成後才在後半階段安排公關行銷的事。也許就是這個原因，自然而然讓許多人以為「創業→組織穩定→公關行銷」這樣的順序是正確的。

然而，若是處於剛開始發售技術、產品或服務並將其推入市場的創業階段，或者是必須由全體同仁不分業務來經營事業的小公司、一人公司、小工商業者而言，最重要的其實是「有準確地讓大家更了解我嗎？」。先要讓大家了解我（to know），接著是要接受（to accept），最後要達到與顧客方融為一體（to be one）的境界，才會具有市場競爭力。為了完成這項絕處逢生的任務，從擬定營運計畫階段，就要把公關行銷算在裡面，並思考該如何做才有成效。

公關行銷並不是照著某種既定的程序進行，公關行銷就是「做生意」。所以處在準備事業階段，或是要做產品／服務企劃時，就得先思考要對哪些人說話、用哪種方式接近。

從公關行銷的視角來察看自己以及我們組織時，就能預估消費者對我們的期望，而我們也能因此邁開更有效地接近他們的第一步。

別只是拿著一把斧頭站在「公關行銷」這座險峻的高山前而覺得茫然。請帶著真誠與持之以恆的心情，首先拍除、整理自己腳上的泥土吧！接下來，在那塊土地上撒種、細心照料並使其發芽、茁壯，就是如今我們該做的事。

最厲害的武器是真相和真誠

「不知道要怎麼做，才能好好展現我們的能力和可能性！」

前些日子我和一位許久未見的新創企業老闆見面，他在獲得了國內外小型風力發電專利，也發表了許多優秀的論文後，聽說最近在打探開發海外市場。但他現在看起來的臉色非常黯淡。作為一家知名度極低的中小企業，在與大企業、國營企業、政府機關合作的過程中，想必是十分煎熬的。他說，從業績、人員組織之類的外顯部分看來，小公司很難發聲，以致於推廣產品時非常辛苦。其實新創企業擁有潛在的技術和可能性，這些也都應該算在公司的能力才對。

小公司的煩惱：要如何讓外界了解我們呢？

這間公司的煩惱也是我們所有的人煩惱。要怎麼樣才能讓外界了解我們的能力、了解我們的事業呢？從顧客、股東、合作機關、政府機關 —— 負責給予事業許可或資金補助 —— 到地方自治團體、國營企業、新聞媒體、潛在顧客，甚至是一般大眾，有這麼多需要面對的利害關係人。通常大企業都會分別成立公關部門、行銷部門、協助內部溝通的部門、危機處理部門，各部門只要做好各自領域的份內工作就行了。

但是，中小企業、新創公司、小工商業者、一人公司、自由業者、非營利團體等等，大部分都得靠老闆自己消化所有事情。不僅要營業，還要開發技術、要負責對外溝通，同時要想辦法解決有問題的部分，也要解決和政府、地方自治團體和區域社區居民有關的事。就算翻資料出來看，或是找專家諮詢，也沒辦法立刻一次性地解決所有問題。總覺得一直被事情追趕，不管再怎麼做事，這個月該處理的事、該繳的費用總是堆積如山。

作者：所以您更需要公關行銷。公司越小，就越要做宣傳。

新創企業老闆：你說的「公關行銷」，到底怎麼做才能做得好呢？

作者：需要心態和武器。要具備公關行銷方面的心態及有效的武器。

新創企業老闆：武器？是什麼呢？

作者：對於小公司而言，公關行銷的武器就是真相和真誠。

資訊氾濫的數位時代，會因著「真相」而受關注

當初那個少數媒體代表整個輿論的時代已經過了，現在這世界裡，每個人都成為媒體了。這也代表著不只有專業人士能做公關行銷企劃。甚至出現「平民內容」這詞彙，指的是極度平凡的我們的工作和日常成為最熱門內容。因為沒有多的錢、沒有專業人才，所以無法做公關行銷，這話一聽就像是在狡辯。但，事實上只要有主見和執行力，就一定能榮登為公關行銷界中的明星。

所以，「公關行銷是不是變簡單了？」也不是這樣的。反而變得更困難了。因為選擇和變數變多，導致該嘗試的次數也增加。活在這混亂的時代，該緊抓著不放的事物就是真相。

真相型的溝通 —— 客觀地傳達出以真相作為基礎的內容，效果極佳，這是因為顧客和消費者了解太多的資訊，也變得更聰明的關係。資訊的主權已

經交在消費者手裡了。由於大量的資訊，讓消費者更加不相信這些消息。以前畫面優美的影片、感性的咖啡、感動的故事都是趨勢，但最近，有越來越多人對這種修飾過的方式感到厭煩。反而讓「以真相為主、客觀地傳達正確的內容」這種溝通備受關注。

對於專業化的技術或把服務當成產品的中小企業和創業者來說，只要各自都忠實於本質，就會具備說服力。鑽研本質的態度，這會是一股足以讓本身的業務和服務售罄的力量。用走捷徑、動用謀略、耍小聰明的方式來抓住對方目光，是「低級公關行銷」才會做的事。所以，拿著真相進行正面對決，才是高手的策略。

以真相為主的溝通，其核心是「真誠」

以真相為主的溝通，不是誇大其辭，「坦白」、「毫無虛假」才是核心。也就是說，只要好好地傳達出企業想傳達的訊息就足夠，重點在於真誠。以為用誇張的宣傳詞消費者就會被說服的時代已經結束了。

這裡有一個文化產業的案例，能說明公關行銷中真誠到底有多重要又有成效。位於江原道平昌郡龍坪面都事里村，村裡僅居住著 70 戶人家，人數大概 180 餘名，那地方以「自然飯桌」村莊為名，並吸引其他地區的人來訪。江原道鄉下，人們會談論著春荒時吃什麼，或是下雪的冬天夜晚該吃什麼來抗寒等等，這些談話內容對當地人來說是習以為常，但對外地人來說卻是充滿魅力的故事。

有人迷上了在鄉下的房子裡，短時間內就能做出來的一整桌健康菜，以及聽聽有趣的故事，隨著這樣的人越來越多，人們不斷聚集過來，後來，平昌文化園便蓋了一棟山村體驗館。重現山村特有飲食，加上有「觀光自然化」的方針，於是就舉辦了「用山谷飲食來解開爺爺奶奶的飲食包袱」活動。在活動開始的同時，也出版了《自然就是飯桌》的書籍，還以同名主題開辦了攝影展。再後來，也有持續舉辦活動，例如：「都事里自然飯桌」、「都事里七道飯菜」、「佃農的飯桌」等等。像「山谷飯桌」這樣的主題，在真相和真誠上都有高度親和力，也能發展衍生出豐富的宣傳項目，就好像是葡萄藤蔓一樣蔓延開來。

在某一次煮大醬鍋時，我自言自語道：「公關行銷就是一鍋大醬鍋。」韓國有多少位家庭主婦，就有各種不同版本的大醬鍋食譜，因為會按照每個人的喜好來料理的關係，有人做得爽口，有人做成重口味的大醬火鍋並加入肉片來煮，也有人只用鯷魚高湯和幾樣蔬菜煮得清淡。不論是哪種風格的大醬鍋，都有必須遵守的首要條件。那就是料理時，要放入美味的醬和新鮮的食材，還有，要付出誠意。

其實公關行銷也是一樣的，每天都有新的事物接連不斷地發生，根據組織中公關行銷的認知以及負責人的能力，處理結果都不一樣，甚至是天差地遠。為此，請務必遵守「以真相為主」和「真誠」這兩個原則。這個道理就像是不論用哪種食譜來煮，只要為了煮出美味的大醬鍋，就一定要使用好的食材並付出誠意。

今天各位料理的公關大醬鍋，是什麼樣的口味呢？

/ column /

一起來了解真相型公關行銷的策略類型

◆ REAL / 真相型策略

坦白地展現產品或服務本身的方式。「你今天很想吃炸雞。」這句「外賣的民族（Baedal Minjok）*」的廣告詞就是個例子。整個畫面裡都是在油鍋裡滋滋作響的炸雞。雖是不論男女老少都能想像的味道，明明只是看著畫面，卻能感覺到炸雞就在眼前。比起邀請偶像明星出演廣告，在畫面裡看似真的很好吃地閉著眼睛發出「嗯～」聲地享用，如此拍出吸引人的廣告，這種「真相」廣告更勝一籌，是能刺激食欲，也能深深烙印在腦中。觀看者能感受到他們帶著「是食物廣告就該好好讓大家看食物」的堅定意志。不加入其他加油添醋的成分，只專注在產品或服務上，這就是真相的力量。

◆ TEST / 實測型型策略

透過實測開箱來展現產品品質及性能的方式。若能加入有創意的點子，就會是錦上添花。

◆ REVIEW / 用戶回饋型策略

這是透過實際用戶的使用心得，以此來展現產品的方式。不只是說出優點而已，應該要讓消費者說出最真實的想法。比起找一位有名的模特兒，拍攝一段完整化妝品廣告，讓一般人親自使用產品後，在自己的房間內拍攝一段分析產品優缺點的影片更有說服力。如今，也越來越多這樣的例子，化妝品、時尚服飾、出版品、幼兒用品、玩具、飲料、遊戲等產業都會找 YouTube 創作者、網路紅人 KOL，透過心得回饋的方式來致力於行銷。用戶回饋的內容，相對來說也能用較低的成本來製作，像是能自由地上傳到各個影音平台之類的，容易製作及發布就是一大優點。

*編註：韓國的外送公司品牌之一

讓內容宣傳我們

「如何讓大家知道我們的存在，還能變成我們的常客呢？」

這是中小企業、新創公司、一人公司、小工商業者、自由業者、非營利團體、預備創業者的共同煩惱，但對大企業或公家機關來說，其實也是一樣。

「要在市場中受關注，創造出忠實顧客。」

這點是營利者永遠的期盼與課題，只不過隨著時代演變，使用的方法和媒體有些許的改變罷了。數位化的時代，企業與消費者的關係看似更靠近了。潛在顧客和企業彼此之間交流、交易已是日常。再者，由於任誰都能成為一人媒體，所以比起依賴幾個新聞機關，不如直接透過數十個管道，讓更多人認識我們公司和產品。那麼，現在會比以往更容易獲得關注嗎？這疑問不禁讓大家都搖一搖頭。

「關注」是二十一世紀的稀有資源

現在的消費者很聰明，他們會經由各種方法和管道來滿足自己關注的需求。以致於在數位化時代中，「關注 attention」成了稀有資源。因為稀有，價值反而也高了。但是並非砸下重金，就能獲得那些稀有資源。即使是用低成本做出的一支粗糙影片，也有可能會爆紅。

最近的消費者雖然也喜歡電視廣告中出現的偶像團體，但當真正要購買物品時，還是會聽從自己喜歡的網紅、YouTuber 的推薦清單來購買。化妝品、遊戲、家用電器、食物、髮型、電影、戲劇、書籍等等，幾乎囊括了所有消費類型。這些被大眾追隨的人，對時尚也有敏感度，並不會完全跟隨別人的腳步。在製作影片或撰寫分享文時，會評估各項產品的價格、品質和其性價比，而且為了確認產品具有推薦價值，當業者希望他們「業配」時，也會要求產品的生產者或提供服務者說明：「我為什麼要買這個東西，請你說服我看看。用簡單有趣，又能感動人的方式。」

公關行銷是製造與他人之間的關係的過程。要交流、變得親近，也要持續地維持情誼。不該將他們視為很好騙的客人，也不該把他們視為顧客，而是要成為他們的「朋友」才對。當生產者和消費者成為朋友後，就不再是只有金錢和產品或是服務來往的關係了。累積了一定的信賴後，他們也會心甘情願地購買我們公司的其他產品，甚至還有可能自稱是我們公司的宣傳大使。這樣就產生出具有高忠誠度的常客了。

和顧客成為朋友的方法？帶著話題經常與他們見面

到底要如何使用公關行銷戰術做到「和顧客成為朋友」呢？就跟我們自己交朋友的情況很類似。如果要和陌生人成為朋友，首先必須要有共同話題。彼此對話、說著有趣又豐富的話題，聊久了就會開始對彼此有所理解。當彼此十分熟識時，即使每天都見面，還是有滔滔不絕、聊不完的天。比起一年中只見一兩次，經常見面的人，反而有更多想聊的事。

成為朋友之間聊天話題的就是「內容」。再來，為了能經常見面聊天，核心就是要擁有「最適合內容的頻道」。

不過，所謂好的內容，是怎麼製作出來的呢？

◎不是資歷而是故事！

向對方展現以資歷為主的訊息，就等於是在暴露真面目。只要一出現資歷更卓越又強大的存在，從那一刻起就是無用之物了，也不會引起人們特別的興趣。那如果是用故事的方式來做呢？故事是專屬自己的、是世界上獨一無二的，可以不用拿出來競爭。故事能永遠保有應有的價值，也能引起他人共鳴，而讓故事被分享出去、形成再生產。如果說資歷是單方面地通知其他人、強勢地要求對方理解的這種「以自我為中心」的方式，那麼故事就是「以他人為中心」，柔和地說服，讓對方理解、引起共鳴，甚至讓對方也願意說出自己的故事。

在公關行銷裡，該不該進行「訴說故事」，並不是一種選擇，而是必須該做的事。因為我很清楚花高價的金額製作出來廣告，不如一篇令人感動的故事，而且這故事會帶來更多輿論、讓人開口談論。若宣傳進行得很成功，也就沒有經營的必要；若品牌定位相當明確，行銷就會自然而然地運作下去。到頭來，其實行銷的最終目的就是品牌定位，**在建構品牌定位時，最具效率的方法就是使用故事的公關行銷戰術。**

◎就算不是最棒的也沒關係，以「做自己」來分勝負吧

在韓國專門生產香腸熱狗的「張順弼餐飲公司（장순필푸드는）」因為使用 B 級文案*和大叔式幽默元素，在網路上掀起熱議。在香腸產品包裝上寫著「大韓民國香腸銷售第一」，但上方卻還有小字寫著「真的好想成為」。用既撒嬌又詼諧有趣的方式說出了公司的期盼，此舉讓公司被廣為認識。有些產品則闡明了產品的製作過程，這些「意料之外的開發故事」也讓產品更具特色。舉例來說，在熱狗的產品上用手寫字寫了一封信件內容。

*編註：B 級文化是韓國文化界的特有名詞，可以理解為草根文化、是製作成本較為低廉的文化產品。

「在五個兄弟姊妹中，我是排行最小的。我曾和跟我差兩歲的勝弼哥一起去鄉下的國小上學……我們都會蹲坐在店家前面，整天盯著熱狗看……勝弼哥謊稱自己弄丟了家長會會費，騙了爸媽，然後用這筆錢買熱狗給我吃。我無法忘懷那熱狗的美味。所以我帶著小時候的記憶，想要試著做出世界上最美味的熱狗。而成立了張順弼餐飲公司。」

夢想著成為廣告撰稿員的張順弼老闆，雖然木訥，但他分享的這則有情感的故事，對與老闆差不多年紀的長輩來說，是會勾起小時候的回憶，對年輕的世代來說，則是蘊含著復古風味和趣味。這樣的故事讓該公司與其他食品公司有了差異化，後來也持續累積了許多故事。

比起網路上官方、有架勢又唯我獨尊的講者，雖然樸實，但很有特色的說出「自己故事」的小人物反而更受大家喜愛。就算不是業界冠軍、不是唯一，使用專屬自己的素材，持續地跟別人搭話，這就是藉由內容來博得喜愛的方法。

◎日常生活也好，與消費者共享經驗

有個位於釜山海雲台的小畫廊「阿里郎」，畫廊的 S 老闆在 Instagram 分享了很多日常的照片。例如出門前的打扮照、日本出差時去吃居酒屋的食物照，或是在忙著籌備畫展的空擋拍下畫廊窗外的海雲台海景照等等。除了拍很時髦、有特色的穿著打扮，也會拍到能隱約看見海雲台海邊的畫展照片，諸如此類的照片都會讓人想要親自去她的畫廊拜訪看看。如果仔細地觀察，會發現那不是隨便拍下的穿搭照或是食物照。在照片中的某個角落看似都藏有一幅畫、或是一個雕刻作品，讓觀看的人更覺得有魅力。

不僅是藝術作品，透過家具、餐具、逛生活用品展、風景照、喝咖啡等等像是隨手拍的照片，都充分展現出畫廊和 S 老闆的連結。如此拉近了一般人對畫廊或畫廊經紀人的距離感，同時也像和藹可親的鄰家姊姊那般帶給人親切感，這就是這家畫廊所使用的策略。

這種透過各種小事件、分享日常經驗的方式，是十分受用的。就像這樣，比起把產品和服務按照平常的方式直接說給人聽，轉個方向，用較親密且沒有距離感的方式去靠近，才是作為內容高手的做法。

◎不只是吸引目光，而是要抓住內心

公關行銷中，噪音行銷（Noise marketing）被認為是一種選為是極端的手段，它們的策略就是「不管怎樣就是要吸引大眾的目光」。像是曾經很流行的「狎鷗亭道歉女[①]」、「弘大香蕉女[②]」等事件。一開始大家都不知道這是一種行銷手段，就因為很有趣而到處分享，但很快真相被揭露了之後，就遭到了大眾的排斥。噪音行銷急忙地引起世人目光，但長期來看，會帶給公司或產品負面形象，而遭受損失。所以，比起製造出帶有爭議的事件，創造出具新穎又良善的感動故事才是更有效的。

◎向大眾分享公司存在的理由和價值

身為公關的你是否清楚地了解做這件事的目的，而能清楚地說明給其他人聽嗎？「What 做什麼」和「Why 為什麼要做」，後者才是內容的出發

---

① 編註：一名身材窈窕漂亮的女性穿著熱褲在時尚的狎鷗亭，賣包裝好的蘋果。一開始大眾以為只是單純賣蘋果，事後才發現是某知名翹臀瘦身機的宣傳手段，因有欺騙大眾之嫌而產生負面連結。

② 編註：一名女性穿著性感學院風，在弘大鬧區發送免費香蕉，引起眾人目光，而被稱為「弘大香蕉女」。實則是為了宣傳電影的模特兒，一樣有讓大眾被欺騙的感覺。

點。不該光是為了公司成功、為了在社會上做好事，而是應該把公司存在的理由化為明確的訊息向大眾說明。然後，不斷地尋找能對顧客分享公司價值的方法才對。

例如，在官方網站或部落格寫專欄，或是打著公司的價值為口號、舉辦線上和線下活動，在商品上不要貼使用說明書，而是透過貼產品企劃意向書的方式來製作內容。

分享公司的「Why」，對於穩固內部的凝聚力以及強化公司定位是很有幫助的。

◎善良的內容會獲勝，請相信真誠的力量

最近的消費者只要認為自己和品牌的價值觀不合，就會立即選擇其他的。對於熟悉上網搜尋的世代來說，只需點選幾下，就能找出想要了解產品的大部分資訊，所以已經不是經營者想掩蓋錯誤的政策和行為，就能統統掩蓋得住了。現在是「善良企業」會成為「強大企業」的時代。美國大型藥妝店「CVS」，他們以社區衛生保健為中心，大幅地將業務轉換，並中斷了菸品販售。就像這樣，應掌握符合公司目的之價值，並定下與之相符的溝通政策後再與大眾共享，這樣才能創造價值。

在韓國有句俗諺說，稱讚也能讓鯨魚跳舞。在公關行銷中，內容就是能讓我們的顧客動起來的事物。用故事寫下的特色和善良，還有能持續地推動下去的，稱作內容的魔法，我們試著去相信它的力量吧！

公關行銷不是解說員
請成為創造價值的人

「各位有多了解自己要做公關行銷的說話對象呢？還有，面對他們時，是不是以真心來付出的呢？」

第一個問題是針對自己是否能看透表面所展現的性向、形式、機能，並看清其中所蘊含的價值，而提出的問題。再來，第二個問題是針對公關行銷人提出的，有關必備基本心態的問題。

以全新的意義和價值重新構想，要從消費者的視角，而非自己的觀點出發

試著回想看看自己愛上某一個人時的記憶吧！一開始只知道那人的幾件事，像是身高、長相、穿衣風格、職業等等。後來，心思放在他身上，也常常和他見面，開始慢慢知道他假日都在做些什麼、不安時的一些習慣動作，也會知道他將來想達成什麼樣的夢想。當朋友和家人問你，他是什麼樣的人，你並不會以「他臉上有兩隻眼睛、一個鼻子、一個嘴巴」或是「他工作年薪有韓幣三千萬」來回答。

反而會這樣回答：「他圓潤的臉蛋上有著一雙深邃的眼睛，看起來就像心思細膩的少年。看著他的笑臉時，就像是聽見他的笑聲一樣十分爽朗。」

「因為很熱情，所以總是做事快速俐落，也能做得很多。因此，也總讓人誤會他是急性子。」

就像這樣，在訴說跟自己心愛的人有關的事情時，我們會具體詳述「內容」。對想聽浪漫戀愛故事的朋友訴說時，會強調對象體貼的個性；對給未來女婿打分數的父母訴說時，則會強調對象的工作能力或責任感，對吧？同樣地，發現自己產品的價值，並加以修飾後，再訴說給其他人聽，這就是公關行銷負責人該做的重要任務。

超越真相創造價值，啟動消費者的購買慾

為了找出顧客，並維持與顧客間的關係，其核心就是「價值」。當有人要求你超越表面意義來述說自己的產品或服務有什麼樣的價值時，你必須要能回答這個問題。這價值能讓我們在市場上與眾不同，也能讓顧客的目光被吸引、被打動。意思就是，這會成為顧客購買我們產品的原因。

「確認價值」，對自己而言，也是非常有意義的。是因為這並不會讓自己只安於當店家老闆或小公司老闆，而是一種能朝向更高的價值定下願景並追求目標的指標。此外，為了將那價值化為具體，就能一連串地做好組織管理、產品開發和公關行銷策略。

要找出我們組織和工作的價值，需要的是公關行銷方面的視角。**公關人的角色是要了解輿論和市場趨勢後，找出自己工作所蘊含的意義和方向。**

始於檢視「自我」的公關行銷，其活動方向是朝向「對方」的。公關的樂趣在於，並不會強調一定要購買產品或服務，而是追求著提供具有價值的某個東西，藉此提高顧客的好感和購買慾。

努力發掘對方的潛在慾望，也是製造全新價值的好方法。首先，想想看

如何把該產品從所屬類別中拉出來賦予全新意義。找出消費者身上潛在「想要」的慾望能力，正是公關人必備的洞察力。公關人並不是說明產品或服務功能優缺點的解說員，應該要讓消費者知道這是為了什麼原因而研發的功能，所以產生什麼樣的新價值，要如此成為「創造價值的人」才行。

要努力養成了解隱藏在產品或服務背後的價值和核心的習慣。要是發現不了什麼，至少也要懂得去製造。

為此，要試著從既有的刻板印象中脫離出來，不能只是消極地接近消費者。應遏止和類似單品間做出比較後改善的這種事，在公關領域裡，做好標竿學習也只是「維持基本」而已。

而擺脫日常又可預測範圍的訊息或形象，才會大量地觸動到人心。為了改變消費者的認知而去做的一切推動，就是「連接到購買」創造商品價值的過程。

再平凡也有價值，若去愛就會有所看見

在公關行銷中，縱使是平凡無奇的產品，也必須讓它變得特別有價值。發掘價值的工作絕非毫無用處。即使是每一天忙於處理業務、拓增往來客戶的小公司，也有可能會迎來互相持有不同看法的時候。

你可能會想，在這個擺明是小物品或是單純的服務中，是能找出什麼樣的價值而嘆息。但如果已經下決心要經營公司並為公司做宣傳，那麼這項工作是避不開的關卡。

這件事情是在與記者見面之前、把製作完成的公關物上傳到社群網站之前，或者是與潛在顧客見面之前，務必要做的課題。若沒有認真地思考「發掘價值」，訂定出來的任何一種公關行銷策略或是製作的宣傳物都不會有良

好的效果。而且，現在投入金錢和時間所做的事只是一次性的嗎？還是會在確定目標的漫長過程中，成為效果極佳的一步呢？這就是有沒有經過思考的差異。

要努力學習愛上現在自己手握著的產品，也要掌握相似市場的現況，並且察看各種消費者的相關資料後，找出「價值」這寶藏才行。不要只想著「自己」，要放大視野，並帶著好奇心、不斷觀察包含著自己部分的「社會」和「世界」以及「人們」。因為公關終究是針對人說話！

最後，要介紹一句在尋寶時有用的咒語。

「若去愛就會了解，而了解後就會有所看見，到那時所看見的，將與以往不同。」

這就是我們要愛上宣傳對象 —— 愛上產品或服務、公司的理由。

/ column /

創造出全新價值的案例

◆ 將壽司產業結合娛樂性行業 —— 「賣壽司的 CEO」

廣為人知的「賣壽司的 CEO」雪狐企業的金承浩會長（音譯，Jim Kim）現今在韓國，甚至在美國、歐洲等國擁有一千五百多家便當專賣店。曾經歷了在美國接二連三地投資失敗後，決定最後放手一搏，而投入大量精力開始經營壽司事業，結果這一舉讓他站上巔峰。美國德莉娜超市設置了他的「Grab n Go」外帶專櫃，和其他日式壽司專櫃不一樣，這個外帶專櫃有一位身穿專業廚師服裝的工作人員在所有人面前親自製作壽司。不僅能讓顧客確認食材的新鮮度，還能欣賞製作壽司的有趣過程。把製作壽司的廚房公開出來，讓人看見整個製作過程，怎麼會有這樣的發想呢？那是因為金承浩會長並不認為自己的事業只是單純的壽司店，他覺得有更大的價值 —— 把這事業看作有娛樂性的行業。他強調：「小吃店也必須要有展望。」

◆ 巷弄裡的一家美容院，化為畫廊而受歡迎 —— 「B.CUT」

在有文藝氣息的延禧洞小巷裡，有一家名為「B.CUT」的美容院，因為室內各處和對外櫥窗都掛著巨大畫作，再加上燈光十分明亮而頗有名氣。既是美容院，也是「畫廊」，把原本單純做頭髮的地方，變成了享受藝術的文化空間，如此讓這空間有了不一樣的價值。這裡是可以把外表打扮得很亮麗之外，也能讓內在變漂亮的地方，而且其兩者具有脈絡的關聯性。不管是規模還是知名度都比眾多大型加盟美容院來得低，但卻有與眾不同的價值及差異性，讓這家店受到新聞媒體的矚目。這間美容院透過極為優雅的方式受到關注！

◆ 這不是運動鞋，是徒步鞋 —— 「Pro-Specs」

知名品牌「Pro-Specs」在韓國宣傳時，提出了不是運動鞋，是「徒步鞋」的新概念，宣揚在日常生活中也應該要穿運動鞋。這概念正好迎合現在人們想要以更休閒、更健康地在都市圈度過生活的價值觀，而大獲成功。即使是跟著社會文化背景走，但價值也應順著流行全新確立才行。

◆ 打著 B 級的口號成為了最頂尖 —— 《Magazine B》

專為 B 級文化發聲，並打著這口號而誕生的雜誌《Magazine B》。當其他家雜誌社渴望地追求使用萬寶龍的鋼筆、背香奈兒包，那麼這家雜誌社就是使用凌美鋼筆、背 Porter 包。真的不需刻意地展現出自己有多了不起而站出來，也會有看出、認出真正價值的人自動找上門。雖然自稱為 B 級，但是會購買這本雜誌的人，是比起精品，更重視自己興趣愛好、引領潮流的人士。

◆ 不是口香糖而是口腔藥品 —— 「樂天木糖醇口香糖」

「樂天」把木糖醇口香糖的定位轉換成口腔藥品後，便大舉成功。透過網路口碑、芬蘭媽媽愛用的木糖醇口香糖案例、牙科販售貨物方式等等，藉由諸如此類新聞媒體報導後，讓以前便宜的口香糖，搖身一變，成為了家庭常備藥。讓大家認知到口香糖已經不是零食，而是保健品的一種，也就是讓大家擺脫既有的觀念，這麼一來，口香糖和消費者就會形成全新又緊密的關係。比起「請買口香糖給我」，更以「想不想了解如何用便宜又美味的方法，來解決您的牙齒健康問題呢？」如此帥氣的廣告詞引誘人。

◆ 消弭主婦罪惡感而大獲全勝 —— 「微波即時白飯」

韓國知名食品餐飲大廠「CJ」在 1966 年上市「微波即時白飯」。現今知名程度已經遍佈全球，但其實不是一開始就成功的。最開始以「方便的白飯」來吸引消費者，但因為這概念讓主婦們面對家人時，產生沒有親自煮白飯的罪惡感，所以完全不受親睞。但在後來，強調就像是家裡煮出來的「美味白飯」，這樣的行銷才取得成功。

PART 2 提升行銷實戰經驗，成功就很簡單

在公關行銷計畫中尋找有用的資訊

有所謂公關智慧一詞嗎？智慧 intelligence，在字典上的意思是「個體所展現的解決問題與認知反應的總體能力」。這裡有個關鍵詞彙 ——「解決問題」。也就是說，擁有著活動能力，能適應特定的業務或領域，理解其意義，還能找出合理解決問題之方法，就被稱作智慧。公關行銷中也必須具備解決問題的能力 —— 意謂公關智慧。

提高公關智慧的祕訣都在資訊裡

十多年前，我在紐約待了兩年左右。一抵達陌生都市後，啟動「生存本能」的想儘快了解這座城市。我好奇著紐約各地正發生著什麼事，當地人的熱門話題是什麼，還有，要去哪裡才能享用到美食，抑或是表演、展覽消息得去哪裡查等等。於是我都還沒安頓好、行李箱連開都沒開，我便急於奔向巴諾書店 Barnes & Noble。

在書店裡到處逛，後來在雜誌區發現了名為《紐約》（New York）的雜誌。此出版品為雙週刊雜誌，涵蓋了關於紐約的社會、文化、政治和生活的內容，是綜合性的生活風格雜誌，可以深度觀察紐約和紐約人，雜誌中也收錄了許多精彩豐富的報導。當天，我便直接訂閱了多虧這本雜誌，我到紐約也才一兩個月，就像一個當地人一樣對紐約的消息瞭如指掌。

當我們在工作或是日常生活時，最令人煩惱的事情之一就是「要如何做才能在最短時間內獲取正確的資訊」。尤其準備去一個陌生的地方旅行、建立事業計畫，或是思考「我若辭職，要做什麼來求生」時，就會急切地蒐集資料。

而在擬定須花錢、花時間來推動的公關行銷計畫時也是一樣的。這項計畫是否發揮成效、是否建立在正確的資訊之上、目標市場選擇得正不正確、市場有沒有缺口、預算抓得恰不恰當，經常會陷入以上這些煩惱當中。做市場調查時，當然可以委託專業的行銷機關或大數據研究中心之類的來做，但是這需要一大筆費用，所以並不容易。如果無法每次都買價格昂貴的「魚」來吃，那麼就要領悟出「捕魚的方法」，如此建構出專屬自己的獲取資訊的演算法才行。

上網就能獲取大量免費的大數據

每個人查詢資訊的方法都不同，也有各自的資訊演算法。在這些方法當中，最普遍使用的，也是最快、最容易取得資訊的方法就是「上網」。

大數據就是用這樣的方式蒐集、儲存、管理、分析在網路環境下所形成的用戶數據，進而提取全新價值的一項技術。很多人說只要能在某種程度上預測消費者的行為模式，利用大數據好好地分析並使用，這樣就能左右事業的未來。根據數位趨勢洞察媒體「Ditoday」及專門行動數位調查（mobile research）公司「opensurvey」，針對行銷負責人為對象做的一份問卷調查，結果顯示當大數據作為擬定行銷策略的基礎時，題目裡問到「最有幫助的部分」中，「精確選擇目標市場」與「行銷成效極大化」被選為第一和第二的優點。

然而，「入口網站」對我而言就是最容易、又能免費取得有意義的大數據的百寶箱。舉例來說，韓國線上搜尋量中「Naver 入口網站」就占了

80%，所以不論是什麼樣的市場調查，都可以用 Naver 來做。「Naver 廣告」原本是為了廣告商執行付費廣告而架設的網站，但現在也有免費開放一部分的服務供個人會員使用。但要跟 Naver 會員分開註冊，首先進入 Naver 廣告網站後註冊會員，成功登入之後，點擊右上方的「廣告系統」按鈕。點擊進入畫面後，再點左上方的「工具」就會出現選單，這裡面有個叫「關鍵字工具」的選項，點進它進入頁面。在這頁面上，輸入自己想查詢的關鍵詞、點搜尋，即可看到有關的搜尋結果。

在這裡可以了解許多廣告商想宣傳的搜尋關鍵詞，與各自商品有關的產業、服務或目標消費者，所以只要在電腦版和手機版上都能找到各式各樣的搜尋趨勢。使用這網站不一定是為了要投放廣告，把它當作是個線上市場調查也是滿有幫助的。

舉例來說，輸入「瑜伽墊」並搜尋，就會跑出符合搜尋詞的某段期間內月別、裝置別（電腦／手機）的搜尋趨勢。可以確認到哪個月份被最多人搜尋，也可以了解性別與各年齡層的搜尋趨勢。

此外，若輸入自己有在注意的搜尋詞，也會出現好幾個相關搜尋結果，從這裡就能了解到跟我的搜尋詞有關的內容當中，哪些是人們感興趣的部分，也能了解人們實際在網路上會用什麼樣的關鍵詞。也可以善用篩選功能，從各種角度來查看搜尋趨勢。如此一來，這些資訊能作為公關行銷的根據，甚至能以其搜尋趨勢最高的時期定為公關行銷的時間點。更多有關「搜尋詞以及免費使用大數據網站」內容請參閱第六章（P.185）

報章雜誌仍對行銷有助力

業內專門雜誌或學術論文，均是經由整理、信賴度高的資訊報告文，因此能在最短的時間內從中取得具有深度且被驗證過的資料。從過往期刊到最新期刊的專門雜誌中，只需仔細地閱讀幾本，就能掌握業內的熱門議題、術語、核心人物以及願景。

不久前，接到一位剛轉職成為某公家機關理事長的某大學教授的緊急電話。他跟我說，他去了總公司及所屬各級機關巡察，並聽完他們業務報告後要由他宣布相關方針，而他面對著這些狀況感到十分的茫然。這位大學教授的確是那領域的專家沒有錯，不過，之所以他會感到如此的茫然，感覺上是因為無法徹底了解實際現場的聲音或相關政策的緣故。於是我建議他仔細地閱讀近期六個月到一年份的業界專門雜誌。過了一段時間，他就跟我說：「我看了雜誌後，就抓到就職演說的方向，而且到各個現場聽業務報告時，也產生了自信感。」

事實上，觀看新聞、閱讀新聞報紙對行銷是有幫助的。可能有人會覺得「現在都什麼時代了，還有誰會看報紙？」或是覺得新聞用網路都看得到。但是，網路上的新聞報導幾乎都是經由入口網站管理，以較片面、話題性為主的內容，或者是經由「大數據」篩選過，以我曾經瀏覽過的新聞為基礎，只局部地列出「我可能會注意的新聞」。

請記得，做公關行銷的企劃時，重點對象並不是「自己」，而是「其他人」。藉由仔細地閱讀一兩個綜合日刊雜誌或經濟雜誌，感覺一下新聞是怎麼以速報的形式產出的，還有純淨新聞（客觀報導）是如何發展成為解釋性報導或是採訪報導的，這樣在日後要做新聞公關時會很有幫助。這就是多多閱讀，寫作也才會跟著進步的道理。同時也是為了寫出好的新聞稿奠定基礎的方法。

此外，也要試著定期到大型書店去逛一逛。這跟在網路或看電子書是很不一樣的，紙本書必然有其能帶來的刺激。我們能從書中看出這時代的需求趨勢。可以定期去搜尋跟自己有關之領域的書籍，去了解有哪些新知，並在這樣的過程中獲取點子主意。也可以去看沒有直接相關的、各式各樣領域的書籍，像是「自我開發」、「興趣」、「經營」、「人文學」、「藝術」等等，藉此摸索公關行銷的感覺。

試著親自體驗、成為消費者

看數據或閱讀新聞時，該注意的就是別陷入在數字、統計圖表和專家意見裡。意思是，若單靠他人所提供的資訊來做企劃，恐怕就會與現場狀況不合而發生紙上談兵的風險。就算是由很有公信力的機關提供的數據，也可能會因為他們使用各種方式和觀念做出的解釋和應用而不適合實際狀況。倘若不希望掉進這陷阱裡，自己就必須成為現場型的資訊搜集者。

藉由試著去現場觀看、親自體驗服務或產品、成為消費者……來蒐集專屬自己的數據。若一直都有針對特定產品／服務、客群、公關行銷方法等方面進行許多的思考和學習，想必會發現自己早已不知不覺中安裝好敏銳的資訊天線了。在這樣的狀態下，只要去現場感受悸動、興奮、全新發現以及感知變化，就極有可能會聯想到新穎的主意。也許乍看之下這些內容、地點跟現在立即要解決的專案計畫沒什麼關聯，但只要有機會，就該積極地為了體驗而付出努力才行。一些看似無關的東西，在組合起來後，很有可能誕生出前所未有的全新發想、企劃。若某個物件或主意令你感興趣，可以反過來去思考：「有哪些是可以套用在現正推行的公關行銷專案計畫裡的呢？」這麼做，一定可以達到提高公關智慧的效果。

要好好確認消費者從我們的產品或服務中獲得了怎樣的感受、具有哪些需求，也要為了擬定與之相符的公關企劃，而試著親自成為消費者，這才是最實在的方法。有一句話說：「答案就在現場裡。」這句是公關行銷領域的永遠正解。

最主要的資訊都是從內部出來的

在處理公關行銷的事務中會有許多的利害關係人。也就是擬定計畫後執行過程當中，需考慮到的對象有很多的意思。顧客（目標顧客、潛在顧客等）、管理階層、股東、新聞媒體、投資機關、政府機關、地方自治團體、地區社會等等，諸如此類與事業相關的所有機關、個人和團體都算是利害關係人。不論是誰都不可輕忽。

這裡還有一個重要的利害關係人，就是我們公司內部人員，也就是上級主管、所屬職員及同仁。若是一人公司，那麼老闆本人就是重要的利害關係人。這群人就是最懂也最會為了公司、產品與服務著想的人。他們作為第一線的顧客，不管是稱讚還是不滿，都能具體地提出來。還有，以公關行銷的層次去看他們各個的業務時，那些往往都是可貴的新聞素材。

行銷的開端，就是從觀察自己周圍開始。必須隨時確認我們組織的職員都在做些什麼、他們需要哪些資訊，也要隨時確認公司希望我擔任什麼樣的角色、希望我要做什麼樣的業務。

一定要製造機會 —— 正式或非正式都行 —— 多跟同事們對話，聊聊「最近有什麼值得宣傳的事物嗎？」如此主動拉近彼此間的距離才行。公關負責人要主動發掘並栽培出擁有好的新聞素材潛力的工作人員和業務。也就是說，要讓 CEO 成為贊助人，讓同事成為支持者，這麼一來，公關行銷才會成功。平時要好好地建立起友好關係，才能降低公司內部發生負面事件的機率，也才能提高意外發生時的應對能力。

大數據、新聞、書籍、現場體驗，再加上關心身邊的同事……，做公關行銷時該考慮的資訊真的很多。這代表了要具備源源不絕的好奇心、敏銳分析能力的同時，還要具備正面意義的「多管閒事」的特質才行。公關人不論何時都要讓自己資訊的觸手伸得茂密又廣闊，在這件事情上絕不可偷懶。

善用大數據創造話題

我們致力於尋找大數據、看懂趨勢。做數據分析時，有時會以巨額費用委託專業的數據分析機關處理，有時則會親力親為地學習數據分析。可是，這些歷經千辛萬苦整理出來的數據，實際上大部分卻無法好好被運用，就僅止於「看懂趨勢」。也就只是在公關行銷的企劃書上有著華麗的統計圖表和表格而已，不太能延續到實際的執行。

大數據和趨勢不是拿來「看懂」，而是拿來「解讀」的

我們先來了解一下數據被運用的整個過程吧！大致上可分為三個階段：蒐集、解讀、視覺化。

❶ **數據蒐集：**在極短的時間內，經由搜尋和篩選來獲取所需數據之能力。

❷ **數據分析：**使用符合目的的分析方法，從數據中導出具有意義的結果之能力。

❸ **數據視覺化、訊息化：**為了讓他人能理解數據，用統計圖表或圖示等形式使之視覺化，並將概念融入在訊息裡的再加工之能力。

第❶個的數據蒐集是相對容易的階段。不管用什麼形式保留著跟自己品牌有關的既有數據、祕訣等，我們都方便累積且儲存。然而，說到第❷個和

第❸個，則會隨著分析數據之人的能力如何而產生差異。換句話說，會隨著那人如何解讀、從字裡行間讀出些什麼，而有不同的結果。尤其第❸個的數據視覺化、訊息化更為明顯。要擁有能在數據中發現出隱藏脈絡、懂得將其連結到自己公司的產品／服務價值的洞察力 —— 在這裡洞察力很重要，是不可或缺的。直到依社會文化的方向解讀大數據，藉此產出能引起大眾共鳴的有趣「公關行銷事物」，到這時大數據才說得上是真正發揮出它的作用。

大數據本身除了能使用在全方位的宣傳之外，還能以大數據為基礎，創造出能激發新聞媒體和大眾注意力的公關行銷主意。從調查大數據和趨勢的階段開始就要用心去思考：「到底這數據有什麼意義」與「該如何將其連結到我們的產品／服務的價值」。

以大數據為基礎，為宣傳戰略出主意的六種訣竅

◎在大數據和趨勢中找出專屬自己的特別之處

若想要找到什麼特別的宣傳事物，就得果敢地擺脫掉一直以來的想法框架。試著擺脫公司介紹詞的既定句子來思考。應該從新聞的視角，又或者說，用讀者和觀眾的視角來看，可以找出自己所屬公司或組織的特別之處的能力，也就是身為公關人必須具備的能力。

透過換位思考來找出這方面的特別之處，將大數據和趨勢的調查便會發揮極大的力量。除此之外，還可以用來釐清公司的主要市場、公司擁有的特別技術或特色、公司文化、CEO 擁有的經驗等等，這些在社會文化上具有什麼意義。

◎不是用短篇報導，而是藉由趨勢變化的系列報導來狙擊媒體取向

新聞媒體會注視著趨勢的變化。這是因為讀者喜歡看能從生活、時尚、職業、休閒娛樂等各式各樣的層面上，點出現今正發生的變化，或是預測日後未來變化的報導。往往中小企業或公家機關所發表的新聞稿裡，都會有很多單純的「最新消息」。幾乎都是新商品上市、CEO 上任、營運業績等諸如此類短篇且一次性的新聞，人們在極短時間就看完。像這樣的單篇新聞只有當天有新聞價值。

若想要宣傳公司的新產品或全新開發的技術，最好要領先最新趨勢變化。其做法就是要在流行或技術的變化當中，強調這產品和服務的涵義。或是，還有一個不錯的方法，那就是別只是執著於自己公司的消息，而是要把業內類似的公司消息、服務，甚至可以把相反的案例放入新聞稿中整合成系列性報導。

◎誘發大眾的興趣

無法誘發好奇心的新聞報導，就算內文寫得再怎麼好，也難以受矚目。而讓人感興趣的新聞報導，就是那種光是看標題，就會讓人想要繼續讀下去。並不是要寫得很煽動、很刺激的意思，而是在挑選主題、引用資料時，都必須考慮到社會的關心度與話題性，藉此去吸引各式各樣的讀者。同樣都是新聞稿，不能只是闡述事實而已，應該要以大數據和趨勢為基礎並呈現那事實對大眾而言代表了什麼意義，這樣才能引起新聞媒體和讀者的注意。

◎新產品或新服務應體現革新性

最近，每個綜合日刊雜誌都加強了經濟欄位，網路上出現越來越多的專

業媒體，所以小公司、一人公司能傳遞消息的媒介也隨之增加了。新產品的資訊對消費者來說是很重要的，而新聞媒體的部分，在掌握潛在廣告商的層面上，也需要積極處理。

「全世界最早、全國第一，那就是一大新聞吧！」這種膚淺想法是錯的。即使是「全世界最早」的，都要跟既有的產品做比較，好好地說明革新了哪些部分，否則無法被認定是篇具有新聞價值的報導。這個新產品、新服務擁有何種革命性，能帶給大眾的生活中什麼樣影響力，這些都要先以大數據和趨勢為基礎，並試著用更廣的視角去切入、向大眾說明才行。

◎「人物故事」很受歡迎，將 CEO 成為新聞題材

人物故事是很有趣的。再怎麼提出正確又有意義的數值、數據，這些事物都敵不過有人的故事。即使新聞媒體、讀者不怎麼關心產品資訊，但由讓最暢銷產品誕生的主角所做的訪談，大部分人是會有興趣的。舉例說明：微軟（Microsoft）的比爾・蓋茲、蘋果（Apple）的史蒂夫・賈伯斯、星巴克（Starbucks）的霍華・舒茲、特斯拉（Tesla）的伊隆・馬斯克、Facebook 的馬克・祖克柏以及阿里巴巴的馬雲，倘若缺少他們這樣的人物故事，想必各個公司的影響力和品牌一定會和現在天差地遠。

不管想不想，公司的老闆勢必是要站出來的。有句話說，CEO 一半的時間都必須花在公關行銷上。CEO 就跟公司的產品一樣，很值得作為新聞媒體的報導題材，其價值頗高。尤其是必須要藉由技術能力或革新的服務等來一較高下的中小企業、中堅企業、一人公司，一定要果敢、積極地實施讓老闆親自成為宣傳題材的這種策略才行。

好好觀察產品、服務及機關所瞄準的潛在顧客傾向什麼樣的生活風格，

觀察公司內部是否有具備有趣經歷的員工，還要觀察在使用產品和服務的過程中有著什麼樣的故事。

關於產品和服務的大數據之中，把人的嗜好、需求，以及隨時都在改變的生活風格等等解讀出來，提出一個全新趨勢，這也是一種很有意思的方法。若這麼做，就會成為在探索人物、蒐集故事方面，很成功的公關企劃。

◎利用大數據打造出實體活動後展現出來

為了將由數值和概念所構成的大數據和趨勢使用在宣傳上，必須要打造出實體的事物，像是活動、服務、訊息等等的方式，並且有所展現。舉例來說，谷歌（Google）為了展現自身的大數據力，提供了一款流感趨勢（Flu Trends）的服務。還有，韓國 Saramin 這間公司，藉由人際匹配研究所，在短時間內就建構出了「利用人工智慧的人力仲介公司」這品牌。士力架（Snickers）運用大數據舉辦活動，沒多久就出現了銷量上升的著實效果。

因此，思考該如何將大數據和趨勢的涵義透過實體活動展現出來，這就是公關該盡到的責任。

/ column /

運用大數據公關行銷的案例

◆ 谷歌（Google）的流感趨勢（Flu Trends）服務

當人得了流感，在去醫院或藥局之前都會上網搜尋相關詞彙，而谷歌（Google）就看上這點，並從 2009 年開始，以搜尋的資訊及位置為基礎，提供了一款預測「美國流感病毒擴散狀況」的流感趨勢服務。不過，2013 年，正值流感大流行，那時因發生 140%的誤差，最終宣告失敗，谷歌便決定讓這款服務安樂死。即使如此，也透過這款服務確實地展現出，該如何解讀現實生活中的大數據與如何運用的方法。

◆ 巧克力棒士力架（Snickers）的飢餓演算法（Hungerithm）

即使數據規模小，仍能對規劃具有意義的策略有所幫助，這就是真正的大數據點子。澳洲士力架（Snickers）推出的飢餓演算法（Hungerithm）的例子，就是充分展現了規模雖小，卻發揮強大的數據力量的案例。

以廣告台詞「橫掃飢餓，做回自己」為名的士力架，他們發現推特（Twitter）上，人們比起享用晚餐「後」，享用晚餐「前」的發文總是充斥著生氣、板著臉的負面氣氛。

2016 年澳洲士力架與 7-Eleven 便利商店一同攜手分析推特訊息，舉辦了根據人們的「憤怒數值」為士力架打折的行銷活動。針對推特上的推文進行分析與數據化，若是不平不滿、表達心情不悅的推文越多，折扣就越多。因為這場活動，澳洲當地的銷量增加了 67%，還被美國廣告雜誌《Adweek》選為該年度最成功的線上、結合線下行銷活動之一。

◆ Saramin 人力仲介、匹配平台 —— 人際匹配研究所

Saramin 成立於 2014 年，為韓國業內最早使用人工智慧與大數據來提供人力仲介服務的公司。這裡應當注意的是，他們提供服務的方法，而非服務內容。

Saramin 把公關行銷的焦點統統放在負責分析大量數據的業務內部研究所上。持續地向消費者宣傳研究所，也以研究所為主題投放電視廣告。也就是說，他們已經跨出原來的蒐集及使用大數據，他們甚至把如何將這一切轉換為視覺化，還有該如何更進一步做宣傳的這部分，都一一展現出來了。

公關行銷的重點是時機

很多人都說「人生處處是時機」。有認真讀書的時機、向戀人告白的時機，就像這樣，有該離職並去創業的時機、擴張公司規模的時機、推出新產品的時機，或甚至是需要關門大吉的時機……。在公關行銷中，時機也相當重要。從事公關行銷工作的人都會有雷達，就是面對時機時所產生的敏銳度。譬如換季時，或者某話題正受到大眾熱烈討論時，就會在腦中自然而然地浮現出與之相符的活動、訊息。

人們到底都在談論什麼、喜歡什麼，對哪些事件感興趣，對這一切進行一番分析和解讀後，要使用對我們有利的視角與新穎的手法向大眾傳達訊息才行。

公關就是分析現況，並了解能宣傳自己的時機

做公關行銷時，要抓住正確的時機並不容易。因為基本上需要一些策略，不能單純了解狀況而已，還要懂得把發生的狀況一塊一塊拼湊起來做解讀。要判斷的是，這情況對我們是否有利，還有，哪些事情是為了往正向發展，需要由我們去做。在這一刻，就是要好好地發揮出公關行銷的智慧。

為了能看懂外部正發生的各種狀況並做好判斷，會需要一個基準點。否則，就有可能會在當下做出沒有脈絡的片面性判斷。這基準點就是年度公關行銷目標和大框架的計畫。好好回想：「現在這個狀況符合我的公關行銷目標嗎？」我們必須經常檢視年度公關行銷目標，才不會迷失方向。

也要依照年度計畫設定每個季度、每個月份的執行計畫。在設定計畫時，要一併將那時期的特性或特別活動等等考慮進去，如此企劃出「善用時機點的公關行銷」。公關行銷應養成「計畫至少要超前一個季度」的思考習慣。要提前設定每個時期的公關企劃案，這樣才能在最需要的那一刻去執行，增加成功的機會。

尋找最適當的公關行銷時機，是需要善用經驗值和大數據的。以分析自己公司的官方網站和社群網站頻道中訪客的變化為起點，也要分析各種社群網站的動向、網路社群上熱議的話題、新聞媒體動向、趨勢變化與搜尋關鍵詞等，諸如此類和產品／服務相關的數據。不僅要掌握大數據，還要集中掌握「小數據」，也就是那些已經在使用我們的商品和服務的老顧客及特定地區的消費者動向，這很重要。人們會在哪個時期搜尋得很多，會有什麼樣的生活風格變化，感知這些部分以後，就要與公關行銷計畫有所連結，這麼一來，就能提高話題性和關注度。

了解時機為的就是避免「錯失時機」

在韓國，記者或公關常常使用「吃水了」這句話，表示「被他人欺騙、被擺了一道、撲了個空」的意思，對記者來說是漏報新聞，對公關人而言是無法辦活動或是先被其他企業搶走，在這些情境之下用來自嘲的話。在從事公關工作的過程中，比起不可思議般地抓準時機，錯失適當的時機才讓人覺得更可怕。

危機管理時，大部分都是因為沒有在對的時間道歉，或發送了不恰當的訊息，才釀成更嚴重的禍，想必這樣的例子我們都看過無數個了。最糟的危機管理，也是最常見的類型，就是太慢執行應對措施，也就是錯失時機。這並不代表內部什麼事都沒做。內部不斷地上氣不接下氣地開會、做準備，但在外部看來卻只是在「沉默」，為什麼會這樣？因為沒有在恰當的時期付諸行動的關係 —— 就是錯過時機了。

「公關行銷負責人應超前一個季度以上來思考和行動」也等於是在為了將錯失時機的機率最小化。為了將行銷計畫化為現實，需要有計畫、調查、事前準備和執行時間。而越是龐大的組織，其牽涉的人事物都更廣。可是，不管內部組織如何，會需要經過哪些階段，這些都只能算在內部流程裡，外部是無法得知的，公關行銷更常是得看結果來說話。

正因如此，就更應該要在這所有的步驟和過程中去計算時間並提早實踐，藉此在最恰當的時期來執行才行。公關行銷負責人自己就要成為最嚴謹的行程管理員，才能讓「吃水」的狀況極小化。

◎何時才是公關行銷的最佳時機呢？

這是所有公司或組織的老闆常有的疑問。當有新產品或服務上市時、為公開發行而找人投資，或是看到銷量太低迷而想做些什麼時，都一定會想到這個問題。這題的答案就是這個：

「清楚了解公司的任務和展望的時候！」

不可因外部發生意想不到的事而左右動搖，還得為了持續遵照公關行銷的方向前進，明確地設定公司的大目標。換句話說，**當任務和展望很明確的時候，就能定下整個公關行銷的方向**，也能透過某一次的生意傳遞出去的訊息聯繫在一起。公關和生意是分不開的，公關行銷是把公司產品和方向轉換成能簡單了解又有魅力的訊息，並親切地讓市場認識我們的方法。

還有，「做公關行銷的最佳時機就是執行的所有瞬間！」即使是再怎麼優秀的企劃或計畫，再怎麼華麗又細膩的公關行銷企劃書，若不執行，也就僅止於紙上談兵。相反地，那種在腦中的一個主意、寫在一張便條紙上的內容，若有確實地執行，就會取得良好的成果。能讓銷量上升、成功透過新聞媒體進行宣傳並且收穫更多忠實顧客，這一切都要歸功於「執行」計畫。

為了做出成功率高的企劃、做出好的判斷，我們必須持續付諸努力才行。要看懂市場和趨勢、掌握消費者動向和危險因素，並將經驗轉換成數值。然而，就算是再怎麼經驗豐富的公關行銷人，在執行之前，也會感受來自前方的不安。「市場真的會接受這項企劃嗎？時間點恰當嗎？可以吸引言論目光嗎？」很多時候，就連原本抱持 100% 信心的計畫，也會帶來很差的成果。公關行銷會隨著市場和社會的變動而帶來許多的變數，這些都不是負責人能完全掌控的。

承認並接納以上這些可能會發生的變數吧！若要事先預想所有失敗的因素、防備一切來做事，肯定會錯過時機的。應該要用盡所有努力掌握狀況，把潛在失敗的可能性降到最低，而且在恰當的時機來到時，果斷地執行才行。即使這麼做了，也有可能會失敗。

為了不讓自己因為再經歷一次失敗而造成日後的陰影、或擬定新計畫時感到害怕，一定要堅定地下定決心才行。不要因為失敗而感到挫折，「經過失敗以後，會得到更多鍛鍊和學習」，這就是公關行銷所需的勇氣和耐久力。

/ column /

精準抓住宣傳時機的公關行銷成功案例

◆ 模仿《孤獨的美食家》的樂天清河酒

日本人氣連續劇《孤獨的美食家》第七季中，有一集是在韓國拍攝的。男主角拜訪了一家位於首爾的碳烤肋排餐廳，這消息傳開以後，該餐廳人山人海，變得十分有人氣。而沒有錯過這機會的業者就是「樂天清河酒」。他們去了那家引起話題的餐廳，用幽默的方式拍了一張模仿劇中男主角的背影照，並上傳到公司的 Facebook 上，那張照片呈現的是一隻手拿著清河酒的畫面，真是十分明智。因為當時就是《孤獨的美食家》到韓國拍攝而造成了轟動的時機點，所以也很自然地吸引到了人們的目光。這個例子說明了，即使不是一個高水平的作品，但只要能在剛好的時機點傳遞出明確的訊息，以超低預算做出的效果，同樣能獲得極大關注。這就是時機的力量！

◆ 「Tuscani 的義勇者」的故事 —— 現代汽車

社會發生的一段溫馨新聞，再加上無意中曝光的自家公司產品，經由公關行銷迅速且充分的運用後，進而提升了宣傳效果。現代汽車就是這裡要談的主角。

報導中，在高速公路南下路段，一名開著 Korando（韓國品牌）休旅車的駕駛失去了意識，而開著 Tuscani（韓國現代汽車）車的韓姓男子看見這一幕後，便開到 K 車前面，故意造成車禍讓那部車停了下來。這件事被報導出來時，駕乘 T 車的韓姓男子被稱作「故意事故的義勇者」。後來，現代汽車注意到這位韓姓男子開的車是 Tuscani 車，便贈送一台延續絕版 Tuscani 車型的新款 Veloster 車，當這消息被傳開了之後，男子改被稱作「Tuscani 的義勇者」。比起帶有負面詞的「故意事故的義勇者」，新聞媒體也更喜歡「Tuscani 的義勇者」，這一詞後來也像專有名詞般為人所知。這就是現代汽車快速動用策略，讓其品牌的話題性和好感度都獲得極大成果的例子，令人印象深刻。

友善的行銷力量好感勝過戰略

「友善公關」是一大趨勢。積極地展現企業生產的產品／服務、公司代表，或是企業本身的善良行為與形象，並舉辦能贏得顧客和大眾好感的公關行銷活動，是可以吸引目光的。企業和組織的口碑會直接影響銷量和投資，這樣的案例也持續增加當中。許多人認為「友善企業就是棒」，而實際從財務的數據來看，也足以證明這點。

只要友善就很棒？真正的友善才會成功！

藉由「友善公關」取得好成果的代表性例子就是被稱為「God 倒翁」的不倒翁（OTTOGI）公司。根據韓國尼爾森（Nielsen Korea）的調查顯示，不倒翁在韓國泡麵市場的市占率，從 2015 年的 20.4%上升到 2017 年的 25.6%。2016 年不倒翁的創辦人咸泰浩名譽會長辭世後，許多故事成為美談。而不倒翁在社群網站上被網友稱作「God 倒翁」，由年輕消費者上傳購買照片發揮了極大的作用。乘著社群網站時代，美談就飛得更高、更遠了。

2018 年 LG 集團的會長具本茂辭世，生前瀟灑、溫和的會長形象和沒有紛爭的繼承形象等融合在一起，讓人人紛紛讚佩：「不愧是 LG！」連續好幾天大量出現內含哀悼與美談的新聞報導，藉此獲得了無法用金錢換算出來的企業品牌宣傳效果。還有，當時正在進行的企業審查也因「無異常」而提前結案。

韓國知名 SK 集團（韓國第三大財閥）從 2018 年起，採用雙重底線

Double Bottom Line —— 將社會價值轉換為鈔票單位的做法而引發熱議。此做法就是在進行企業經營成果之評估時，除了傳統的數字，還需額外標示出企業創造的社會價值，像是人事費、稅金、贊助合作公司、改善環境等這類在做善事上所花費的金額，會一併看作收益來計算。SK 集團宣布要結束二手車的事業，取而代之的是，他們將投資共享汽車服務。雖然二手車事業的收益不錯，但在社會上有太多負面因素，所以才讓他們做出了這樣的決定。

相反地，也有許多因「不好的公司」形象，導致發展受限的例子。

韓國南陽乳業於 2013 年發生了「代理店甲方行為風波（營業員以恐嚇與辱罵的方式脅迫經銷商大量進貨公司乳製品，引發社會撻伐）」，此後每當這家公司引起社會熱議時，都會一而再、再而三地被拿出來討論，他們已被負面形象綁在一起了。即使後來經法定判決的結果，公司並沒有太大的問題，不過，國會仍於 2015 年擬定「南陽乳業防治法代理店交易公平法」，伴隨而來的數十篇相關新聞報導，以致於公司形象持續受損。

在這種社會氣氛下，即便是小公司或小工商業者也無法倖免。再舉個例子來看，有個大型超市向 M 餅乾進貨，該超市擅自重新為商品進行包裝，弄得像是自有品牌的有機餅乾，如此隱瞞消費者取得獲利，後來被負面輿論纏身，最後關門大吉。M 餅乾是由一對專做糕點麵包的夫婦開的店，他們將孩子的乳名作為店名，並以「製作正直又安全的商品」為口號來宣傳，在年輕的媽媽之間頗有人氣。「再怎麼貴，我也想要讓我的孩子吃到好的東西。」他們如此藉由友善的公關來滿足這樣的消費者需求。這個例子就是先有了故事和價值，再將自家商品的優點極大化，並透過公關行銷策略來進行宣傳，沒有其他比這更好的例子了。

但是，當那些故事不是真的，而是謊言時，做過的「友善公關」就會以更大的打擊回到自己身上。人們相信到什麼程度，就會感受到同樣程度的背叛感，除了公司會有財務上的損失，還會影響到組織的存廢。這是「友善公關」的另一個面貌。

「友善消費」就是帶動友善公關的原動力

根據 2013 年尼爾森（Nielsen Holdings）發表的「企業社會貢獻活動相關的全球消費者報告書」，內文中提及，即使會多支付一些金額，有 50% 的消費者有意願購買對環境保護和社會有積極作為而努力的企業之商品。而同樣的調查中，在 2014 年增加為 55%，2016 年更達到為 66%。

此外，評價 CEO 的標準也有所改變。《哈佛商業評論》在 2015 年 10 月發表〈今年最佳 CEO〉，比起誰是第一，前一年被選為「最佳 CEO」的亞馬遜（Amazon）的傑夫・貝佐斯（Jeff Bezos）竟跌至第八十七名的事實，在當時更是引起了熱議。雖然亞馬遜的財務評價獲得第一名，但在 2015 年調查中，在初次以非財務為基準的「環境」、「社會」、「企業管治」等項目上，均落到八十名之外。更不用說，在這份調查公開發表了之後，亞馬遜的品牌價值大幅地跌落。

就像這樣，「友善公關」與「友善行銷」，是跟「友善消費」有著密切關聯的。活躍於網路上，且為消費主力的 Z 世代（十幾二十幾歲）、千禧世代（二十幾三十幾歲）對網路上的言論十分敏感，他們擅於主導輿論。若風向帶偏，就會讓企業活動陷入危機當中。對他們而言，產品、服務的品質，就跟「是惡劣的企業，還是友善的企業？」一樣重要。因為他們消費的不僅是產品本身，也是企業的信任度、透明度以及真誠度。

正因如此，不管企業的規模如何，不僅要進行經濟上的活動，還要做社會上的活動，藉此努力獲取友善消費者的關注，並用友善的方式來誘導顧客購買，這是公關行銷中的重要策略 —— 「善因行銷（Cause Marketing）」。

在「友善公關」中融入事業和企業哲學

想藉由「友善公關」牽引公司的成長及長久維持，為此該如何做才好呢？雖然可能多少會覺得矛盾，但必須徹底經過「計算」、具備「策略」。譬如，看到某財閥集團的會長經常在年末與年初時進行愛心認購等公益活動，就一窩蜂地跟風一起做公益，或是明目張膽地將行善的照片掛在賣場裡，這些方式是持續不了很久的，公關行銷的效果也很薄弱。

若小店家每個月將收益的一部分捐款給社會福祉共同募款會（Community Chest of Korea），小店家就能收到「友善商店」的掛牌；這項目是從 2005 年開始的，直到 2018 年 7 月，就誕生了兩萬五千多家友善商店，且引人注目。然而，2018 年之後，申請的店家數量卻遠低於每年平均增加量，甚至還聽說 2019 年時，有很多的店家自己將「友善店家」的掛牌摘下。

這裡可以這麼地解釋，由於經濟不景氣、調高最低工資等原因，店家的收益減少，讓捐款變成了負擔，千篇一律的「友善店家」掛牌也並沒有什麼宣傳效果，就這樣這項目逐漸地失去魅力。與此同時，也有人開始質疑：「這些行為是不是等於在用錢買下聲譽」，如此以批判的角度來看待。

若想要讓友善公關發揮持續性的成果，就會需要能展現我們公司事業特徵的「企劃」。要將創辦人或代表人的社會貢獻哲學融入其中，也需開發出具有強烈社會需求的友善公關的物件，並做出差異化才行。

「友善公關」確實強而有力。能增加銷量、顧客量以及提升品牌價值，還能儘情地展現出代表人的企業哲學。但是倘若不是真正善良，而是「假裝很善良」，那麼鐵定會陷入逆境，所以請一定要帶著真誠來做。

明明開始時是懷抱善意與熱情，但事情卻辦得馬馬虎虎，就會讓消費者更加失望。根據專家的研究，企業活動至少要舉辦七年以上，才能將真心傳達到消費者的心裡。

/ column /

具備策略又新穎的友善公關成功案例

◆ 德國清潔設備企業凱馳（Karcher）之清洗文化古蹟

作為全球清潔設備企業的凱馳，因展現其本職工作的清潔能力，以及舉辦能引起話題性的「清洗文化古蹟專案」公益活動，而樹立了好形像。從 1980 年清洗巴西里約耶穌雕像作為開端，曾到過埃及的金字塔等地進行清洗，就連首爾塔也曾接受凱馳的幫助。當初他們為埃及的門農巨像清洗時，就有發布了幾篇有趣的新聞報導，說「三千年以來第一次洗澎澎」，並受世人矚目。

◆ 日本便利商店羅森（Lawson），停車場中的健康檢查公車服務

在日本隨處可見的國民便利商店品牌羅森，2013 年開始與各地政府合作，將羅森的停車場弄成健康檢查的場地。市政府會在特定日期派遣健康檢查公車到羅森賣場，附近居民便可以前去接受檢查。因為不用跑到很遠的衛生所去的關係，讓附近居民很開心，此舉也讓羅森的形象變好，此外，再加上前來造訪健康檢查公車的民眾，大部分也都會去便利商店消費，其效果完全是一舉兩得。

◆ 每日乳業（Maeil Dairies）生產腹瀉寶寶專用奶粉

韓國每日乳業（Maeil Dairies）自從 1999 年起，已經長達二十年都處於虧損的狀況。即使如此，他們仍然致力於為了新陳代謝異常的腹瀉寶寶而生產專用奶粉。因為在五萬個新生兒中就會有一個寶寶罹患先天性代謝異常疾病而受苦。每日乳業創辦人金福龍（音譯）秉持著「連一個都不能疏忽」的信念而持續生產至今。

公關行銷人必備的五種高效工作能力

典型的公關行銷人是什麼樣子呢？多數人會想到的是擁有對流行和趨勢十分敏感的直覺、卓越口才和親切的作為、整潔又能產生好感的面容、擁有廣泛人脈而被稱作交際高手的人等等。當然也有負面的形象，像是擅於耍小聰明和謀略、擅於炫耀和耍嘴皮子、喜歡拍馬屁、愛管閒事，但對利益敏感，所以絕對不想做會吃虧的工作，諸如此類的。

這麼說也對，但也有錯。所謂「工作」就足以造就一個人的個性和氛圍，平常得跟許多人見面、要接收大量的資訊、做出新的企劃，也要不斷地「說服」各種人，還要面對接連不斷發生的「無法預測」的事，這麼說來，確實是挺需要具備上述談到的那些個性的。

不過，有幾個還是不適合被當作刻板印象。在公關行銷領域當中，大部分相關專業科系的人，都不會一出社會就從事本科工作，而是會先到各個領域工作，直到感受到必要性及對本科有興趣的時候才會來做。對中小企業、一人公司、新創業者、小工商業者、非營利團體、藝術家以及自由業者等而言，經營活動是最重要的部分之一，而公關行銷都需由老闆自己來做。為了平時的經營及生存的策略，真的很需要公關行銷。

公關不是只要面對新聞記者或很會經營社群網站就可以的，必須摸索出能將品牌的內容與世界連結的方法。撇開事業的種類或形態不說，公關行銷應該是由許多擁有不同背景與能力的人該盡的「共同業務」。比起看個性或者是否為本科專業畢業，所謂的公關行銷人，更應該是要能好好地處理在各自所處的狀況或業務當中公關行銷方面的問題，並擁有能解決問題的能力才對。不管是願意還是不願意，我們都得具備公關行銷的能力。一起來了解優秀的公關行銷人需要具備的五種能力吧！

1、企劃能力 —— 努力的資訊蒐集者

只要在入口網站輸入「企劃力」的詞彙，就會跑出無數的相關新聞。當然會跑出大大小小的活動和行銷促銷，還會有包含政策、經濟經營、教育等領域的企劃和企劃力。

若就單純地來定義公關行銷，就是「創造出全新價值，並將其轉換為訊息後去說服對方」。為了吸引人們的矚目，並更進一步地讓人喜愛那些訊息，必須具備能生產新穎又有魅力的訊息之能力。不只是單純地傳遞知識和資訊，而是在相同的資訊當中發現「全新的什麼」，就是需要具備這樣的企劃力。

公關人要懂得從各種角度去看待自己宣傳的產品，並找出全新的新聞素材。即使不透過記者寫新聞稿，自己也常面臨需要企劃力與「記者的資質」的時候。取材、寫新聞、判斷內容的價值、傳達內容給受眾、平常的溝通等等，事實上我們各自早已透過社群網站、YouTube 頻道等的媒介進行著「記者活動」。

◎優秀的企劃人就是努力型的資訊蒐集人

到底要怎麼做才有創造出全新價值之企劃的能力呢？並不是只有充滿創

意的天才腦中一閃而過的妙計是解答。優秀的企劃人就是「努力型的資訊蒐集人」。蒐集資訊和趨勢，觀察大眾的喜好和性向，並使用自己獨特的方式將這一切數據化。好的主意不是一瞬間就能想出來的。需要花時間觀看、聆聽並整理資訊，不論是有意識還是無意識做的，累積起來就會形成有脈絡、有關聯的內容。帶著永不乾涸的好奇心來觀察、蒐集、記錄吧！不要把企劃跟自己分開而覺得無關，關鍵是要積極地接受並努力地創造出全新的價值。

2、表達能力 —— 寫作與口說能力

公關行銷中，寫作是一項核心能力。準確地傳達企劃內容的方法中，最普遍會使用的方法就是「文字」。提案書、報告書、新聞稿、企劃報導、採訪報導、專欄投稿、新聞提案電子郵件、公司報紙、社群網站貼文等等，公關行銷每天都得寫各種形式和目的的文章。這些文字並非只是傳遞資訊而已，而是要把自己的期盼寫出來，藉此說服對方、讓對方行動。

◎在數位時代更需具備的寫作能力

網路媒體成為了如今重要的傳播平台，比起彼此面對面，間接接觸的機會變多，文字變得更重要。需要在網路上用寫作來表達、分享意見的機會變多了。公關行銷的例行寫作，就是要用圓滑的方式整理出公司想傳遞的訊息、新產品或新上市服務的核心功能。在像是部落格、Facebook、Instagram、Line 的社群媒體上撰寫貼文時，因為是要親自傳遞給顧客的文章，所以要用對方的眼光和觀點來寫才行。新聞稿和企劃報導都需經由記者和編輯之手才會報導出來，所以這些都必須具備高度的新聞價值與說服力。訣竅就是要寫出令人印象深刻的新聞報導訊息，而且儘可能以資料和事實為

中心並以容易理解的架構來撰寫。除此之外，不論是給顧客或給對方公司寄送業務的電子郵件、事業企劃書、成果報告書以及會議記錄等，各個文件都直接反映了撰寫人的業務能力，而且越是在商務上扮演重要角色的人，在任何一件事情上更是不能馬虎。

提升寫作能力這方面並沒有捷徑，祕訣就是多讀、多寫。為了能寫好新聞稿，可以試著多看新聞報導，也可以試著研究相近行業或情況的新聞稿照寫看看。即使是廣告宣傳單上的文案，也不可隨意輕視，先仔細地看好它的形式，當輪到自己需要撰寫宣傳單時，就可以拿來當參考了。直到熟悉寫作為止，平常要勤奮地練習寫作並磨練，這就是具備公關行銷 DNA 的方法。

◎試著把想法整理成文字，這樣口才也會變好

公關行銷中跟寫作同樣重要的就是口才。除了正式報告、介紹、演說、演講等，會在許多人面前高談闊論的場合，還有通電話、視訊會議、和辦公室的人輕鬆聊天，以及偶然遇到認識的人時打聲招呼等等，在日常中也會有很多閒話家常的時候。

官方、正式用的言論，通常都是經過有條理的組織、萬全的準備後才公開提出的。我們會整理話題焦點，也會研究說話的方法後充分練習。不過，針對日常中由各式各樣方式所構成的閒聊時，很容易會覺得不以為意，或者認為不需特別做功課也能上手，而看輕「閒聊」這件事。

可是，公關行銷的能力卻是從閒聊的過程中培養起來的。要懂得在看似無意間進行的聊天對話當中，適當地透露出自己的部分。為了讓口才變好，建議要養成自己整理話題焦點的習慣。若想針對實際狀況有條有理地談論特定的主題，平常就得養成有系統、符合邏輯的思考習慣，再把思考過的內容整理成文字後試著把它說出來，這樣的練習方式對提升表達能力很有幫助。

想法經過整理之後，就會是整理過的言語，這跟寫作有直接的關係。

口說和寫作，兩者間的關係密不可分。口才好，並不是不分青紅皂白地炫耀，也不是無條件過度自我貶低的謙虛。而是要在限定的時間內，把對方想知道的內容好好地傳達給對方。而這就是在公關行銷領域中，要成為口才好之人應具備的條件。

3、溝通能力 —— 以分析方法去說服對方

公關行銷需不間斷地說服對方。為了帶著經由想像力和企劃能力導出的主意來做決策，必須要說服業務相關夥伴、投資人、消費者、內部職員，甚至是自己本人，並引起所有人的共鳴才行。有時也要站在公開場合、成為組織的「發言人」與「窗口」。就像這樣，業務中如果越需要直接或間接地跟許多人見面，就越要具備溝通能力。「我跟那人談得來。」在這句話裡面，就已經綜合性地包含到各式各樣的能力了。

不只是單純說話聊天。以「為對方著想，提供他所需要」為基礎來做時，溝通的過程就會變得順利。譬如，為了和記者、股東或顧客等人見面後能進行有意義的溝通，應事前廣泛了解對方業務領域的基礎最新資訊。

此外，也要成為擅長做數據資料分析的人。不光只是因為要聽取意見、資訊交流而已。是因為若提升了分析能力，就能找出對方採取行動的動機。如果想要提高特定產品或服務的銷量，那麼就得掌握人們喜歡什麼部分，還有大眾會希望公司改進哪些部分。

因此，平時就要了解所需要的數據、資料、動向、案例等部分，這麼一來，對方才會認定你是專家，並把你當作能交流情報的夥伴。要能展示出恰當的依據和邏輯，這樣才有機會去說服別人。

4、學習能力 —— 快速適應多變的行銷管道

現今傳播媒體不斷且迅速地日新月異，在這樣的公關行銷環境當中，必須具備能快速應變的能力。也需要不斷地更新製作出符合環境變化的內容的能力。為此，不該害怕新事物，要具備能快速學習的能力。

◎善用社群媒體，培養解讀趨勢的能力

公關行銷負責人應好好了解現在人們最常使用的社群媒體平台。這是因為要儘可能地善用每個社群媒體平台的功能，才能有效地傳遞訊息的關係。

在 Facebook、Instagram、YouTuber、推特（Twitter）等各種社群媒體平台之間，與人溝通的方式以及分享訊息的方式都有些微的不同。先決定好內容的主要方向，並以此作為主原料，再擬定符合各個平台的形式和詳細內文，設定這樣的策略為佳。親自使用社群媒體，體驗並感受平台受眾，就是最有效果的方法了。

蒐集資訊能力強，又很清楚最近的趨勢、社會經濟動向以及最新潮流的人，會在公關行銷中受到關注。請成為熟絡業界、市場趨勢的人，也成為比誰都更清楚了解自己所負責的品牌的專家！透過與各式各樣的人進行交流，足以對社會趨勢及變化的洞察力看得更加清楚。光憑自己所屬行業、自己認識的人所構成的網路中，獲取廣泛的資訊或點子是滿難的。但若是透過社群網站，就不會受到時間和空間的限制，而能拓寬交流的場所。

5、共鳴力 —— 提高對社會議題的敏銳度

包含公關行銷在內的所有商業活動，終究都是以影響顧客，並讓顧客去購買產品／服務為目的而做的。像是顧客、消費者、大眾等等，「對象」是

誰很重要。過去以生產者為中心的商務環境，如今已轉變為以消費者為中心了，所以要更深層去理解對方，這是在工作時很重要的策略。公關溝通是針對各式各樣立場的人作為對象來做的，所以會受到許多社會上的影響，也受許多變數影響。

如果對社會議題沒有敏銳的觸角，萬一早已擬定並企劃好的公關行銷策略，不符合當下的社會氣氛，那麼就要懂得果敢地放棄這項策略。這麼一來，就能避免因追求短期利益而舉辦違逆公共利益的公關行銷活動，以致後來受到嚴重損害、自討苦吃的事發生。

若不清楚性別問題、貧富差距、世代間的代溝、勞資問題、地區不平等、人口問題、環境問題等這些存在於我們時代的議題，就無法執行公關行銷。經常能看到因為行銷策略不夠敏感，無知地舉辦活動到後來遭到社會批判的案例。相反地，當我們以灑脫及能引起最真摯的共鳴去接近人們時，人們便會樂意購買該品牌，也願意主動為我們做宣傳。擁有友善公關及承裝著真心的共鳴才會成功。

所謂的具備公關行銷 DNA，其實與在社會上變得更成熟，以及具有解決問題之能力的個人成長是不可分割的。這和由傑克・尼克遜（Jack Nicholson）與海倫・杭特（Helen Hunt）主演電影《愛在心裡口難開 As good as it gets》裡的經典台詞有重疊的地方。

「你讓我想成為一個更好的人。」

想要做好公關行銷和成為好人，這兩者終究並無區別。

PART 3 制定公關行銷的實戰計畫策略

擬定有效且準確的年度公關行銷計畫

在做什麼事情之前，最重要的應該就是計畫了吧？在事業剛起步時，最重要的就是事業計畫書。例如產品開發需要開發計畫書；挑選員工並管理則需要人事管理計畫書。

公關行銷也是需要計畫的。長期的年度計畫、各季度計畫，以及月份甚至週計畫，這些統統都是必須的。也要有更遠、更開闊的策略計畫書，還有，也需要擬定得非常鉅細靡遺的執行計畫。或許會有人出現以下疑問：做生意就夠忙了，哪有時間擬定這些計畫，明明已經有經營計畫，真的會需要公關行銷計畫嗎？但是，公關行銷計畫是絕對需要的。這就跟要航行到茫茫的大海之前，若手上沒有航海圖就絕不輕易出海的原因一樣。

如何選定公關行銷負責人

首先，要選出誰來當負責人。當然能有一位專門負責這一塊的人比較好，但是小規模的事業單位很難另外再雇用公關專家。要負責公關行銷的第一條件，就是要「足夠清楚了解公司或產品服務」。在這樣的宗旨之下，十之八九應由公司和團體的代表人親自出面來做。公關行銷要由清楚了解公司的歷史，也了解產品、技術、服務之類的，甚至是要十分喜愛公司的人來負責，這樣事情才會順利地進展下去。

公關行銷負責人的業務中，最基本工作，也是重要的事情，就是要好好聯絡及接應包含新聞媒體的外部機關。通常依據不同的業務，客戶、買家、顧客電話都由不同負責人來負責。不過，有那種分界比較模糊不清的關係人。像是有機會成為潛在投資人的，包含機關、新聞媒體人、政府機關、社區居民團體等等。遇到這種狀況時，光是公司裡有「公關行銷負責人」擔任者，就能帶給他人「是個相當有體系，還會很積極地進行溝通的一間公司」這樣的正面印象。當公司發生問題、出現麻煩時，公關負責人的角色就很重要。當新聞媒體打電話來，得適當地做出應對，並對外發布官方立場，而在公司處於這樣的危機狀況時，成為公司的對外「窗口」，意即成為溝通管道的人，這人就是公關負責人。

設定年度公關行銷計畫就跟營運計畫一樣重要

「今年一整年該用什麼來提升收益呢？」這是所有生意人的煩惱。明明都這麼想，卻往往不正視真正需要的公關行銷計畫，都覺得：「之後再說。等商品推出之後……先賣賣看。要是市場反應不好，到那時再來做計畫就好啦！」

做公關行銷的時機點是很重要的。在設定營運計畫時，公關行銷的計畫也要一起想好，才不會錯失時機點。當公司在推出新產品或技術發表、確定投資等等關乎營運的重要活動時期，除了事前宣傳，在重要狀況發生的當下集中地進行公關行銷，以及事後評價，這一連串的作業都必須事先考慮清楚、計畫好才行。若是重視銷售，那麼早早就要將連續假期、國定假日、○○○節、主要慶典期間等等統統列舉出來，並設定事前、事後的公關行銷計畫，這才會是最有效率的。

執行公關行銷的流程——RACE 四個階段

打算要制定公關行銷策略，卻不知道要從哪起頭，也不知道照什麼順序來做而感到茫然的話，可以先大致分成四個階段。基本上，執行的流程依序為「調查 Research、企劃 Action、溝通 Communication、評價 Evaluation」，取每個字的字首，合稱 RACE。只要記得大框架，就能更容易決定該做之事的順序。

「調查」是針對圍繞在公司或產品進行的環境調查。也就是說，這個階段要做的就是掌握問題和機會。環境分析會使用到行銷、營運、交流等工具，例如「SWOT 強弱危機分析、STP 市場分析與產品定位策略」，但並沒有哪個最好，也不一定要照本宣科，請擺脫掉一定要照著教科書上所寫的形式來做的想法。試著將腦海中揮之不去的內容寫在紙上看看，也許這樣會更有收穫。配合自己的事業，累積數據是很重要的。不管是直接還是間接，與自己有高度關聯的顧客、股東、競爭公司和市場相關數據，這些數據都要由自己去累積和分析，並努力讓其反映在下個計畫中才行。

「企劃」就是根據調查結果來定下公關行銷的目標。包含要以誰為對象來展開宣傳、要帶著什麼訊息策略來接近、要使用哪種媒體來傳遞等的粗略計畫。

再來，達成目標的執行階段就是**「溝通」**。意味著要執行細部的公關行銷方案。

「評價」是察看是否有好好照著方案所期盼的來進行，進一步地檢視收到的回饋事項之過程。

再怎麼努力做環境分析、市場調查，但樹立策略並不容易。有時即使知道問題的起因，卻找不到適當的解決方案，有時調查結果和策略也會沒有連結在一起而各做各的。關鍵是都要去嘗試執行看看！

所謂計畫，就是要預想並制定往後會發生的事情，所以並不是 100% 完全正確的。在執行的過程中有很多需要修正的部分。不要為了在一開始就想設立完美的計畫而煞費苦心，結果做到一半卻放棄。也許會有不周到的地方，但先撰寫好計畫書之後，在執行時修正彌補不足的部分，這麼做是更好的。聽說連優秀的作家，他們一剛開始的初稿也是要反覆修改。不過，要有當初那份初稿為基本，才知道是否換個方向寫更好，最終才能完成一部成熟的作品。

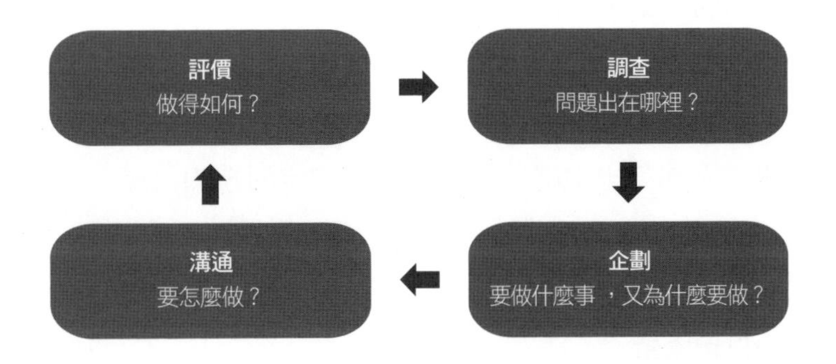

執行公關行銷的程序 RACE 中，在設定實質的公關執行計畫之 Action 階段，可依以下順序來進行：確認展望—決定公關行銷目標—決定目標客群—製作訊息內容—決定傳遞訊息的平台和方法—劃分時間點—中途檢查。

◎確認展望

試著在腦中想著一個箭頭。這箭頭的尾端是公司或團體向前前進的展望、任務和價值觀之類的大目標。在箭頭上方，則寫著為朝向那展望前進而需要執行的各階段目標。我會開公司、開店來創業，並一路辛辛苦苦地工作，想必這麼做的理由應該不是單純想賺錢而已。這整個過程就是在實現展望和任務。若明確地知道自己想透過這事業達成什麼樣的價值和人生目標，光是在公司部落格上傳一篇宣傳文章，自己的心態和所寫的內容也會變得完全不一樣。正是因為現在所上傳的貼文，其背後的理由和策略都是基於龐大價值和目標而做的。

◎決定公關行銷目標

要具體地樹立今年公關行銷的目標。建議用一個具體的數值來定目標。試著把年度銷售額、獲取顧客數量、擴張事業計畫、招商引資計畫、重點技術開發計畫等全都列出來吧！可實現、可測定的定額目標，是可以提高執行力的。

◎決定目標客群

若已經透過先前的環境調查定好目標，那麼現在就要確定對象。要決定該把公關行銷的箭射到誰身上。不可以朝著不明確又廣泛的對象胡亂放箭，而浪費了重要的預算。**要有核心目標客群，才能製作出符合那對象的訊息，**也才能讓他們順利找到你想介紹的產品或服務，也就是選對的宣傳管道。

◎製作訊息內容

在設定與執行公關行銷目標時，成為「箭」的事物就是訊息。也就是將公關行銷策略具體化後，傳遞給對象的內容。而這階段要做的就是：當想對外介紹公司時，要製作會展現公司營運狀況或展望的訊息；想宣傳新商品或新服務，要製作能立即明白的詳細說明書。

製作訊息時，最該考慮的前提是「目標對象還不了解我們的公司或產品」。不能使用我們認為簡單又熟悉的專業用語來製作訊息，也不能把想傳達的內容統統一次裝起來，讓訊息變得太過冗長。當然訊息的內容和形式會隨著目標客群（主要顧客、次要顧客）及媒體新聞報導、部落格還是線下活動等而有微小的不同，但整體的核心訊息應該要是同一個才行。這不僅能用在公司介紹文中，也能多方面地使用在新聞稿、線上及線下宣傳頻道上，或者是活動企劃時的活動標語上。

◎決定傳遞訊息的平台和方法

現在，要尋找能把訊息傳遞出去的平台和方法。意即找到我的顧客喜愛的管道，調整訊息使其符合那些平台，也要好好考慮傳遞訊息的頻率。談到公關媒體，指的就是傳統四大媒體（電視、報紙、廣播、雜誌），還有最近成為趨勢的網路管道（官方網站、部落格、Facebook、Instagram、YouTube）等等。

以前的做法是先製造好物品，再來尋找能販賣那物品的通路；現在則是得先決定好通路網後，再配合其通路來製造物品。在公關行銷中，更需要這樣的策略。首先決定好要以哪個宣傳管道為主來使用，再配合那平台生產內容，這樣才能在節省費用的同時發揮成效。

◎劃分時間點 —— 劃分詳細的執行目標

年度公關行銷計畫又可以分為各季度、各月、各週。越是將目標設得越具體、分得越細，就會有越高的執行力。設立了年度公關行銷計畫後，要持續照計畫進行，而且在過程中需要反覆檢查，也要把執行的時間點劃分得精細。

◎中途檢查

在一開始樹立計畫時，就要定下中途檢查 —— 檢查正在進行的計畫狀況 —— 的時機與方法。可以分成上／下半年或是各季度，若是再細一點，可以分成各月、各週，然後簡要地整理成報告書。不要光是在腦海裡思考，而是要整理成文字，這樣才會更加明確。若整理出來，就會很清楚知道為什麼成果和當初計畫不同，這麼一來，也會明白以後要多做哪些部分。而這就是能將公關行銷的執行力變得穩重可靠的珍貴資料。

話說，當我們迷路的時候，最好的方法就是先停下來，然後沿著走來的路走回去。不該因為公關行銷的成效不佳，就擬定新的計畫而不分皂白地執行。應該是要拿出已執行過的計畫書來看，這才是省時又省錢的策略。為了能讓自己在迷路時找到回頭路，計畫書和中途檢查都很重要。所以這些都值得我們花時間好好撰寫。

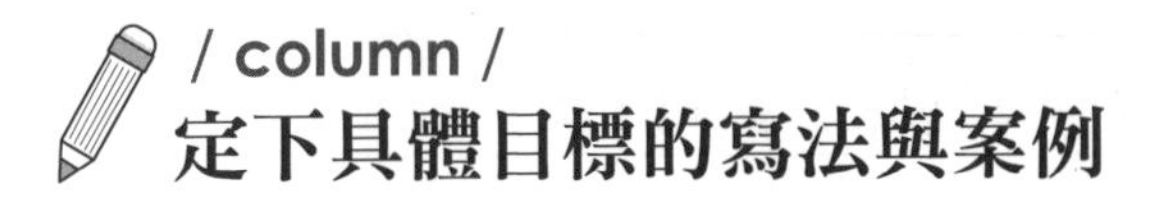

/ column /

定下具體目標的寫法與案例

◆（bad）提升品牌認知度，進而拓展新顧客與提高銷售額

這是在公關行銷計畫書中常見的標題句子，列出的都是抽象的單字，不太能抓到感覺。為了能在僅限的預算、人力與時間內達成某些成就，設定更現實也更確實的目標才是真正有效的。若能考慮展望、融入人生價值觀，因單純符合而能朗朗上口的話是更好的。

◆（good）每個月花費三十萬的公關費用，在三個月內獲取三百名新顧客 —— 「三三三計畫」

這種目標看起來怎麼樣呢？輕輕鬆鬆就能牢牢記住，能隨時想起來。訂定年度公關行銷目標不該遠離年度營運目標和銷售計畫。而所謂的公關行銷計畫，就是用具體的方法去探索該如何達成所訂定的營運目標。

制定高執行力的公關行銷計畫

「在千變萬化的公關行銷環境裡，該如何制定年度計畫？要是制定了一個計畫，後來卻出現更好的，原本的計畫變成過時的，那該怎樣辦呢？」

這是在制定公關行銷計畫時常會擔心的事。即便如此，提早制定計畫還是很重要的。越是將計畫制定得越詳細，就代表我們已經事先衡量各種狀況、做好分類，也預測了往後可能會遇到的事情，並提升面臨問題時的應對能力。若是對未來感到不安，可以思考會發生那些事情的機率，並照時間線一一列舉出來，光是這麼做就能大幅地克服對於未來不安的恐懼。

制定計畫還有另一個目的，那就是要提高執行力。計畫再怎麼新穎又出眾，但若沒有確實地執行，那些也就只是一堆廢紙而已。該如何擬定能提高執行力的公關行銷計畫呢？還有，為了順利執行好不容易制定的計畫，有哪些部分是需要好好考慮的呢？

制定執行計畫時定得低一點，定在目標的 70%

「這項目沒在公關行銷計畫提過啊？這項目無法編進預算裡，所以很難進行。」

每當企業或團體等要做行銷計畫時，往往會因為上述問題而跟預算組發生衝突。其實只是想在公關行銷計畫中的某一部分進行修改或新增，但這舉動卻會讓其他部門認為，是不是設定的計畫有問題，還甚至為此加以斥責。

或許在以往會覺得按照既定計畫來做，成果是最好的，但在每天急速變化的環境裡，做事的方式也逐漸變得不一樣。為了在每個當下能注意消費者所關心的事而有所行動，就必須縮短判斷或執行的時間。現在的公關行銷看重敏捷的接觸方式，這是指既能快速、敏銳地配合每時每刻變化的市場環境，又能從容地做事的方式。特別是像中小企業、一人公司、小工商業者、自由業者等組織小又具有高效率溝通體系的公司來說，從容又敏捷的接觸方式是最有效的。必須記得的是，在堅持地推動目標的同時，執行計畫也要能按照不同的狀況隨時做調整。

不要覺得變更計畫就等於失敗。在一個大框架下制定好公關行銷目標後，在制定執行計畫時最好是定得低一些，大概是目標值的 70%。剩下的 30%則是針對計畫因某些狀況，需進行變更、刪除或新增時能有所應對的空間。

藉由關注顧客及共享來培養即時應變的能力

若是照既有方式先定好一年的計畫再執行，就無法即時地反映瞬息萬變的大眾需求，現今的公關行銷針對這部分逐漸產生了危機意識。就算在制定計畫的當下是熱門的素材，但幾個月後、要去執行時，就算是已過時的議題了。再怎麼快速地有所行動，制定計畫、呈上報告、獲得批准，再到開始執行，都是需要時間的，這也是一直會錯過時機的原因。

「要怎麼樣才能縮短制定計畫到執行的時間呢？」這是所有組織的煩惱。尤其是把社群媒體當作主要管道來進行公關行銷的組織，會「即時」地企劃並執行。他們需要懂得隨時注意消費者的變化以及當下被高度關注的主題，考慮與品牌的關聯性，並且將其融入在內容當中。

要懂得微觀同時也宏觀地解讀出現在社群媒體上發生的事，還有我們產品／服務的主要目標客群現在正關注的是什麼。為此，必須養成持續在各方面關注顧客的習慣。

試著用每天接觸到的新聞、廣告、趨勢跟自己的產品／服務做連接，或是跟公關行銷做連接，進而去想像可以怎麼活用，藉此培養感覺吧！要即時地和消費者對話，也要關注顧客，並與內部共享資訊，這樣就能在這過程中轉換成內容，還能因此建構出一個進程。

只在老闆腦中的計畫 vs 與組織成員之間共享的計畫

要提高公關行銷計畫的執行力，必須減少危險因素和障礙。因此要反覆檢視，現行的公關行銷計畫是否符合最近的狀況、實際上是否能滿足消費者或大眾的喜好、是否會因為含有社會上敏感議題的內容而帶來負面影響、依我們公司的組織能力是否能承擔這計畫等等，有很多必須考慮的風險因素。

減少風險的方法就是「分享」。要將老闆腦中的計畫提取出來，跟組織成員分享，並一起進行探討才行。以 Kakao*的狀況為例，旗下員工會根據不同案件使用 KakaoTalk、微網誌 KakaoAgit，或是 Open Talk 等服務來分享各自進行中的業務，這種分享文化是從公司開始大力推動的。此外，公司會舉辦管理階層和員工一同參與的全體會議，並在會議中分享重點營運狀況。這個策略能提高所有人對組織的信任度，也能經由討論徵求大家的意見，藉此提高正在推動項目之成功進度。

在最終結果出來之前，公關行銷需要歷經持續修正、補足的過程，而這

*編註：韓國使用度最高，類似 LINE 的即時通訊平台APP。

過程中若少了員工及利害關係人之間的業務分享與回饋，就很難執行下去。

大部分「企劃」的最初主意是由一兩個主導的人所想出來的，接著製作宣傳物、企劃推銷活動、透過社群媒體來宣傳等等，要把想法實際落實、繼續延伸下去，則需要組織的能力，此時最重要的就是內容分享和引起共鳴。

在企劃推銷活動時，對短期受雇的打工者，不應該就只是單純說明該做什麼事，應該要讓他們明白為何要辦這樣的活動、有什麼意義、我們這一路又是如何做準備的，並讓他們產生要一起參與的念頭，這麼一來他們的最終表現就會明顯不同。這就是為何工作人員要確實了解存在於老闆腦中的計畫，並真心對此引起共鳴的原因。

/ column /

靈活應對變化的敏捷式（Agile）管理

為了更快速有效率的業務進程，一群軟體開發專家於 2001 年 2 月發表敏捷宣言，同時揭露了許多 IT 開發者的煩惱。這個方式是要脫離原本的撰稿作業、規劃，並專注在實際執行，不單只是遵照所訂的計畫執行，還要靈活地應對環境的變化。經過二十多年的今天，不僅是軟體開發，敏捷式管理更是跨足各個產業領域。

尤其最近的公關行銷領域當中，更是為了應對快速變化的消費者關注，而著重在能靈活地接近消費者的方法。常常拿來做比較的是瀑布式管理（waterfall，為計畫導向的方式，依序照階段執行項目），這種方式是從完成的角度來看整體結果；而敏捷式管理則是在初期會設定粗略的業務計畫，然後一邊觀察市場和顧客的反應，一邊執行項目。

◆ Kakao

2017 年推出了 AI 喇叭 —— Kakao Mini。經歷六個月的研究後進軍市場，而其中的設定販售方向只花費了四個月。業界分析了 Kakao 能如此迅速地推出這款商品的原因，那就是因為「使用了敏捷式開發來進行。一抓好方向，就先把雛型（新產品）製作出來，然後再慢慢改進不足之處」。

◆ 現代信用卡

現代信用卡根據敏捷式管理，果斷地進行了全面組織改組，從原本既有的五個階級的組織體系，改為較單純的「本部－室－組」，並編入自律小組的體制。據悉，原本都由室長掌握人事管理，甚至小組的成立與廢止的決定權，還有垂直的報告體系，這些統統都由自律小組接手，一律改成單純化、水平化。

並非無條件向前衝，而是要以能堅持下去的步伐前進

左右公關行銷計畫執行力的最重要因素，就是執行者的執行能力。重點是要帶著敞開胸襟面對變化，願意去解決問題，以及積極向上的態度。沒有任何一個公關行銷計畫能毫無改變地照樣執行下去。這是因為不論內部意志如何都得接納從外部來的變化，此外，跟執行方面相關的人各式各樣，因此存在的變數也很大。

執行者若理解這種業務特性，也願意承擔一切變化，同時也擁有想要解決問題的積極態度，那麼就要發揮出執行者的能力才行。但不要因為願意承擔變化，就無條件向前衝，而是要考慮各自組織的個性和特性，並且找出屬於自己的步調和方法。

要帶著能堅持下去的步伐、彼此之間有信賴和共鳴的基礎來培養出能敏銳地感知變化的公關觸角，這就是設定能提高執行力的公關行銷計畫核心。換句話說，答案都藏在「人的力量」裡。

/ column /

即時公關行銷計畫的好例子 VS 不好例子

◆（Good）2013 年美國超級盃斷電與奧利奧的推特廣告

2013 年，在進行超級盃比賽的途中，發生了電力中斷 34 分鐘的窘境。當下奧利奧（Oreo）就機靈地在推特上投放廣告，而且發揮了極大的宣傳效果。在斷電的期間，奧利奧的母公司 —— 納貝斯克公司（Nabisco）和公關媒體 360i 於奧利奧餅乾的推特（Twitter）帳號上刊登了一則廣告，寫著：「停電嗎？沒關係。你還是可以在黑暗中泡一泡再吃（意思是即使在黑暗中還是可以泡一泡牛奶來吃奧利奧餅乾）。」發生了史無前例的斷電，而對此慌張的超級盃粉絲們都在滑著各自手機等待，此時在推特上跳出的幽默趣味廣告，讓人留下深刻印象。據悉，奧利奧為了要應對可能會在超級盃直播時發生的網路議題，事先安排了由十五人組成的社群媒體小組，也為了不論發生什麼狀況，都能在十分鐘內去應對，招集了廣告撰稿人、企劃人及藝術設計師等人。這也證明了看似是運氣帶來不得了的成功，但其實成功是留給真正準備好的人。

◆（Bad）樂天食品於 2018 年平昌冬季奧運推的義城大蒜火腿策略

即使品牌關聯性和時機配合得剛剛好，但有一件事也要小心注意。那就是到底真不真誠。2018 年舉辦的平昌冬季奧運中，女子冰壺隊「Team Kim」摘下冰壺項目銀牌而爆紅，她們以全員皆來自慶尚北道義城郡而廣為人知。樂天食品就利用這點在自家 Instagram 上刊登了一則諷刺女子冰壺選手的義城大蒜火腿的廣告，這則廣告成為熱門焦點，但同時也帶了相當多的譴責。義城大蒜為地區名加特產組成的名稱，也是自家的商品名稱，但跟來自義城的女子冰壺隊是無關的。不過，卻因為快速地利用這點，也寫得好像真的有關係一樣，所以到處遭到白眼，也被譴責是「蹭冰壺的熱度」、「厚臉皮行銷」。

找出特別專屬自己的必殺技

「該拿什麼來為我們公司或自我宣傳呢？有什麼是值得新聞媒體和大眾矚目，同時也特別專屬我們的呢？」

若已經決意公司要在今年積極地做宣傳，就必須要找出「值得宣傳的事物」，該拿什麼當作主要內容來展現，還有，要凸顯公司哪方面的樣貌。無論是為新產品做公關行銷，還是正在為中長期的品牌定位做計畫，都需要值得宣傳的事物。要把目光放在新聞媒體、顧客和大眾所關注的，而找出「特別專屬於自己的部分」，也就是「必殺技」。若想要找出某個特別的事物，首先必須要跳脫自己一直以來的思考框架、知識範圍、刻板印象等等。

成為找出「特別」的資訊蒐集者

絕大部分的公關行銷負責人，並不是自己要做宣傳的對象之專攻者或專家。舉例來說，作為生產精密機械的公司的公關行銷人，沒有說一定要是機械工程畢業的。重點是要具備能把專業知識重新詮釋並以有創意的方式製作訊息後傳遞出去的能力。

要能將組織和個人具有獨家又專業的知識和成果與顧客、新聞媒體、大眾分享，這才是公關行銷該盡的責任。不是從「我的觀點」，而是要從「對方的觀點」來做計畫並前進。

要怎麼樣才能產出足以吸引大眾和新聞的關注、既有趣又獨創的公關行銷內容呢？是經過蒐集許多資訊，然後經過資訊整合才「製作」出來的，而不是瞬間一閃而過的主意。

假設被交付了一項任務，要為一間公司或某個產品／服務做公關行銷。就要先找出關於對象的特別及差異化的價值，也就是要研究和觀察跟對象相關的事物。

要仔細地察看圍繞著企業的市場現況、只有那企業所擁有的特殊技術或特徵、吸引目光的組織文化，以及企業代表 CEO 具備的特有經歷等等。要與開發、營運部門的負責人見面聊聊，也要經常參加跟商品有關的研討會或博覽會，找相關新聞或論文出來閱讀等，如此一一開發各種不同的蒐集資訊管道。接下來就是將那領域延伸，並從受眾的角度上來理解該如何使用產品和服務。蒐集圍繞這產品／服務的一般性和社會性的資訊也是很重要的。產品會和全新的社會現象、生活風格的趨勢等有什麼樣的連結，要試著找出其中的關聯性！

開有創意的動腦會議

動腦會議是初期擬定計畫的必備過程。除了公關行銷組要參與之外，開發組、財務會計、顧客服務組、人事、總務等等各種部門都應該參與。從各自領域的角度來分享對產品或服務的期待，提出各樣的想法。舉例來說，最近接到客訴的狀況與頻率，股東的氣氛，銷售變動的部分，分售與交易動向，還是有內部員工在相關領域拿到專利或出書等，藉此會議可能會絡繹不絕地得知諸如此類沒有預想到的資訊。

招聚各個不同領域的人，在自由又輕鬆的氣氛之下，分享著各種資訊和主意，有時從中得到的所有情報就會井然有序地連接到一起，搖身成為具有創意的訊息。公關行銷負責人必須迅速掌握一切公司內部消息。因此，不論是正式的，或非正式的，都必須開動腦會議，而在這過程中也能培養搜集資訊的能力。

進行有力地的採訪——親自詢問目標族群和記者

可以最直接又確實地聽見針對公司產品／服務及對外形象的就是消費者了。積極地聆聽外部意見，有助於我們了解自己。就算只是小規模，也要透過以目標顧客為對象做深入的問卷調查來蒐集意見。而在問卷上比起詢問他們對產品或服務的評價，更應該把焦點放在「會用那些東西來做些什麼事」。可以詢問顧客因為這款產品或服務，生活中有了哪些變化，而產品給了什麼樣實質的幫助等等。

之後，也可以放寬問卷的填寫對象，使用像問卷調查工具網站 Naver form、Google docs、SurveyMonkey、Opensurvey 來蒐集多數顧客的意見。透過問卷調查，掌握顧客的偏好及公司的形象，藉此強化優點、補足缺點。

此外，問記者「最近在我們業內哪種報導最受歡迎」是最準的。針對曾撰寫過跟我們公司有關報導的記者或是認識的記者，要準備一個能問候對方又能交換業內動向資訊的場合。但要注意的是，沒事就突然拜訪，或是在對方最忙碌的時候打電話過去，就是打擾到對方了。

在跟記者聊的時候，可以告訴他公司消息或業內動向，也可以詢問記者他正在關注的事，這種交流資訊的場合，對彼此來說都是有幫助的。在談論的過程中，抓住記者最感興趣的內容，並把相關的資訊蒐集完整，這樣就能製作出公關行銷的物件。

好的宣傳事物不是「自然產生」而是「製造出來」的。這些事物是全心全意地觀察，提出疑問並學習的公關人才會清楚看見的事物。總是關注在這方面並蒐集資訊，到後來就會找到相關資訊和相關的人，進而變成一個好的公關行銷的機會。

/ column /

以挖掘宣傳點子為目的，可於動腦會議時討論的相關問題

光是下面的問題都是值得報導的內容，把幾個事項連結再一起，也能撰寫成一篇新穎的企劃報導內容。若有不熟悉的領域，就跟相關部門協議後索取資料吧！

◆ 企業成長、營運策略、品牌定位

v 是否有開張新的網站、社群帳戶，或是更新既有的網站？

v 是否興建了全新的公司及子公司？

v 有什麼值得發表的銷售和主要成果？

v 有什麼紀念公司創立的活動？（例：創立十周年、二十周年……）

v 是否會有成立新的辦公室或遷移辦公室的計畫？

v 是否曾變更過公司名稱？

v 是否曾為品牌更新？

v 是否締結了策略合作或業務協定？

v 是否有全新的營運團隊及人事異動？

v 所有權是否有轉換？

v 公司是否有改組消息？

v 是否有公開上市股票？

v 是否有確保創業投資、群眾募資等事業資金與信用？

v 最近有什麼正在進行的研究？

v 有什麼值得發表的全新業界統計資料？

v 最近有什麼變更的企業營運事項？

v 有在雇用新職員？或者，是否有重要人物離開公司？

v 有要雇用新員工的計畫？

v CEO 有沒有說過一些令人感興趣或引起爭議的發言？

v 最近是否有高層出書？

◆ 產品、促銷活動

v 有什麼新產品或改良的商品上市？

v 是保持免運費，還是有調整運費？

v 有哪些產品名稱變更過？

v 能否介紹新產品的生產流程？

v 公司的新產品、服務、價格及促銷是否有特別之處？

v 是否會舉辦新的比賽或抽獎活動？

v 是否會在連假舉行特別折扣或促銷？

v 在推出的產品當中，是否有獨特又嶄新的用途？

v 是否有舉辦推薦獎勵等全新的促銷活動的計畫？

v 是否會推動免費諮詢、體驗活動或試用品活動？

◆ 市場動向、領導力

v 是否有做新的市場調查、研究調查、輿論調查？

v 是否能分享跟企業產品有關且有用的訣竅給顧客？

v 產業有什麼變化？這樣的變化帶給企業什麼影響？

v 企業的市場有什麼變化？市場的變化則帶來什麼影響？

v 如何看待產業或市場的展望？有什麼應對日後變化的方案？

v 企業或員工有什麼獲獎經驗？

v 是否有發行免費教育、電子書、新聞電子報？

v 有什麼跟企業相關又很感動的故事？

v 是否有業界預測、市場分析的資訊？

v 是否會舉行教育性質的線上活動？

v 有什麼可以影響產業的新技術動向的事？

v 掌握了哪些有利的業界相關資訊？

v 能否針對產業的重要課題提出專家意見？

v 能否揭開產業中常引起誤會之真相？

v 「適合當情人節禮物的十個物品」、「社群媒體行銷專家常犯的十個錯誤」等等，能否傳授這些跟自家公司或產品有關的訣竅和祕訣？

v 產品、商務能否與現在社會議題的案件連結在一起？

v 是否會舉行免費研討會？

◆ 顧客案例

v 有什麼重要顧客的案例或回饋？

v 主要客戶的獲取成果如何？（例：獲得第一百位顧客、第一萬名顧客等）

v 能否宣傳有哪些名人或公眾人物購買了產品？

v 有哪些是最近獲取的主要客戶？

◆ 地區活動、社會公益活動

v 是否參與過慈善活動？

v 是否會後援地區活動或團隊？

v 是否捐過款？

v 那些帶來靈感的故事是什麼樣的故事？

v 是否會進行實習生計畫？

◆ 活動

v 是否有企業主辦或參與的活動？

v 是否會舉辦研討會？

v 是否有舉辦成功的活動實例？

v 是否會參與貿易展或展覽？

v 是否會舉行線上活動？

v 是否會在不同時間點舉行特別活動，像是在連假時舉行特別活動？

v 是否有要舉辦全新的行銷活動計畫？

v CEO 或高層是否預計在會議中發表演講？

◆ 危機管理與溝通

v 所有權是否有轉換？

v 公司是否會改組？

v 是否曾被告、打官司？

v 如何面對訴訟？

v 會如何回應外界對公司或業界的批評？

（參照：＜Newswire＞（www.newswire.co.kr)「提高新聞價值的方法」）

利用「混搭法」發揮協同效應

「我們公司的銷量比去年低。我們也該試試社群網站宣傳吧？是不是要請認識的記者幫我們寫篇報導呢？若想看到成效，辦個促銷活動或投放廣告比較好？公司簡介也已經很久沒更新了……該從哪件事著手開始呢？」

完全可以感受到老闆著急又急迫的心。這個問題的答案就是：「如果做到上述提及的所有方法，就會達到最好的效果。」但聽到這答案的反應一定是很荒唐，因為大部分的狀況都是預算不充裕，還有這業務方面並沒有足夠的人力和資訊。

「我的意思不是現在立刻就要做到所有事。也不是要在廣告、新聞廣告、經營網路平台、促銷活動、製作宣傳物等方法中只限定一種來做，而是要以將各種方式集合後混合的『混搭法』來做。」

可以接觸到顧客的方法有數十種，因此才需要綜合性地去接近顧客。隨著傳播媒體環境變化，宣傳、廣告與行銷領域之間的分界逐漸消失，且有合併的傾向。具體來說，曾在大眾媒體上看得津津有味的內容，可以到入口網站或社群網站搜尋後進行購買；或是，Instagram 上成名的網路名人會出現在有線電視的綜藝節目裡，還會推出自己的品牌。比起被動地接受生產者發布的訊息，現在的消費文化更是要自己主動去尋找、選擇、仔細比較，而體驗品牌、消費者的主動參與也變得極其重要。隨著一人媒體的時代來臨，區分是主流還是非主流也變得毫無意義。

這個時代是比起有線電視出現的昂貴廣告，在 YouTube 頻道的個人影片內產品露出的成效更佳。跟大眾的溝通方法，也從過往的言語形式轉變為視覺形式。

曾經的大眾媒體，就只是對不特定的多數人不斷發送訊息，但現在是像用小鑷子來夾，逐漸轉移使用個別化、細分化及一對一的公關行銷，型態更傾向於個人偏好。如果說公關行銷就等於是大眾和消費者會到常去的街頭上做些什麼事，而如今那些街頭已經變得很多樣化，也隨時都在變。因此，這就是為什麼公關行銷不能只用一種方法來做，而是要綜合性地執行的原因。

公關行銷並不像數學公式那樣「一個問題對一個答案」，要根據不同的狀況、不同的時機點，找到符合的解決方案。一間公司每年舉辦的促銷活動，每次都應嘗試不同的接觸方式、使用嶄新的公關行銷手法才行。但另一方面，一個亮眼又值得宣傳的事物就能同時用在廣告、新聞廣告、活動和宣傳品等，並能發揮好幾倍的協同效應。

舉個例子，假設要為即將推出的新產品設定混搭法的公關策略。公關行銷的執行手法大致上可分為以下幾種：線上宣傳、線下宣傳、新聞廣告、活動企劃以及廣告。在執行計畫裡每個框架都必須安排一個以上，如此綜合性地設定公關行銷計畫才行。

在設定執行計畫到後來，就會知道該如何調整全體計畫的均衡，像是哪個可以放在後續計畫裡，並擴大規模地做，而哪些可以簡化地做。必須具備能按照每個產品／服務的特點和狀況，從容地、有創意地建構出公關行銷的企劃能力。

設定目標 所有公關行銷活動的起端都是從訂定目標開始的。定下可達成的目標，接著具體地定出目標對象、執行期間、預算及欲投入的人力等。

線上宣傳 先檢查已擁有的官方網站、部落格、社群網站平台等，並定出適合這次新商品宣傳的主平台和輔助平台。有可能也需要開新的平台或是進行重整。檢視商品介紹文、影片和照片等等哪些是該放在線上平台的內容，並為製作這些素材而定計畫。

線下宣傳 應判斷是否需要公司介紹資料，商品或服務的形象照片、影片，還有促銷品，並定下事前製作的計畫。這些線下的宣傳品也同樣能在線上宣傳、促銷活動等時使用。

新聞廣告 應配合新商品推出的時間來定新聞廣告計畫。若是在像暑假、畢業或入學季以及節日等這些目標對象的反應較敏感的時期，能連結到社會的趨勢，這麼一來，就能抓住更大的新聞廣告的機會。除了發布新聞稿，也能企劃記者招待會（又稱記者會、新聞發布會）。要列出可能會對我們商品有興趣的新聞媒體或記者名單，並定出適合做新聞廣告的時間點。

活動企劃（線上／線下）活動的樂趣不僅能招聚潛在顧客，還能將其當作線上宣傳、新聞廣告的素材使用。看線上活動或線下活動哪個更有效，或是兩種都要辦，那就要企劃辦在什麼時候。以推出新商品的時間為中心，可依「事前」、「當日／上市日」和「事後」來進行。

廣告 如果要策劃一個內容或訊息，並致力於短時間內散播出去，那麼也可以同時訂定廣告計畫。入口網站的搜尋關鍵字廣告、展示型廣告、社群網站廣告、掛橫幅、發宣傳單等這些投放廣告的時間和方法，都得配合預算來企劃才行。

讓線上、線下的界線變得模糊的公關行銷策略案例

◆ 韓國天安市傳媒宣傳組
—— 按照不同世代的喜好而制定的數位與類比的混搭策略

以市民全體為對象的公共宣傳是很難選擇目標市場及決定針對各目標的主力宣傳媒體。以韓國天安市為例，動員了線上、線下宣傳媒體，線上是以青年常用的網路平台，線下如電視牆、報紙等則是以中老年人為對象，如此設定了符合年齡層的公關行銷策略。首先，天安市製作了天安新聞（市政新聞、共鳴天安；施政通知），在一年內共有一百二十二部影片，並透過市政府及各區設置六十台的電視牆來播映。線下的部分還有印刷品，每個月都會製作市政刊物後發行。此外，也大力地使用 Facebook、Kakao Story 及部落格，結果每日都各有四千人次、七千人次及五千人次以上的訪問量。因為有不斷地製作並發行各式各樣的事物，所以才有明顯的成果，而天安市的傳媒宣傳組就曾獲選為地方自治團體的宣傳冠軍。

◆ 綜合活動與病毒式行銷模式
—— 從天而降的紅牛能量飲料（Red Bull）促銷活動

紅牛能量飲料有名的地方就在於，為了超越單純的能量飲料、打造既熱情又挑戰極限的形象品牌，綜合性地進行各式各樣的促銷活動以及病毒式行銷。其中有一場活動很有名，那就是「從天而降的紅牛能量飲料促銷活動」。完全就照字面的意思，在高空中把裝滿紅牛能量飲料的箱子丟下，而大家就能免費喝到從天而降的紅牛能量飲料，這事在社群網站上爆紅，也獲得了好口碑，其公關行銷成效極佳。

跟計畫一樣重要的公關行銷成效之測定

「每個月投入的社群網站廣告費用，到底對銷量有沒有幫助啊？」
「聽說新聞廣告的效果比廣告更好，真的是這樣嗎？」
「馬上就要制定明年預算計畫了，這次的費用是該提高還是減少？」

管理階層的人都對錢很敏感，他們會計較公司到底有沒有好好用錢，還有花費的錢和成效比。他們也很想知道投入公關行銷上的費用，到底有沒有發揮到那些錢的價值。購買素材的錢、準備業務所需設備和物品的錢、雇用職員的錢，這些都是眼睛所能見的，而其成果當然一目了然。但是，就是因為衡量公關行銷的成效不是一件容易的事，所以實在令人鬱悶。以致於每年編列預算時，都會在公關行銷費用這裡猶豫不決。

為什麼衡量公關行銷的成效那麼重要？

決定是否要花這筆公關行銷費用的因素就是「是否對營運有幫助」。提高銷售量、創造新顧客、培養忠實顧客、改善公司形象、增進品牌好感度、提升代表人知名度、建立與利害關係人的友好關係等，這些都是可以帶給經營全方位幫助的效果，而我們應該要知道的事情是，公關行銷活動是以直接還是間接帶來影響的。不要只是茫然地覺得「好像有這麼一回事」，而是要用能讓人確信的數據來證明我們一連串的努力。

計算出公關行銷成效的客觀又具有意義的結果，便能對執行計畫賦予確信與推進力。還有，也能更深入地了解跟我們公司有關的顧客、利害關係人、地區社會以及宣傳媒體等。獲得的實質數據、理解在那基礎之上的公關行銷環境，就等於是為擬定下一年度的公關行銷計畫提供了重要洞察力。意即擁有了一個能展開更加縝密的計畫並提高命中目標準確度的營運政策指南針。

透過「數字」來了解 — 測定定量數據

為了測定公關行銷成效並評價其成果，首先要從獲取能定量數值化的數據開始做起。

◎新聞報導成效之分析

新聞報導就是分析公關行銷成效的代表項目。以美國為首，全世界使用了半世紀以上的媒體報導的評價標準就是 AVE（Advertising Value Equivalence），也就是「換算廣告價值」。這在計算的就是，做出與新聞報導相同大小的廣告需要多少費用。不是單純一個一個拿來比大小，而是需要使用乘數的概念，這代表著新聞報導的宣傳價值比起同等大小的廣告，具有更多倍的可信度和效果。

這乘數通常會使用「六」或「八」，是由被稱為「廣告教父」的大衛・奧格威（David Ogilvy）所提出的主張，但其可信度存在著爭議。即使沒有確切證據，但把新聞報導換算成廣告價值的成效測定卻已沿用至今日。原因是，這個方法能簡單地換算成金錢，方便進行估算，而且乘上乘數之後，得出的成效就呈現加倍的金額，據說，這樣的結果能提高公關行銷人和委託人的心理滿意度。

新聞廣告成效測定（AVE）方法

假設在 A 報紙上有篇兩段版面（譯註：大小約為 4.4cm×7.2cm）的報導。發表了這樣的新聞報導後，將其宣傳效果轉換成金錢的方法之計算公式如下（以奧格威的基準「六」作為乘數來計算）。由此得知，這篇新聞報導最少就值了韓幣四百二十萬元。

報導內容大小：

2 段×5cm＝10 段／cm（假設一面的報紙為 15 段（＝長 51cm）、寬 37cm）

1 段 1cm 的基本廣告費用：韓幣 70,000 元

故報導換算廣告價值就是 10 段／cm×70,000×6＝韓幣 4,200,000 元

◎官方網站／部落格訪客增加率之分析

把新聞稿發布在新聞媒體的報紙上，或舉辦促銷活動，有興趣的讀者就會上官方網站瀏覽。這時，只要分析流入量，就能掌握增加了哪些顧客群。網站流量、品牌搜尋次數、轉換率等都是重要分析資料。流量指的就是因有人造訪了官方網站或部落格而產生的訪問量、頁面瀏覽次數，而轉換率則為網站訪問者是否進行購買或註冊會員等這類網站有意讓訪問者去做的行動之比率。可以在固定時間點或進行公關行銷活動後，分析整體訪客增加率、網站流量、搜尋次數及轉換率等，並掌握動向。

◎社群媒體增加率之分析

一般而言，若進行公關行銷活動，不僅網站流入率會增加，社群媒體的追蹤人數也會一併增加。社群媒體也和網站一樣，可以透過分析報告來整理，並測定幾個重點，像是進行公關行銷活動前後的追蹤人數、按讚數、留言數及社群互動等級之變化量。這個分析方法適用於推特（Twitter）、Facebook、RSS feed（簡易資訊聚合）、部落格等所有在社群媒體上的活動。要針對有多少人參與活動、多少人報名測驗，又有多少人來諮詢，這些部分進行分析和整理。還有，也要分析不斷更新的線上平台中的留言數及其內文（正面／負面留言比例）。

「解讀」比數值重要 —— 真心接受評價並掌握數字背後的意義

在韓國有句話說「解夢比夢好」，這也適用在公關行銷的成效之測定與評價中。別只是執著於可見的數值上，重點是要深度掌握測定出來的數值，到底具有何種意義，然後依此決定以後該透過哪個媒體、做怎樣的活動來前行，如此未來才能獲得更有意義的成果。要具備在看見數值後，能掌握其意義的解讀能力。

◎仔細分析媒體報導

發送新聞稿後，通常都會把報導發表在哪個媒體、哪個版面，而那版面又占了多少的部分整理出來。一般而言，會把廣告費用進行換算，以便我們預估其價值，同時，我們也要以真誠去看待。不該只是計算到底被報導了幾次，而是要了解報導中強調了哪些關於我們公司的訊息、整體的論調是正面還是負面，還有，要掌握相對於競爭公司，針對我們公司報導的新聞媒體的觀點是什麼。若用這樣的脈絡來看，就會發現真的有很多可以為新聞報導進行分析的方法。

- ■ 分析（報導之媒體的）訂閱率、讀者數、媒體排名
- ■ 依標準為報導論調分類（例如：依「最正面」到「最負面」以數值 1 至 10 來標示）
- ■ 依關鍵訊息分類（內文是否有提及我們想強力傳遞的訊息）
- ■ 比較分析其他公司（競爭對手）的報導傾向、訊息
- ■ 是否為單獨報導（若為單獨報導，其加權值會比與其他企業一起的共同報導時來得高）
- ■ 是否有出現公司／品牌／產品的照片或商標

◎以目標群為對象做問卷調查

分析消費者所認知的企業品牌形象與信賴度，藉此掌握宣傳效果。為此，在公關行銷活動結束後，應以目標群為對象實施問卷調查，調查他們對於企業的認知度、好感度，還有能回想出企業想強力傳遞的訊息。

◎分析買賣週期

成功的公關行銷能縮短企業的買賣週期。所謂的縮短買賣週期，指的是縮短了顧客在購買前進行調查和比較時耗費的時間。據悉，普遍成功的公關行銷活動能減少 10% 的買賣週期。也就是說，顧客原本會搜尋「保濕保養

品」的，後來變成搜尋「○○牌保濕面霜」。

就像這樣，在公關行銷活動結束以後，便可透過搜尋關鍵字來了解企業信賴度與認知度的上升程度。若是為了強化品牌，或者是透過業界專家為公司或營運者來做市場定位，而展開了一場宣傳活動，那麼結束之後，便要好好分析品牌名與上層管理者相關的關鍵詞搜尋結果，藉此掌握其結果值是否增加。

◎調查投資活躍度

投資者會排斥在不太了解的事物上進行投資。公司若在投資市場上不受矚目，就表示公司在業界上的可見度和信賴度不夠充分。在進行公關行銷活動的同時，也要仔細留意投資的活躍度。這麼一來，便能衡量公關行銷的活動是否恰當。

到目前為止，測定公關行銷成效的相關研究依然持續在進行當中。連世界上很多有名的公關機關，還無法明確地提出定義與方法，表示這是一個需要持續不斷研究下去的領域！

別因為對複雜的公式、已定的工具感到厭煩就想放棄。必須透過適合各自的方法，持續努力掌握投入在公關行銷的錢發揮的成效，並讀出這當中不管有形或無形的成果。為了留下成果，從設定目標開始就要花心思，在過程中要持續觀察和檢查，公關行銷活動結束之後，則要做評價；經過這些的時間以後，您的公關智能一定會大幅提升的。

/ column /

如何有效率地一步步促進測定公關行銷的成效？

◆ 1、設定目標

為了要測定公關行銷成效，從設定目標這階段就要開始努力。

在沒有準確地定出公關行銷活動目標狀況下，只是拿籠統的曝光效果來追究其費用，這樣的成效測定並不是一個切中核心的測定。如同企業的目的不只在於增加產品的收益一樣，公關行銷成效也不只為了要提升銷量這種營利層面的部分而已。是要增加收益，還是要獲取資金，或是要提高公司知名度，先決定好要達成什麼樣的目標才是重點。

◆ 2、確定執行計畫

一旦設定好目標，就要為了達成那目標而設定有效率的執行計畫。要決定該使用的手段和方法，像是要花心思撰寫新聞稿、強力推動新聞廣告；要企劃促銷活動，以便增加實體賣場的客人；還是要增加社群網站的追蹤人數；或是，要透過重整官方網站來強化網路線上平台等等。

◆ 3、監督成效

針對正在進行中的公關行銷活動做各種監督。展開新聞活動之後，就必須掌握報導媒體的影響力，也要察看新聞報導版面所占大小與論調，以及讀者的留言等。也應掌握官方網站或社群網站訪客、流入途徑，還有銷量增多的因果等。若無法定量地去掌握，還可以選定目標顧客為樣本進行深度訪談。

◆ 4、測定＆分析

若沒數據，就難以測定公關行銷活動是否成功。用各種方法測出定量、真誠的數據後，分析其中意義，藉此導出公關行銷活動的成效與日後該面對的課題。

PART 4 宣傳成功的行銷實戰策略

公關行銷最該先具備的四個要件

若決心要開始做公關行銷，最先應檢視是否具備以下四個要件。不分從事的行業、形態，也不分規模大小，不論是在市場上已占有一席之地的、剛進入市場的，或是預備創業的，統統包含在內，是所有人都需要的條件。因為這是為了讓自身的事業能更為廣為人知，而必須具備的最基本的「對話手段」及「資料」。而且，透過這項工作可以明確決定自己與組織的定位，為此請各位多花點時間和努力來達到這些要件吧！

1、製作跟產品／服務有關的詳細資料

最該先獲取的是「值得報導的事物」，也就是該拿什麼來宣傳。檢查一下有沒有已經製作好公司簡章、想宣傳的產品或服務相關說明書，以及打造出良好的形象。架設官方網站後，或是下廣告並經營社群網站時，比起其他的，更應該在網路平台裡上傳足夠的內容。這原因是，即使很快地創建了平台帳號，卻沒什麼可以上傳的貼文，這樣就無法順利地經營下去。

尤其是在新商品或新服務上市時，就必須製作出與之相關的詳細說明資料。如果因為很難整理成文字而請外面的人幫忙做，社內同事也一定要作為核心人物、參與在製作過程當中。企劃的用意、製作過程、使用方法、特點以及使用者可享受的效果與益處等等，全都仔細地整理出來！公司的價值觀以及參與製作過程之人的故事，都會是很不錯的內容。當由故事，而非單純的使用說明書來構成時，便能提高人們對產品和服務的親切感，也能接著發

展出各式各樣不同的內容。

拍攝產品／服務的照片或是影片，也都是要從企劃階段開始準備。若是要在線上進行販賣的產品，視覺上不可或缺的，一定要拍出質感好的照片。但最近，受到矚目的是影片。若是需要做技術上的解說，或是更詳細的使用指南，那麼可以拍成影片。當然，影片的完整度越高，就能獲得越多好感，但這不是絕對條件。這是因為就算是用智慧型手機拍的影片，只要有好好將核心傳達出來，也能拿來當作線上內容。影片資料要比文字更容易傳播，而且也能使用在日後的新聞報導或是其他地方，所以要儘早做好企劃並準備拍攝才行。

2、製作介紹公司的綜合資料 —— 宣傳資料袋

做生意時，彼此初次見面的人會交換名片；同樣地，向對方介紹公司時，需要交換的東西就是公司簡介資料。以報導為目的，把一切資料製作成一個套組後交給記者，而介紹公司的綜合套組就被稱作「宣傳資料袋（press kit）」。一般而言，裡面會承裝著以介紹公司和產品／服務的內容為主而製成的印刷品、照片、影片或紀念品等物。以前著重在新聞報導，但最近網路、社群網站的宣傳也變得越來越重要，因此，宣傳資料袋的提供對象也不再只限記者，也陸續開放、提供給體驗團之類的一般顧客。

關於「要如何製作介紹公司的資料」，並沒有一個正確答案。「如果對方是第一次來聽我們公司介紹，那他會對哪些部分感到好奇呢？」請從這樣的角度去設想問題的答案。幾年前，較具規模的公司普遍都是製作成書本的形式。花一大筆錢，委託代理公司大量地製造出設計感華麗又厚的書，然後再發派給顧客與相關單位。但是，隨著藉由線上傳遞資料的情況越來越普

遍，比起印刷品一旦製作出來就很難再進行修改 —— 大家更喜歡能配合不同狀況更新，逐漸讓資料變得精簡、貼近網路的環境。由自己親自撰寫文章、拍攝照片，並利用 Office 軟體的模板完成的一頁內容，也會是一篇優秀的公司介紹文。當產品或服務是用示範的方式來說明會比文字來得更有效時，那麼也可以拍成影片，然後上傳在 YouTube 頻道上面，作為日後的介紹資料來使用。或者，也可以製造試用包、周邊商品，搭配簡單的說明資料一起發放等等。依據公司和產品的特性，可以使用的方法非常多樣。

3、架設響應式網頁（Responsive Web Design，簡稱 RWD）

官方網站就是在網路上的營業場所。這個地方是能與顧客見面、交流的地方，也是能展示產品的空間。就算不是原本就利用線上販賣的業者，也試著架設一個官方網站吧！一般來說，會把官方網站當作最主要的平台，然後同時經營部落格、Instagram、YouTube、Facebook 等社群網路服務媒體來做搭配。

不需要花大錢把官方網站弄得非常華麗。重要的是要持續地經營和管理。為了讓公司變得顯眼、落入顧客的眼中，應站在顧客的角度來架設官方網站。不是一一列出我們想炫耀的事物，而是要能滿足人們好奇心，也要能激發人的興趣。

該檢查的事情是：所有內容是否都有好好上傳；基本的公司介紹沿革、公司代表、公司地址等是否正確無誤，呈現方式是否太過枯燥；能向負責人諮詢的聯絡方式和電子信箱是否放在顯眼的位置；產品的照片和影片是否上傳成功；貼文是否從最新的開始顯示。初創期，花了很多心思建構官方網站，卻不怎麼更新最新消息，這就可能會帶來「這間公司已經沒在經營了？」的印象。

官方網站務必製作得讓人使用行動裝置時也方便瀏覽的程度。一般會有60% 至 70% 的人都是用行動裝置進入並瀏覽官方網站，所以需要具備最適合行動裝置的「響應式網頁」。

所謂的響應式網頁，就是指在顯示網頁內容時，網頁程式會根據使用者所使用的裝置畫面大小來調整版面大小的樣式。必須讓使用電腦、手機，或是任何一種裝置進入網頁的人，都清楚地瀏覽產品或服務的相關資訊。Naver 有個叫 Modoo 服務，透過這個服務便可免費將官方網站自動轉換成適合行動裝置瀏覽的響應式網頁。

4、在入口網站上登錄商家

公司應在谷歌（Google）、Naver 及 Daum（皆為韓國入口網站）等搜尋引擎網站上登錄商家。國內、國外的顧客都能輕易搜尋的谷歌網站，要到 My Business 進行登錄。Naver 是要在 SmartPlace 的地方登錄商家，也可在相關頻道處新增社群網站帳號；至於 Daum 搜尋網站登錄可與 KakaoTalk 進行連動。

登錄商家時要輸入基本資訊，例如公司介紹、位置地址、聯絡方式、產品與服務介紹、設定顯示圖像、上傳公司老闆照片等等。完成登錄後，需等待自申請日起約五天的作業時間。

做任何事都一定會經歷「新手」階段。不論是開車、運動，還是公關行銷，任誰都會有不熟悉的第一次。若下定決心「真的要認真做公關行銷」，就必須努力戰勝不熟悉又辛苦的「第一次」。

當然不是完完全全照著由公關行銷定好的程序去做就好，而是要持續配合每個當下的狀況來調整，而這過程中一定會遇到瓶頸，但是，若能一開始就扎扎實實打下基礎，那麼便可更輕鬆應對往後會面臨的事情。「重要的事情先做（First things first）！」必須勤勞地優先去做重要的事才行。

/ column /

1、發想公司的宣傳標語（catchphrase）

「若只能用一句話來說明我們公司，那你會怎麼說？」如果有一句任誰聽了都能對公司有所了解、簡潔有力的介紹句子，光是一句話就會有多種用途。被稱作「宣傳標語（catchphrase）的這個句子可以有效地將公司的本質與核心價值，用令人印象的方式傳達給顧客。為了引起別人的注意而丟出一句奇特的標語，應為以精簡扼要的方式呈現核心內容，既簡短又容易抓眼球，同時也帶有強烈印象的句子。足以讓人記住公司或產品名稱，它有著能激起消費者好感的作用。

不過，要想出這種短短的句子，也沒那麼容易。因為這個句子得包含公司主要業務、價值觀以及對未來抱負，再加上要簡單、簡潔，又得朗朗上口。此外，也要清楚明白公司的定位和願景，這樣才能想出一句不錯的宣傳標語。到頭來，搞清楚公司宣傳標語的這個過程，其實就是一個能明確為公司的定位做好整理的過程，也是必經且有意義的關卡。

2、利用 Naver Modoo 服務，架設免費的官方網站

Naver Modoo！服務（https://www.modoo.at/）提供免費製作網路及行動版網頁的服務。製作費、網域費、網頁代管費及維修費均為免費，也能和 Facebook 和 Instagram 等社群網站連動。有根據不同的行業特別設計的模板，所以能打造出符合每個公司特性的形象。只需操作簡單幾個步驟，即可在 Naver 搜尋網站及地圖上完成登錄，並進行日後經營。不僅如此，此服務還針對行動版官方網站訪問量提供了分析工具以及線上付款功能。

編註：Google 也有類似的免費架設網站服務「Google 協作平台：建置及代管企業網站｜Google Workspace」可掃右方 QRCODE 了解詳情。

新產品上市的十個公關行銷策略

當新產品上市，或發表全新技術和服務時，那一刻便是事業中最為重要又令人緊張的時候。新產品和服務如果能安全降落地成功打入市場，對於企業來說，就是安穩營運的決定性關鍵。但是，只是埋頭苦幹、忙於生產，很容易到後來把公關行銷計畫和事前準備拋到腦後而拖延。公關行銷的時機非常重要，因為太重要所以一直強調這點。必須在最適當的時機實施與之相符的公關策略，若能做到這點，那麼辛辛苦苦開發後才交到市場手上的產品和服務，就像戴上一對翅膀般展翅高飛。

產品／服務問世前，需要事前檢查的項目

1、上市時間點要依產品特性規劃

依據每個產品／服務的特性，都會有各自對公關行銷有利的時間點與紀念日。若是有季節性或特別時間點（例如：過年、情人節、暑假、畢業季等）大受歡迎的產品，就得先設定一段比較長的時間之後再推出。意思是，初期做了宣傳後會需要一段時間，而這就是宣傳之後的反應與目標時間點搭配得剛剛好，進而產生最佳效果的時間。但也許這過程中會形成我們無法掌控又出其不意的氣氛。會因為一些無法預測的外部環境而受到牽連，例如發生了某個社會案件，導致出現負面或正面輿論等等。或者，競爭公司也在同一時間推出類似產品，我們的就可能會被埋沒，因此，要仔細察看其他公司的動向。面對即將推出新產品時，務必在各個層面都裝上公關行銷的天線，並仔細地觀察內部、外部的氣氛。

2、產品會透過形象說話！要使用品質好的影像

新產品的形象十分重要。若是能拍成照片，甚至能製作成影片，那就無條件要定出拍攝計畫。如果產品需要操作示範，那麼就製作影片說明資料。考慮產品／服務的目標顧客，把能向他們強調的形象資料種類一一列出來吧！照片和影片是要作為商品目錄刊登廣告，還是要放上 Instagram、Facebook、YouTube 等，根據不同媒體及用途，照片和影片的風格都會有些微不同。若這所有東西都要分別一一拍攝，就得花更多的費用和時間。可以先拍最基本的照片和影片，然後再依照用途分出不同版本，或是剪輯之後再使用，如此從一開始就設定好計畫來做，這樣會更有效率。在預算許可的範圍內，找專業人士來拍攝照片、影片，這樣品質佳的視覺資料可以長久地使用，也較能受到大眾接受。

3、創造關於產品的「誕生故事」

將產品／服務正式交給市場發售之前，要設計出「故事」。不只是單純的介紹或說明書，而是一段產品／服務的誕生故事，可以告訴大家這產品是怎麼製作出來的、蘊含著什麼意義、誰會最需要它、有什麼和社會相關的變化和趨勢等等。現在的消費者，連產品和服務所提供的價值都很想了解。換句話說，行銷要提出很有說服力的理由，向顧客引誘購買東西的慾望。為了能藉由情感拉近距離，就會需要故事。試著細心地環顧周遭的人，在他們身上一定會有充滿人情味的故事，譬如說該產品製造者的故事、製作過程中發生的趣事，或是使用者的經驗談等等。而且透過這些過程，還能摸索出公司的定位與價值。

4、搜尋引擎優化

商品上市前應事先決定好要透過哪個平台做展示。為了成功地推出新產品，一定要讓產品容易被搜尋引擎和社群網站搜尋到。在產品／服務上市前，要檢查公司的官方網站、部落格等的網路媒體，若都沒有這些，就得創建一個新帳號。若是有官方網站，也可以另外再創一個特定 URL 網址的新產品介紹網頁（響應式網頁）。還有，新產品的照片可以上傳到 Instagram、Google 相簿、Flickr、Picasa 等地方，影片則可以上傳到 YouTube、Vimeo、Facebook，這樣就會有助於他人搜尋到。為了讓產品容易被搜尋，別一口氣上傳所有資料，而是要持續不間斷地上傳內容才行。把關於產品的故事，分成好幾則內容，搭配照片或影片一起上傳。對於後來才知道的顧客而言，累積起來的內容也能同樣刺激消費。為了能容易被搜尋的根本策略，就是要持續不斷上傳有價值的內容。

產品問世時機的公關策略

5、投放新聞廣告 —— 強化信賴度

新聞廣告的效果之所以比直接打廣告來得好，是因為「由消費者推薦或主播播報的方式能強化信賴感」。比起自己用力吶喊「我們產品很棒」的廣告，透過新聞報導來介紹產品是更好的，這種方式也更能帶來信任，而能更接近消費者。當新產品上市時，新聞廣告也是一項重要的策略。讓新聞媒體動起來的方法，就是提供新聞素材給他們。要很有說服力地去說明：「新產品／服務上市」很有新聞價值。若只是視角短淺地提及新產品，是不會特別引起記者注意的。要說明新產品和既有產品、技術的差異性、跟競爭公司的產品有何不同之處、具有何種意義和價值，也要說明新產品是怎麼和近日社

會變化和趨勢連結在一起的。若把反映趨勢的類似產品、服務與變化等統統綁在一起來說明，這麼一來，就不會只是一篇新產品上市的報導，而是會成為趨勢報導，也很可能會成為一篇大格局的報導。

6、藉由 VIP 顧客、體驗團來獲取顧客回饋 —— 口碑行銷

人們通常在購物前都會先去看使用過這產品的人寫下的經驗和意見。一則不認識的人寫下來的回饋，會比花大錢製作的一段廣告更有說服力。就像這樣，若有其他顧客正面的經驗談，便能提高信賴度。若有努力獲取會因為喜歡產品而留下誠意滿滿回饋的「忠實顧客」或「粉絲」，那麼他們就會是我們莫大的幫助。在公關行銷裡，獲取「一千名忠誠度高的粉絲」是很重要的。這跟存到事業上的第一桶金一樣，一千名忠實顧客也會成為我們強韌的盾牌以及信號兵。

透過專屬忠實顧客及 VIP 的事前通知、線下聚會、提供使用新產品機會等等，蒐集客人的回饋，然後上傳在網站或其他平台上。或是邀請使用者到販賣產品的購物網站上留下回饋文，或者在各自的網路媒體發布回饋貼文，也都是不錯的方法。

還有，在舉辦線下實體顧客體驗活動、介紹商品聚會之後，也可以請客人於公司官方網站、部落格、Instagram、YouTube 等處留下這些內容與回饋。如果是影片的話，可以進行直播，或是上傳拍攝影片後剪接的版本。為了把內容整理得清楚，又能傳遞重點核心，最好是上傳剪接版。有些人會先上傳直播完整版，然後也上傳剪接版。若能請參加者也上傳到個人的社群網站，這樣就有助於內容的傳播。

7、借助網路上的名嘴、KOL、網路名人的力量 —— 擴大曝光

會對網路媒體用戶帶來影響力的 KOL（Key Opinion Leader，關鍵意見領袖）、網路名人及 YouTube 創作者，對企業和公關行銷人來說，他們是具有極大魅力的人。為了要與他們合作，並且讓投入的錢能發揮到足夠的效果，務必要做好事前計畫。

倘若被擁有眾多追蹤者的網路名人表面迷惑，而在毫無計畫的情況下全數放心交給他曝光，那麼或許就達不了原本預想的效果。比如說，要企劃一場線下的實體活動，讓網路名人或部落客能利用活動製作一個內容，或者，怎麼樣可以不擺明地直接打廣告，而是能自然而然去介紹產品和服務的方法，這些都要事前跟他們好好討論才行。

但這不該在新產品上市初期，就花錢請超級部落客、網路名人來做。應該先透過本身內部就擁有的忠實顧客和員工在社群網站宣傳、製造氣氛，之後再借助他們的力量，更大範圍地散播出去，這才是提高性價比的策略。

8、進行網路活動 —— 持續性地曝光

透過網路進行的宣傳活動就是「戳、戳、戳的方式」，意即要在特定時段、持續不斷進行來引起消費者的注意。即使是辦小型活動，也要持續地辦好多場，這樣的效果比花鉅額費用卻只辦一場來得好。核心就是要持續地發布公告，與用戶多多交流。

9、合作、贊助等線下實體活動 —— 聯名企劃

現今是合作／聯名的時代。自己的產品跨出所屬產業群，與其他領域的產品或服務相互共存，現在有非常多這樣的實例。以店中店 Shop in Shop 的

概念，咖啡廳、畫廊與書店達成協議，集合目標顧客重疊的各家產品，並為顧客舉辦活動，此種方式是近日大為流行的趨勢。舉例來說，舉辦 EDM 電音派對時，就找來喇叭品牌一起合作，並且用「各自戴上耳機，聽著自己喜歡的音樂來跳舞的 EDM 派對」特別的概念來辦活動。

製造一個與適合產品或服務的夥伴合作的機會，這麼一來，可以對雙方的顧客相互宣傳，如果是個新鮮的組合，或許這本身就會是個焦點話題。

提到合作，有許多各式各樣的方法，可以一起舉辦產品上市派對，也可以線上、線下同時辦活動等等。並不是只有公司和公司之間、產品和產品之間才能合作。也可以找一位上述提到的網紅或 KOL —— 真的很適合我們產品的人 —— 贊助他們的活動，或是乾脆從一開始就共同企劃活動。

10、由我們主動尋找的宣傳 —— 網路社群公關行銷

所謂社群公關，就是找到可能會使用新產品或服務的潛在顧客，所組成的粉絲俱樂部等的網路社群，並進入其中與他們進行溝通交流。若是平常沒有活躍其中，到了要做公關行銷時機點時才想找他們、接近他們，這樣是不可能被歡迎的。必須事先列好與我們產品／服務有關的社群清單，並透過在這些社群裡發布資訊文和留言等方式來累積交情。若預算充足，還可於該社群中招募體驗團、打廣告或是贊助。社群是個能在新產品上市後，在進行宣傳和行銷活動期間裡，持續調查顧客反應的好管道。

/ column /

進行網路活動的注意事項

◆ 獎品務必使用自家產品

若是把大家會喜歡的東西作為抽獎活動獎品，如咖啡、甜甜圈優惠券、小型電子產品、電影首映票等，這樣就只會吸引那些對產品不感興趣、只為拿獎品才出現的人（Cherry picker 專挑或選擇對自己有利的人）。儘可能提供自家產品、自家宣傳小物、周邊商品等。若沒有適合的產品，就好好企劃、開發限量周邊商品，這樣對宣傳也很有效果。

◆ 簡化參與方式

要簡化參與活動方式才行。因為就算只要稍微複雜一點，或困難一點，參與率就會明顯下滑。假設想藉由 Instagram 提高宣傳效果，就要求對方要追蹤，要為貼文按讚，還要轉發……，若要求太多，只會帶來反效果。換個方法試試看，可以放入許多有趣的元素在其中。新鮮而不膩，又符合產品特性的多彩多姿的活動企劃才是最重要。

◆ 活動結束之後的事後分析與資料管理

報名活動就等於是對產品有意思，也就是說，參加者都是重要的潛在顧客。報名活動的顧客資料可以當作日後的廣告目標客群對象，要持續分析是什麼樣的人會對產品有意思，也分析他們是從哪個路徑接觸到我們的。這些都是珍貴的行銷宣傳資料。

培養性別敏感度

最近有很多因訊息或行銷活動帶有性別歧視，別說廣告效果，反而引起了社會爭議的實例。即使相關單位表明自己沒有那種意圖，但要洗刷被抹上的負面形象並沒那麼簡單。再加上，必須刪除或報廢那些引人非議的宣傳物，實質上也是個大損失。隨著社會性別敏感度的提升，在進行公關行銷活動時，就必須更加小心謹慎地產出訊息。

若有女性議題，就要特別小心

不論提供的是健康照顧、電子產品、汽車、飲食、不動產、時尚、美妝，還是教育方面的產品、服務，幾乎所有產業群的目標顧客和 VIP 都會想到女性。隨著女性競爭力提升、購買力提升、影響家庭的購買力提升，女性地位也越來越高。然而，諷刺的是，社會上卻還是不太懂女性的需求和意識，導致引起社會公憤的案件只增不減。不僅在韓國，在全球也火速擴散的「#我也是（#Me too）」運動、性別論戰與女權主義等，這些因素讓我們社會針對性別議題的反應及後續影響都比以往更強烈。

就算是「一直以來的做法」，以現在來看也會構成問題。不，應該說，現在就該反思一直以來做的那些事情是不是帶著正確觀念來做的。「不管怎麼樣，只要能引起話題焦點，那不就是公關行銷嗎？就是噪音行銷策略。」這話說得不對。噪音行銷絕對不會為組織和個人帶來利益的。即使在短時間內能吸引到人們目光，但會像跟負債一樣只留下負面形象。而且，若發生問題，商品可能就得滯銷報廢，最嚴重的話可能就是關門大吉了。為了恢復被抹黑的負面形象，會需要龐大的費用和漫長的時間。

象徵男子漢的「約翰走路（Johnnie Walker）」交棒給「珍妮走路（Jane Walker）」的原因

有著近兩百年歷史的威士忌品牌約翰走路 Johnnie Walker，有史以來第一次為愛喝酒的女性量身訂做、推出了珍妮走路 Jane Walker。珍妮走路為黑牌威士忌 12 年的特殊款式，而瓶子上由穿戴禮帽與領帶而行走的淑女，取代了原本「行走的紳士」。珍妮走路在 2018 年於聯合國定的「國際婦女節」一週前在美國上市。據傳，珍妮走路捐出一部分銷售收益，捐給先前為保障女性的參政權而引領非暴力鬥爭的美國女權運動人士蘇珊・安東尼與伊麗莎白・卡迪・史坦頓的鑄造銅像預備基金活動，也捐給鼓勵女性參選從政的非營利組織「She Should Run」。

根據約翰走路的說法，珍妮走路之所以會誕生，是因為積極地反映了「行走的紳士和淑女會齊步向前」這宗旨的緣故。在約翰走路的成長過程中，女性占了重要角色的這點被廣為宣傳。事實上，創辦人約翰・華克（John Walker）的妻子伊莉莎白・華克（Elizabeth Walker）是製造全新的調和威士忌的關鍵人物，據了解約翰走路的 12 名製造威士忌調酒師中有五成是女性，還有，行銷領域中許多的重要人物，包含最高負責人，也都為女性。約翰走路在 Facebook 上介紹珍妮走路，也在 Facebook 和推特上發布了以「約翰走路與劃時代眾多女性」為主題的一分三十秒的宣傳影片。

約翰走路配合「國際婦女日」與「全國婦女歷史月」推出珍妮走路特別版，如此展開公益行銷，並造就了相當程度的媒體曝光成果。原被選為男子漢品牌代表的約翰走路，透過此舉得以擺脫落後於時代、反女性主義的品牌形象，瞄準了更大的女性消費者市場，這就是他們的重塑品牌策略。培養企業的性別敏感度是可以防堵危機的，若是更進一步來說，這就是在這時代具有效果的商業策略。

把女性、環境等社會議題連結到公關行銷時的注意事項

珍妮走路的宣傳活動，在某種程度上是成功的，但其實有許多令人提心吊膽之處。因為就拿女性主義來做商業行為這點，就受到了不少指責。就像這樣，把社會議題連結到公關行銷，的確能有效地吸引媒體和大眾的注意，但同時也像是一把雙刃刀。請牢牢記住：把社會議題使用在商業行為上，隨時都有可能會面臨逆風，下次務必小心。

1、乘著議題而上時，儘可能展現公益性的一面

並不是「裝模作樣」，而是要「真心」在那些議題上引起共鳴。在相應的議題上，做好有深度的事前功課並有好的理解力，這樣做出來的公關行銷活動才會突出。不該帶著只是利用話題性而片面獲取商業利益的心態，應該要帶著我們得作為社會和國家的一員有所貢獻的心態來做，並強化公益性。

2、務必全面檢視宣傳活動是否無虞

先前因反女性主義的宣傳活動遭斥責的各家機關始終宣稱：「根本沒有那樣的意圖。」花一大筆費用、辛辛苦苦執行的公關行銷，根本不會被認為其出發點的意圖不好。但最終卻都是因為負責人或機關的「概念不足」、「缺乏議題敏感度」及「缺乏性別敏感度」所致。這時候，應該找其他人或

專業團隊來檢查是否夠全面。在執行公關行銷策略時，務必要經過各階段的驗證，若那內容可能會在社會上引起議題，就更應該要這麼做。

3、要先擁有可能會有逆風的認知，準備好應對措施

進行公關行銷活動時，就算再怎麼慎重地執行，也還是會在根本沒想到的地方吹起逆風。所以並不存在所謂的完美無缺的公關行銷活動。規劃好公關行銷活動後，要列出執行過程中可能會發生的危機、議題等，也針對各項目研究出該如何應對的措施。對於準備好的人而言，所需面臨的問題會來得較少。

4、持續累積好形象 —— 盡社會責任的舉止

人們都說，發生危機時，就可知自己一直以來是怎麼過的。意思是，只要遇到困難，就可以把會幫助自己的人和不理睬自己的人分別出來。因此，平常就要結下良好的人際關係，這點滿重要的。企業也是一樣，若一直以來都進行了許多公益又健康的企業活動，那麼遇到危機時，大眾就比較能理解，也容易獲得大眾原諒。「平時」要展現出好的模樣，這就跟我們自身買昂貴的保險和努力累積人脈一樣重要。

瞭解對社會議題變敏感的大眾特性

◎時代已經改變，現在是兩性平等時代

人們在政治上要求脫離權威，在經濟上要求公平性和透明性，而在社會上則要求兩性平等，隨著這些聲量越來越多，企業倫理方面的標準也變得越來越高。民眾的人權意識與知識水準皆比以前來得高，人們也在歷經「燭火示威」以後，在政治上獲得了某種程度的自信感，意即只要認知問題，就會直接採取行動。

◎隨著智慧型手機普及，消費者能掌握更多資訊

大眾、消費者都擁有了所有資訊。從公司老闆或一家人所做的甲方行為爭議、#Me too、產品安全問題，直到團隊成員犯罪行為，現在統統都會有公開的細節錄音資料。近年匿名社群如「Blind」、「竹林叢（譯註：類似台灣 Ptt 批踢踢及各大學靠北版）」活躍起來，在這裡可自由表達自己的意見，而且花不到幾小時就能凝聚力量。

◎熟悉批評與抵抗，占消費力一大部分的千禧世代和 Z 世代

分別代表二十幾三十幾歲與十幾二十幾歲的千禧世代和 Z 世代，其教育水準與社會意識相較過去世代都還要高又強。因此，他們會不停地和不符合他們標準的社會和公司組織文化起衝突。已經不會只是單純抗拒習俗，而是會公開批評結構矛盾，而且他們還會為了改善這些而強烈地聯手抵抗。

性別敏感度會左右廣告能否成功

◆ 樂天（Lotte）食品

在 Instagram 上發布了一張照片，照片上寫著：「83 年生的豬肉棒 —— 大家都說我是關種（關心種子）（譯註：原指博得眼球，延伸為利用各種辦法博取關注。）」，可推測這是在惡搞人氣小說「《82 年生的金智英》 —— 大家都說我是媽蟲（譯註：貶低家庭主婦之詞，『媽媽』與『蟲』結合的韓國網路流行語，意指家庭主婦只顧著享受生活，宛如一隻會吸乾丈夫血的蟲。）」他們把女性主義套用在行銷中，因為貶低女性為關種等等「厭女」情節而遭到強烈指責，最後公開道歉並撤下廣告。

◆ 三養食品（Samyang Foods）

辣雞麵的一支貶低女性的廣告引起了爭議。一位圓滾身材的女性在吃下辣雞麵後，身材變得很苗條，還化妝、穿絲襪，打扮得漂漂亮亮地出門，並傳遞了「就像陷入愛情就會變美一樣，愛上辣雞麵就會變美」的訊息。在被指控貶低女性、醜化女性之後，便刪除了這支廣告。

◆ 化妝品品牌 Lush 韓國分公司

在 Instagram 上傳了一支徵稿活動中的得獎作品影片，卻因內含貶低女性和動物的內容而遭到人們大力譴責。在影片中，有一位年輕女性想要違規橫越馬路，而街上原本貼著禁止違規標誌，被改成「您不是水鹿」的標誌內容。將想違規橫越馬路的女性暗喻成水鹿，同時貶低動物和女性，而這裡使用「水鹿（Gorani）」的單字會讓人聯想到形容厭女的「Borani（譯註：為一新造語，原指違規橫越馬路的行人，及過馬路時低頭滑手機的行人，後來專指這麼做的女性。）」，網友看了紛紛表示不舒服並予以指責。再加上 Lush 一直以來標榜著對動物保護、人權與環保有貢獻的品牌，使得更加受到輿論抨擊。

◆ 文化體育觀光部

為了宣傳平昌冬季奧運而製作、發布了影片，其中因含有約會暴力、貶低女性的情節而遭到指責。「男友比我更愛體育時該怎麼辦」為題的影片裡，有著用手推女朋友的臉等不恰當的畫面，讓人看了不禁皺眉。人們指責文化體育觀光部明明花了超過韓幣一千萬元的經費製作了一支影片，卻因為沒有慎重考量，丟光了國家的顏面。

◆ 水原市

韓國水原市在自己的官方網站和部落格中刊登了一篇網路漫畫，其中的對話台詞裡提到「因為和美麗的女性共處一室，冷意統統都沒了，身體逐漸熱了起來，現在好熱喔！」的內容而引起爭議。水原婦女團體網和 Dasan 人權中心斥責：「水原市擬定大量預算並製作的網路漫畫，其內容居然含有讓人聯想到性暴力的內容，還有強化跟女性有關偏見的內容。」

◆ 化妝品品牌貝玲妃（Benefit）

在賣場內陳列的宣傳照與廣告海報中，在素顏女性的臉旁邊配上「Yuck！（表示反感的擬聲）」的字樣，在上好妝的臉蛋旁則寫著「Wow！」，因為表達了貶抑女性素顏，強調女性要化妝的概念而備受批評。

◆ 首爾市

為了刊登在紐約時代廣場上，首爾市拍攝了一張觀光宣傳海報，卻陷入煽情爭議，最終放棄刊登。海報上有位穿著韓服的女性，而畫面中的她抓著衣帶，配上「在首爾無法忘卻的體驗」文字，就有人指責這就像是在推薦性交易一樣。

針對千禧世代的公關行銷實戰策略

了解引領消費趨勢的千禧世代的關鍵字

千禧世代，又被稱作 Y 世代，他們被統計學定義為「於 1980 年至 2000 年出生的人口群體」（在 2022 年時的年齡為 22 至 42 歲）。據統計資料表示，2018 年 1 月時，此世代大約有二十五億人，占了全球人口三分之一。這世代用產業層面來說，就是所得和消費兩者皆朝向全盛期的年輕世代。公關行銷之所以重視千禧年代，是因為他們正左右著消費文化的趨勢，也佔領並創造公關行銷的各種重要議題，而不是因為他們使用錢的規模。他們是「極度排斥比較」的世代，具有跟父母、學長學姊那一輩完全不同的特色，這點他們會用各種方式表現出來。

千禧世代追求的價值和特徵是什麼呢？在這裡，我們要列出幾種類別，並整理該世代明顯的現象和活動，藉此導出能了解千禧世代的主要關鍵字。

◎不重視擁有，反而重視「經驗」的數位原住民

重視共享經濟的租賃世代 為了擁有較好的物質生活，不管是應支付的資金還是代價都極其龐大。所以，比起為了擁有屬於自己的房子或汽車而賭上自己的一切，他們更喜歡投資在旅行、表演等愉快的「經驗」上，並享受於為自己喜愛之物所進行的「追星活動」。為此，他們租房住、開著共享汽車。最近網購的租賃類別中，最熱門的物件就是汽車。就像是租一台飲水機

一樣，他們長期租下汽車來使用，這也讓傳統的嫁妝市場 —— 如床墊、家電產品、家具等 —— 迎來了租賃的時代。

最初的數位原住民 他們在「總是能連接上網路」的環境中誕生並成長，不論什麼資訊都能熟練地利用網路獲取。較前期的千禧世代，大約是二十歲中後到三十歲的人，雖是誕生在類比世代，但也算是接受數位輸血的世代。

◎重視身心靈健全

健康 Wellness 指的是「經過認真的態度來努力，進而成就的身體與心靈皆健全的狀態」。以往的世代認為只要身體不生病就等於健康，但千禧世代並不這麼認為，他們會為了維持並成就身心靈的健康，而在各方面盡心盡力。尤其會更注意心理和精神狀態，不過諷刺的是，這樣會更容易認為自己是不幸的而變得憂鬱。

《雖然很想死，但還是想吃辣炒年糕》憂鬱世代 —— 作者於 1990 年生，她罹患了輕度憂鬱症和焦慮症超過十年，這些年不斷出入醫院，她把與精神科醫師為期十二週的心理諮商對話記錄起來、寫成書，而這本書為 2018 年最暢銷的書籍（編註：台灣於 2019 年出版，也為當年的暢銷書之一）。在「今天也努力地活著，喜歡辣炒年糕的公司員工，同時也是一位憂鬱症患者」的作者身上可以看到千禧世代們的模樣。

「Go 鄉村」 為了躲避緊湊又緊張的生活，有人選擇離開首爾，搬到其他縣市。有人選擇乾脆離開市區，搬到更安靜的小村子，或試圖回歸村落。也有越來越多人選擇和家人、朋友一起購買或租賃鄉下的房子，力行五都兩村（五天待都市、兩天待鄉下）或四都三村（四天待都市、三天待鄉下）。像去濟州島生活一個月、去紐約生活一個月的這種就是愜意地待在一個住所的居家度假形式的旅行風格，而最受歡迎的替代方案就是移居鄉下。

擬定並追尋屬於自己的基準 —— #Mysider 志向不該是成為和群體相處融洽又想有所表現的合群之人 Insider，也不該是成為和群體相處不融洽的邊緣人 Outsider，而是成為做自己的「Mysider」才對。要擬定並追尋屬於自己的基準，千禧世代會思考「金牌」、「大企業」、「高年薪」這些形容成功的詞彙，也會思考何謂幸福人生，而且比起結果，反而更著重在過程。在這裡便誕生了許多衍生的新造語，如「努力至上主義」、「盡力輸盡全力還是輸了」、「有價值無獎牌」等。

矽谷引領正念 Mindfulness 潮流 盛行的正念潮流是透過冥想讓腦休息的方法。繼跑步、瑜伽、皮拉提斯等方法，千禧世代更是結合了冥想、大腦呼吸法等方法，追求身心的平靜和滿足感。

◎追求自我實現

同樣也被稱作「Me 世代」，比起其他任何世代，接受了更多教育，也擁有間接、直接體驗的機會。自尊心強，有社會意識，因此自我實現的意志也跟著變強。

無止境地接受教育 作為史上最受惠於教育的世代，除了政治、社會議題以外，對於商品服務，更是能堂堂正正明確表達出自己的意見。當企業進行普通宣傳時，就能感到他們的抗拒，只要沒有感受到魅力，就不會輕易被廣告影響。

空檔年 Gap Year／No 大學 越來越多人「會在升大學前或工作到一半暫時放下學業和工作，為決定未來的方向而到處體驗各種事物」，這段時間就稱為 gap year。有一些大學也推出自由學期制，以此來改善學生因「大二病」感到徬徨而休學的傾向。

辭職現象 他們擺脫既有世代所造就的單一化生活，去理解和追求各式各樣的生活體驗。在這裡，就產生了一種現象，那就是辭職。在過去，能長久地在同一個職場撐下去是一件非常理所當然的事，但到了最近，尋找自己的幸福才是當務之急。有人會把自己辭職的過程拍成辭職 Vlog 並標題打上「準備離職員」，然後附上#get_ 辭職 _with_me 的主題標籤（Hashtag）。

斜槓族 越來越多人比起只擁有一種職業或一份工作，更是會利用自己的才能、興趣等發展斜槓生活，並透過各種手段來維生。

把興趣當工作 有許多人把遊戲、蒐集玩具、吃播、電影和書的觀後感、對美妝或時尚的興趣和關注製作成內容，並將其視為自己的工作。這些人被稱為創作者，活躍在 YouTube 與各種社群網站平台中。

不懂理財 是一群不會為了未來做定期、計畫性儲蓄或理財的人。只為了一次性和短期目標而存錢，或是直接花錢，頂多把多餘的錢留下來而已。

不婚世代、頂克族「沒有一定要結婚」、「即使結了婚也不生小孩」的意識極高。根據韓國 2017 年統計資料顯示，針對 15 至 49 歲育齡婦女進行調查，平均新生兒出生率為 1.05 人，而每一年都正大幅地降低當中。

◎體現人民的價值

公民義務／消費者義務 象徵著高度社會身分及隨之提升的道德義務 —— 貴族義務，到了千禧世代，就用公民義務與消費者義務的概念來使用。人民因總統彈劾案而主導了燭火示威活動，使得市民意識抬頭，也獲得了「去做就能成就」的自信，因此，這世代的人能比其他任何世代更踴躍於陳述政治、社會方面的意見，且參與度也頗高。

這些特性，讓他們參與了#Me too 運動、性別運動等當中。若想影響千禧世代的心，就必須藉由企業良善的形象與友善的經營活動才得以做到。

毫無阻礙地說出我信念的#小揚聲器 不久前，一張一隻烏龜鼻子上插著塑膠吸管的照片透過傳播媒體散播到全世界。千禧世代就立刻採取行動，呼籲大家要購買可重複使用的矽膠吸管，並展開募資活動。結果竟達到目標金額的 6,252%。這趨勢也擴散到書店街。

《微笑面對無禮之人》、《說服各種人的「聰明問話術」》、《你的善良必須有點鋒芒》等積極地表達出不適、無禮的對話術，這類書籍的銷量也大幅地增加。透過這些「小揚聲器」，能將小小的信念毫無阻礙地展現出來，而他們相信只要有我的關心和參與，就能促進社會正向改變。

假比真更帥氣 —— Classy fake 取向世代 此為因關注於創意性與新穎度，而願意為「假的」 —— 比原創更有價值 —— 買單之現象。為動物福祉和環境著想，人造毛皮、仿獸皮賣得價格比真正毛皮還昂貴。這個的意思並不是抄襲精品、製作一模一樣的仿冒品，而是拒絕精品或真品，藉此賦予全新的詮釋。因為承載著取向和價值，所以假的就成為了真正酷炫的物品。

該花的一定會花的新一代吝嗇鬼 —— 心價比世代 因為這群人在全球金融危機等經濟萎縮的狀態下進入了成年階段，所以對價格十分敏感。面對大額支出時，會有推託甚至排斥的傾向，會善用共享系統，並且儘可能用低支出來享受高品質的產品和服務。

寧可花更多時間來逛街，也不願以昂貴的價格購買，還會豎耳傾聽同儕間給予的評價。但另一方面，對於自己喜歡的領域，以及能用較低成本來購買符合自己取向的物品，就完全不會考慮其價格，而是會直接購買。在購買被稱作「美麗的垃圾」的各種符合自己取向的物品時，並不會計較其性價比，而是會考慮心價比，既內心對價格的滿足感。

熱衷於偽裝成類比的數位偽類比 有個叫 Gudak 的相機應用程式 APP。這款應用程式模仿了以前底片相機的樣子，有著仿造昔日底片相機的小型取景器，只限拍攝二十四張或三十六張照片，就像是膠捲相機一樣，拍下照片後還需等待照片沖洗出來的時間。這種帶來不便卻能召喚回憶的類比式情感，讓千禧世代覺得是又酷又有趣的事物。使用著數位產品，儘管「不是真的」，也想沉浸在類比式情感中。

◎請保證我有優雅的私生活

工作與生活平衡世代 work & life balance 會追求著工作、自身、休閒娛樂、自我成長之間的平衡，重視準時下班和私生活，在準備入職的同時也會為「辭職」做準備。是個注重工作和生活間平衡的世代，尤其週休二日的制度，我們可以期待他們在日後將會產出的嶄新企業文化與休閒文化。下班後不讀不回訊息、排特休不需看別人臉色、男生申請育嬰假等文化正逐漸生根當中。企業在滿足「工作與生活平衡世代」的要求同時，為了不失去生產力與創意性，也正試圖透過敏捷式組織化跨國企業調整並套用初創企業的組織文化，形成小巧又塑造性高的組織型態，以水平式溝通體系運作、強化 IT 系統等各種方式來改善整個業務型態。

策劃著主動離群索居 由羅暎錫（羅 PD）製作人製作的《森林小屋》引起了千禧世代強烈共鳴。越來越多人會在家或飯店獨自一人靜靜地享受假期，像是居家度假 homecance（home＋vacance）和飯店度假 hocance（hotel＋vacance），這種為了躲避冷漠現實而逃進家中的 Homescapes（home＋escape）族群越來越多。他們會願意待在昂貴的飯店、閱讀書籍來打發時間，甚至高級飯店會把大廳裝潢成書店的樣子；他們也會沉浸在自助室內裝潢，想把家打造成專屬自己的秘密基地的事情上。還有，現在做一個抬頭挺胸的獨行族已經再正常不過了，例如獨自去吃飯、獨自去看電影、獨自去旅行、獨自去喝酒、獨自去唱卡拉 OK、獨自去吃烤肉等等。

容易因興趣、愛好而召聚人群的#社群聊天室 像孤獨房、扮家家酒房、語言交換房、〇〇旅行房（譯註：「～房」等於「～聊天室、～群組」），皆是因共同興趣、愛好所組成，這種關係十分薄弱，可輕易地說出「要解散這間房囉～（要刪除該聊天室的意思）」。想躲開跟許多人在一起時會產生的壓力，但同時卻也感到孤單，進而促成了這種締結全新關係的形式。即為像對待「貼紙」一樣，依自己的興趣、愛好將跟別人之間的關係貼上和撕下。

受用於千禧世代的公關行銷策略

如果已經在某種程度上理解對方了，那麼現在起就是要思考該如何收買他們的心了。千禧世代的人比起擁有，更加重視經驗，會把價值視為最優先考量，敏感於「自己的興趣、愛好」，也有高度的市民意識、消費者意識。但請記得，他們也有心軟的一面，雖然熟悉數位產品卻喜歡類比式情感，也勇於表達自己的鬱悶及無力感。若要對他們進行公關行銷，就必須考慮他們這些性向和價值觀，再跟他們接觸。

「隨著時間流逝，又會出現新一代的人；在不短也不長的一年內，新的生活風格就會像曇花一現那樣出現又消失。該怎麼做才能跟上這些變化？」

若光看著表面的改變而反應，每次就都只會一頭霧水，置身在資訊的洪水中迷失了路途，而不知如何應對。站在做公關行銷之人的立場來看，也更容易感到疲勞。

不過，如今展現的種種變化，其實都是以式微世代進程為基礎，在那之上加添而成的現象。只要持續追蹤變化的潮流，就能毫無阻礙地理解接下來的變化。若培養了解當代潮流的能力，是不是就能成為我們時代的觀察者呢？趁這個機會好好再思考看看，擦亮公關行銷的眼而變得更加敏銳是件多麼有價值的事。

/ column /

貫穿整個千禧世代的宣傳方法

◆ 要給出故事，而不是說明書

在向他們介紹產品或服務時，用說明書的方式來介紹這是什麼物品和其優點，這種盡是介紹其規格的方式是根本行不通的。並非直接為商品打廣告、做宣傳，而是要集中在故事 —— 是因為誰才促成這產品／服務的問世。也就是說，重點不在於What，是在於 Who 與 Why。所以，要綜合地使用既有媒體與社群媒體等傳播媒體來生產各式各樣的故事。

◆ 給予價值和名分（名義宣傳）

為了讓人們了解要使用這產品或服務的理由，必須展現名分和價值。千禧世代只要被價值說服，就算有不便之處，就算是高價，也願意忍著並支付。不該只創建能抓住眼球、刺激性的內容，而是要開發出並傳遞既充滿真誠又具有意義的訊息才對。製造電動汽車的特斯拉（Tesla）有著尚未成熟的技術、多處不便之處以及高價的缺點，但卻深受加利福尼亞州富裕階層的喜愛。會購買特斯拉的車主，幾乎都把特斯拉汽車當作家裡的第二輛或第三輛車。這意思就是，買它不是必須，但還是會買。在美國擁有一輛特斯拉，不僅代表著有財力，還代表技術的早期採用者，也因為支持環保再生能源，而給人「會為未來著想、有道德之人」的形象。

以象徵慰安婦奶奶的小花圖案為概念主題，生產各式各樣設計產品的社會企業Marymond，他們將品牌獲得的一半收益捐贈給慰安婦奶奶和受虐兒童，並取得了成功。在這些例子中，他們皆於產品內注入了名義和理由，不是只辦那種一次性的社會奉獻活動，而是將企業的定位和價值觀完全融入且貫穿在品牌裡。

◆ 尊重個人取向的鑷子行銷

人們的取向和喜好，透過各種社群網站有了更大的表達自由，再加上發達的大數據技術，因此，才得以大大敞開了個人取向的時代。只不過點一杯咖啡來喝，也會考慮到「咖啡豆產地在哪，有著什麼程度的酸度和香味，是否為經正常交易取得的產品，是否為冰滴咖啡，是咖啡濃縮液還是冷萃咖啡，加入的牛奶含有多少百分比的脂肪，是否要更換為豆奶或燕麥奶，不接受紙杯、一定要用馬克杯來裝……」，千禧世代會考慮以及要求的事項真的很多。比起大概粗略地決定目標或是只做普羅大眾會喜歡的東西，用鑷子夾起目標、開發對他們有影響力的訊息和故事，這才是現在更有效的方式。意思是，不太會對不特定的多數人投放廣告，而是正逐漸轉換成以社群網站為主做行銷。

◆ 給予情感上的安慰內容

在許多具千禧世代特徵的關鍵字中，憂鬱和無力感應算是名列前茅。當然，他們自己也都會期盼有微小但確切的幸福（小確幸），不過在面對現實社會中，就業難、經濟不景氣等外部環境的衝擊之下，會產生這樣的心理也是理所當然的。雖然獨自一人也能過得好，有時自己還會主動邊緣化，但「他們仍然是孤單的」。因此，他們對於能靜靜地安慰、包容自己心理狀態的「情感的日常」很有反應。

◆ 讓人在網路上體驗後留下回饋吧

千禧世代有一個特徵，那就是：要在網路上接受某個內容時，並不會只瀏覽該內容而已，連同相關的回饋也會一起看。正因如此，消費者對我們企業的產品和品牌有怎樣的認知、如何評價、給予什麼回饋，都是非常重要的。這也造成了有越來越多事情無法由企業單方面掌控。到頭來，只有持續不斷地帶著真誠來做才是解答。必須對自己所提供的價值有絕對自信和確信，才能擁有真誠。為了讓產品或服務能透過千禧世代上傳到自己的社群媒體，並讓他們主動成為宣傳品牌之人，我們必須製造機會、一一引導才行。

迎來 Z 世代的公關行銷實戰策略

現在正閱讀此書的讀者，若是在 1990 年代中期前出生的，建議各位先大口深呼吸，並做好心理準備。因為接下來即將帶大家認識一群全新又驚奇的智人。「Z 世代」指的是 1990 年代中期至 2010 年出生的人（在 2022 年時的年齡為 12 至 27 歲）。根據估算，2020 年全世界消費者人口當中，Z 世代將達 40%。如今，Z 世代的手裡正握著經濟能力與購買能力蜂擁而來。

帶著數位 DNA 與社會意識誕生的世代

若要選一些關鍵詞來形容這群人，大概就是「判斷力」和「價值觀」，以及「數位」、「潮流」、「個人主義」。看似與千禧世代頗為類似，但也有許多相異之處。跟前一輩的世代比起來，他們身處在資訊更爆炸的世代。如果說 Y 世代是圖像世代，那 Z 世代就是影片世代；若 Y 是緊靠著 Google 生活，那 Z 就是靠 YouTube 來認識世界。

從出生的那一刻起，這世界就充滿著數位，所以類比式的東西對他們而言，反而成為了一種新文明。Y 是個從小就有類比式經驗的時代，所以這些對 Y 來說是種回憶，但對於 Z，那並不是記憶也不是回憶，是全新的樂趣。

Z 世代比千禧世代還更關注社會、環境及性別等議題。他們年紀小卻具備著成熟的判斷力，比起遵循老一輩的指教，更仰賴自己主動摸索與學習一切。各個都熟練地操作數位文化，在網路上與彼此結識，並且造就輿論、分享資訊。

2018 年 2 月，美國佛羅里達州道格拉斯高中發生了一起大規模槍擊事件，造成 17 名學生遇害身亡，後來美國青少年站出來以「March for our lives（為我們的生活遊行）」為口號舉辦示威遊行，為的是爭取修改憲法所保障的合法持槍條款。這是自 1970 年代反越戰示威發生以後，招聚了最多人次的示威活動，並讓整個世界都大吃一驚。年紀雖小，但十分看重自己，他們還會積極地藉由網路線上平台針對社會案件進行意見交流，並能迅速讓輿論形成。

在企業社會責任（CSR）層面上應留意 Z 世代的主要消費行為

－美國 CSR 綜合專業行銷企業 CONE Communications 的報告書

<2017 年 Z 世代 CSR 研究：Z 世代的語法>（2017 Cone Gen Z CSR Study: How to Speak Z）

Z 世代中

- 90%會購買對社會（環境）有幫助的產品。
- 87%認為若是（對自己而言）有意義的事，就會參與志工活動。
- 85%會把錢捐給有意義的事。
- 84%會簽署為了某件有意義的事的請願書。
- 77%會透過社群網站分享社會、環境資訊。
- 76%會因企業被判定會為社會帶來負面影響而積極地響應抵制運動。

會對「價值」和「影片」有反應的聰明消費者

Z 世代在消費時也有其獨特的特徵。大部分的他們都在父母的帶領之下，將逛商場當作是一種休閒活動，因此，他們從年幼時就對消費十分熟悉，也享受於消費這件事上。他們認為「消費」就等於「表現自我」，所以，當他們認同某個商品的價值時，就會成為那商品的狂熱追隨者；反之，針對曾引起社會爭議的企業，則會像是自己有直接受害一樣果斷抵制。他們不會把提供商品或服務的企業當作自己人，也不會看著大企業的地位和知名度而感到畏縮。當企業釋出產品廣告，並說：「請使用看看這不錯的產品。」他們會用毫無興趣的表情反問：「我為什麼要使用這東西？」所以，行銷時必須傳達符合他們立場、符合他們眼光的故事與充分理由。而且傳達時，還要透過他們熟悉的頻道來做。

對 Z 世代宣傳時，要果斷地與昔日倚靠地位、名氣等既有框架告別

要使用與以往不同的公關行銷方式來靠近他們才行。有名望的領導者、大牌藝人、美麗的女性及冷靜穩重的名醫推薦的藥品，還有某個專業機構的認證等等，這些對他們是無效的。身為數位原住民的 Z 世代，從小開始就直觀且本能地使用數位產品，並藉由熟練的操作，在網路世界中到處走跳。雖然年紀小，但取向卻很明確，不會受到老一輩的影響而畏縮，他們也十分關心社會，對於這樣的一群人，要怎麼做才能收買他們的心呢？

露骨的廣告宣傳 No！要以社會文化的角度來跟他們搭話

◎圖像比文字好，但影片比圖像更好！關鍵是需具有魅力的影片內容

根據市場調研業者尼爾森韓國（NIELSEN KOREANCLICK）所發布的「Z 世代使用智慧型手機行為之分析」報告書，Z 世代中會使用 YouTube 的人竟高達 86%，比其他世代的比例都來得高，像千禧世代 1981-1995 年生

76%，X 世代 1961-1980 年生 66%，數位移民 1960 年代前生則為 57%。想要學習或了解某個事物時，會使用「如何（How to）……」來搜尋相關影片。正因如此，新增且加強影片內容就顯得很重要了。若已經推出新的產品，就要把使用方法拍成影片來進行說明。比起滿滿的文字內容，影片內容更會被他們搜尋和分享。

◎應把病毒式宣傳口碑效果視為主力，而非廣告

對 Z 世代來說，透過大眾媒體投放廣告是「行不通」的。因為他們的特性就是比起老一輩的威權，更看重同儕團體的評價。在 Z 世代眼中的名人，也就是素人創作者、網路名人。網路名人推薦的產品與網路名人的生活風格，皆大幅地影響他們的購買意願。如果 Z 世代是我們的主要目標顧客或者潛在顧客，那麼可以積極地考慮是否要找網路名人合作。

◎慎重地選擇企業的主力社群網站平台，並好好經營

Z 世代和許多媒體有所連結，會輪流使用智慧型手機、電視、筆記型電腦、桌上型電腦與平板電腦這五種裝置。以 Instagram 的狀況來說，同一個人可能不會只擁有一個帳號，會開分身帳號，以匿名的方式活躍在社群裡。分身帳號又被稱作 Finstagram（fake+instagram），為的是要更加保護隱私。

透過 Z 世代使用的各個媒體與他們溝通，也依照各媒體的特色來上傳有效的圖片和影片吧！

運用「一源多用」的原則，以同一個具有價值的題材創造多元的形式，例如撰寫文章，製作圖像、影片，繪製圖畫、漫畫或是出心理測驗等等，這些都是必須具備的企劃能力。

◎比賣產品更優先的是傳達故事

Z 世代對社會議題及環境問題很敏感，所以他們在購買商品或服務時，會慎重地考慮「為什麼要買這產品，製造這產品的是怎樣的企業」，也就是說他們會考慮 Why 和 Who。不該是單方面地告訴對方自己有多好的資歷，而且要透過故事而不是廣告來拉近距離。故事裡當然要真誠，若又兼具趣味和感動，那麼這故事就會受到 Z 世代的喜愛，並且在各種網路媒體上迅速傳開。倘若覺得「只要包裝得好像有那麼一回事就好啦」，這種安逸的想法很容易立刻就被發現。在內容的真誠程度與共鳴程度方面，Z 世代擁有相當敏銳的直覺。

◎「八秒專注世代」，用快速又便利的網路服務來抓住他們

Z 世代平均專注在一個內容上的時間是八秒！若希望部落格貼文、影片、圖片能讓 Z 世代喜歡，就必須在八秒內傳達完畢：內容是關於什麼的、為什麼要看、哪裡有趣。此外，若有在經營 IT 服務或官方網站，網站速度也得夠快才行。有調查顯示，網購時發生突發狀況，或是造成不便之經驗，就會導致 60% Z 世代消費者跳出，並跑到其他應用程式或其他網站。

◎Z 世代的網路危機，要以真誠來防備

Z 世代敏感於網路上的輿論，同時也具有主導輿論的能力。「內容必須公開分享」即為驅使他們行動的綱領。雖然口碑宣傳的確有某種程度的效果，但以另一個角度來看，也可能會為企業活動帶來危機。當產品和服務出現問題，再者公司或老闆傳出負面訊息時，會以迅雷不及掩耳的速度傳開。所以，在事情發生前，就要管好可能會招致危機的議題。以公司層面來看，

自家產品或服務的原料、廢棄物之回收，從初期的產品企劃一直到生產產品為止，以及投入在這所有作業程序的人，這一切統統都需要仔細地檢查，要檢查看看是不是有危險性、是否構成其他社會問題。

若有這類的疑慮，就該找出方法來消除問題，或是減少問題的產生。也試著進一步分析看看，有沒有什麼產品的生產方式是可以吸引那些具有高度環保意識的消費者。

巴拉克・歐巴馬總統在告別演說時，就有談到 Z 世代，他說：「年輕的這一代無私、富有創造性，並飽含愛國精神。」確實了解自己的判斷力和取向，即使身在既有權威中依然享受自由，積極地對待社會議題，我們對全新的智人 —— Z 世代 —— 未來的成長有著相當高的期望。

/ column /

了解 Z 世代的主要特徵

◆ 不從品牌來選，從面對社會時的責任與價值來選

「是不良企業還是友善企業，這很重要。」Z 世代會看著商品與企業的信賴、透明度與真誠來消費。他們好奇自己投資的錢會如何被運用、算不算合理消費。他們會對負責生產產品的公司賦予倫理意識與社會角色等意義，當公司沒有照樣實踐時，他們就會立刻無視那企業的產品。

◆ 偏愛個人化、客製化服務

「年紀雖小，但我們也擁有著獨到的眼光。」針對廣告的部分，Z 世代比起看見名人的出現，更希望能在素人創作者的影片或廣告活動中看見自己出場的身影。跟上一代的人相比，他們對美麗的基準確實不太一樣。Z 世代從小就懂得自己挑衣服、自己去逛街、國小時期就學會化妝，他們是透過同齡人而非名人來培養美感的。當然會追求流行，但不是因為名人那樣做就一模一樣照著學，他們有著很具體的理由，並堅持相信自己的判斷和取向。他們喜歡個人化、客製化的服務，也會理直氣壯地提出要求。他們是個對自己的取向充滿確信的世代。

◆ 比起搜尋，更會追隨值得信賴的人並進行#追蹤

原本會搜尋「#美食」的人，為了過濾廣告內容，就開始加上「#自己花錢買的」這關鍵詞。而 Z 世代，更進一步地以人為中心來進行搜尋。會追蹤值得自己相信和信賴的人，並參考那人的消費取向。而這種的追蹤趨勢驅使 D2C（Direct-to-consumer）品牌的登場。這類品牌是沒有實體線下賣場的，100%都靠網路線上通路來經營，大多數都是以 Instagram 作為傳話筒，專注在目標行銷上，而設計、企劃和製造等也統統都由自己控管。

◆ 影響家庭內的購買行為

「我們家購物的主導權在我手上。」根據消費者經驗行銷公司 InterAction 於 2016 年實施的研究結果顯示，父母買食物、家具、衣服，甚至是鞋子，有 70%都是聽取 Z 世代孩子們的建議後才購買的。一直以來，全球時尚界都關注著千禧世代，不過，直到最近，卻有迅速將焦點轉移到 Z 世代上的趨勢。

◆ 偏好體驗／影片內容

「電視是什麼？我只會透過 YouTube 和 Instargram 來找我想看的東西。」Z 世代最常使用智慧型手機及社群網站，反觀，他們收看電視的時間就相對少了許多。以國高中生來說，最短三十分鐘，最長也就兩個小時而已，也有很多人根本不看電視，從內容消費就可知電視的衰退。

有一個項目是請 Z 世代選出一個最近令自己最有印象的內容，Z 世代們回答自己最有印象的都不是電視節目，而是網路漫畫、網路綜藝節目，或者舞蹈模仿、美妝影片等等。他們自由自在地在網路上消費著各式各樣的主題和形式的內容。

Naver 一直以來都是韓國為搜尋知識和資料的重要入口網站，其主要使用的是文字資訊，但是，現在正逐漸轉變為影像或語音資訊。之所以有如此變動，是 YouTube 使用者上升的緣故。當想搜尋某個想去的地點時，就使用 Instagram；當想了解化妝時，就使用 YouTube 或 Naver 部落格。比起單純說他們從 Naver 完全轉換到 YouTube，更應該說他們自由地轉換於每個平台和服務，會根據自己的目的多樣地做選擇並使用，在這裡就突顯了他們個人化與客製化的傾向。

PART

5 公關行銷與記者打交道的秘訣

設計新聞廣告前的四大關鍵

新聞廣告是小公司或新創公司想要做宣傳時，心有餘卻往往不知所措的一種行銷方式。像現今社群網路服務當道的時代，可能會想「為什麼還要做以前人才做的新聞廣告？」不過，新聞媒體還是具有魅力的公關行銷手段。新聞媒體跟 Facebook、Instagram 這種網路媒體是有差別的，其中最大的差異就是「信賴度」。若標示〇〇報紙、〇〇電視台以及〇〇〇記者的署名，就一定會有其分量。

比起實際上花錢、花時間來做網路宣傳或舉辦線下的促銷活動，更多時候是在發布了一篇經濟雜誌採訪新創公司老闆的報導以後，便很快就接獲許多商業訂單，也成就了許多的實際交易。尤其沒有直接面對消費者或顧客的行業，像是 B2B 或提供技術服務的 IT 領域的狀況更是如此。若是在推出新商品、新服務時，或者是即將要簽訂甚是重要的契約、協議，新聞公關就會是一股強大的力量。

在正式開始之前，知己知彼，我們要事先準備、了解新聞廣告、公關的四個部分！

1、掌握有新聞價值的消息

要讓大眾知道有關組織或個人的資訊時，最該先決定「要傳遞些什麼」。就算是知名的企業或名人，若沒有「值得報導的消息」，也不會引起新聞媒體的關注。不過，值得報導的消息不一定要像「三星和蘋果的法律糾紛」、「世界首次研發抗癌新藥品」那樣大。畢竟大多數企業或個人其實都沒有這種能一次帶來眾多人關注的勁爆消息。

這種時候，關鍵就是「公關行銷的眼」。不是以一般人的眼來看，而是以公關行銷人的角度來檢視，並且去找尋嶄新的觀點和看法。別因為那些是平常都在做的事，或是平常都在辦的活動，就直接忽略掉，應該要仔細觀察，進而找出其中蘊含的價值與全新觀點，然後懂得去強調它、凸顯出來才行。這當然不是件容易的事，但開始意識這些事物、為了尋找而花心思的這一刻起，各位就等於已經戴上公關行銷的眼鏡來檢查事件了。

若確實掌握了組織運作的狀況，就有利於能輕鬆知道哪個時機點的哪個環節會是個值得報導的消息。若不太了解狀況，就得持續跟管理階層或其他業務組溝通，如此為了了解公司業務而努力才行。這麼一來，才能發掘、整理出能報導的內容，並使用在新聞廣告上。對公關行銷人來說，技術開發部、顧客管理部、營業部是尤其重要的「取材來源」。經常拜訪各部門，多與各個負責人聊聊吧！公關行銷人的其中一個美德就是像這樣「在業務上多管閒事」。

2、搜尋相似業者的新聞報導

若不太明白到底哪些會有新聞價值，那麼進行標竿管理會很有幫助。不太知道該把什麼內容 pitch 給記者（在棒球裡 pitch 的意思是「投手朝打者投球」，但在新聞公關裡 pitch 的意思則是「把資料投給記者」，意即向記者提出報導需求），那就先坐到電腦前，從「搜尋」這件事開始吧！

上網搜尋那些提供跟我們類似產品、服務的企業，並看看會出現哪些新聞。輸入你關心的關鍵字來搜尋，看看會出現什麼樣的新聞，了解一下有哪些其他相關關鍵字，也留意新聞標題及新聞報導裡的受訪團體或專家。這麼一來，就會發現真的有為數眾多的新聞媒體。除了有三大報、有線電視台之外，還有網路新聞媒體，甚至也有專門與特定行業和服務打交道的媒體。若搜尋相似業者的新聞，就會有些重複出現的地方，而那裡就該是我們該瞄準的目標。因為那些新聞媒體已經對這類型的行業有某種程度的關注和理解，所以當我剛好就想針對這部分來做新聞時，就會相對容易引起他們的反應。好好觀察不同的時間點都有哪些新聞，也看看近期所發生的社會議題是如何被我們所屬行業消化處理。

透過搜尋相似業者的新聞可獲得另一個好處，就是能更了解業內的事。也就是說，知道誰是我的競爭對手、他們有哪些動向，或是了解可與我方進行合作的公司或人是誰。

3、要不斷且廣泛地監看新聞，這樣就能看清楚趨勢

若把搜尋相似業者的報導稱作「看一棵樹木」，那麼持續大範圍地監看新聞就是「看一整片森林」。一天投資三十分鐘以上的時間來監看新聞。但不能只挑網路新聞來看。不能只看入口網站截取出來的新聞，也不能只看自己喜歡看的領域、提供相關影片的 YouTube。要觀看新聞報導的品質，或社會、政治、經濟、文化等領域多樣性皆達到某種水平驗證的現存新聞媒體，要多留意含相關業界在內的社會整個狀況與人的部分，這就是市場調查，就是分析顧客的基礎。

新聞也像連續劇一樣有故事的脈絡與發展，所以只要持續地保持關注和察看，就會自然而然地記下變化的模式。新聞媒體和記者會選擇哪個部分作為報導消息？要好好摸清他們的觀點和看法才行。

4、掌握業界記者後列出名單

要掌握有哪些記者會對我們業內的消息感興趣。就像考量會購買我們商品的目標顧客一樣，我們同樣也要挑選會接受公司新聞稿的目標記者群。在搜尋相似業者的新聞時，可以把重複出現的媒體和記者記下來、做成名單。用表格的方式將媒體、記者、新聞標題、記者的聯絡方式列出來，如此整理好後，這便是一份珍貴的資料。首先，把曾撰寫過與我們所製造的產品、服務有密切相關的新聞報導的幾位記者選為集中管理對象。然後，等到出現一些具有新聞價值的消息時，可以最先聯絡他們，把資料傳給他們，並好好維持彼此間的關係。

別以為列出名單就好了。記者們都會一直不斷更換取材單位或媒體單位。若記者已經不待在處理我們行業的部門裡，卻還一直把資料傳給他，這樣不僅生不出報導，還會留下這家公司「不太會做公關行銷」的印象給他。偶爾有一些轉換單位的記者會事後把資料交接給新的負責人，但直接無視的狀況為大多數。因此，這就是為什麼要持續搜尋新聞報導、不斷更新名單的重要原因。

希望各位不要覺得「開始新聞公關之前有這麼多的事前準備，都已經夠忙了，哪來的時間做到這些事？」而在開始做之前就灰心喪志。再仔細看看前面提到的內容，就能知道做這些事情的目的，並不只是為了公關行銷而已。針對現在正在進行的事情，不論是對內還是對外，其環境分析、目標顧客分析，以及檢視我們公司的定位都包含在其中，全都是一脈相承的。

具備公關行銷方面的視角其實就是指這些部分。要發掘自身的價值，並將價值概念化，再好好地讓其他人更認識自己，藉此拓寬能引起共鳴的範圍。而這麼做的你，就等於已經站在重要的賽跑起點上了。

撰寫新聞稿的六大要點

負責人：（花了十分鐘介紹公司、說明新產品）

記者：好的，謝謝你。請整理成資料寄給我。

負責人心想：『啊？什麼寄資料？那我剛剛說了那一大串是在……？』

跟記者見面時，一定不會漏掉的、被要求的東西就是「資料」，也就是新聞稿。如果能像上述的例子一樣說明長達十分鐘，是算幸運的。更多時候，別說見面了，連講一通電話的機會都沒有。因為記者都很忙。他們也不是通曉一切領域的專家。所以他們比起見面聽聽口頭說明，更希望能取得已經整理好重點且一目了然的「資料」。

何謂寫得好的新聞稿？答案就是具有新聞價值的新聞稿。記者會為了新聞性而行動。這並不是單純靠寫作能力就能解決的事。吸引他們的是那種一開始就是個爆炸性、具有新聞價值的事件，或是由負責人找出具有新聞價值的部分，並將其凸顯，然後確切又簡潔地整理出來。

1、以記者視角來寫新聞稿最到位

下定決心撰寫新聞稿之後，就得從公關行銷人轉換到記者的模式才行。以公司代表人或員工的眼光來看時，一定會把主要宣傳的產品、服務或活動等當作現在「這世界上最重要」的事。

「公關行銷本來就是有點誇張又經過包裝的，所以稍微誇大一點也沒關係啦！寫上『最初』、『最大』好了！這樣才會被新聞媒體關注。」

用這種方式寫出來的新聞稿，以記者的眼光來看就很掉價。記者並不會為了幫某個特定公司打廣告而寫稿。他們關注的是這產品或服務對於人或社會而言是否為必要，也關注在哪些是新事物，又有哪些是既定事實。若想要讓新聞稿進一步成為新聞報導，那就必須先撇除以公司為主的觀點，要把眼光放大、拓寬，客觀地從業界、社會與國家的層次去看「到底哪些部分才是會受矚目的」。雖然從表面看來不太能凸顯公司或產品而會覺得可惜，但這才是通往讓報導成功的明智方法。

2、多讀多寫 —— 試著多閱讀模仿撰寫

所謂在學習上，最好的方法就是當「模仿專家」。「記者」就是寫新聞稿的終極專家。寫新聞稿的目的就是要讓它變成一篇新聞報導，這麼說來，大量閱讀是很有幫助的。這跟為了寫好作文，就必須多閱讀的道理是一樣的。若帶著一定要寫出優秀新聞稿的心態來閱讀新聞，就會發現很多細節藏在新聞稿中。

「標題這樣寫會更吸引人耶！原來新聞報導的前一兩句要寫得讓人大概可以知道整篇內容啊！專家的解釋幾乎都在後半部耶！」你會發現這是寫新聞稿常見的「倒金字塔結構」寫作方式。

事實上，不同趨勢的新聞事件，都各自有一套固定的撰寫方式。像是活動、新產品的上市、研究結果的發表與採訪等等，每種新聞的形式都會有些微的不同。所以，要多讀新聞才行。

如果說，藉由努力不懈地大量閱讀新聞報紙和雜誌，可以學習並熟悉新聞式寫作，那麼如果遇到需要立刻寫出一篇新聞稿的狀況時，有一個幫助很

大的捷徑與臨時抱佛腳的方法。只要到網路新聞稿發佈平台「Newswire 美通社*」，網站內上傳了依各個不同的狀況分類的新聞稿。可以在上面搜尋同業間的其他公司，或是依不同狀況所寫成的新聞稿來搜尋，然後照著其模版來寫，這樣就能寫好一篇像樣又不會出差錯的新聞稿。

多多閱讀、試著照樣寫，也多去思考新聞媒體可能會將哪方面的主題寫成新聞，藉此具備公關行銷的視角，這就是持續提升公關智慧、訓練公關手段的方法。

3、選定標題，精華內容，同時激發出對方的好奇心

新聞稿的核心就是「標題」。新聞報導其實也一樣，讀者會看新聞標題來決定是要閱讀它還是直接略過。我們所發送出去的新聞稿，其讀者就是記者。記者光是一天就會收到數十封的新聞稿。若想要從被塞滿新聞稿的電子郵件中被「選中 pick」，第一個關卡就是新聞稿標題。

根據調查顯示，記者只會花五秒鐘把一篇新聞稿大概掃過一遍。看了標題後，若不是馬上就能懂意思，或是沒有引起想要讀下去的好奇心，新聞稿就可能會被無視。因為他們認為如果連新聞稿標題都欠缺傳達能力，想必下方內容也會是同樣的狀況。

好的標題應該是簡短又俐落，又能讓讀者產生想閱讀的欲望。所以，那一行字裡，應蘊含核心，但同時也要具備能引起好奇心、讓讀者願意把報導看完的魅力。但是，使用「跳 tone」的流行語，或用模糊不清地寫詩的方式來表達，都不是很合適，意義不明確又浮誇的標題是大忌。當撰稿者清楚了解新聞稿的內容和方向，也了解報導的必要性與價值時，就能寫出一個好標題。平常就要養成留意、注意新聞標題的習慣，這會帶來很大的幫助。

---

*編註：目前有韓文、日文、香港及簡體中文版本

4、「眾擎易舉」策略 —— 找大家一起開動腦會議

看新聞的讀者為不特定的多數，也就是年齡、性別與資訊理解力皆不同的人。所以記者在寫新聞時，會惦記這個部分，而站在一般人的角度來寫。新聞稿也是一樣，比起由老闆或是公關行銷負責人獨自撰寫，招集組織內各個部門一起撰寫，反而在最後會有更好的結果。若各個部門能針對新聞稿的方向與重點開動腦會議，就能藉此獲得嶄新的視角。在決定新聞稿標題時，也要彼此針對好幾個候選標題一一討論。若在企劃新聞稿階段，無法和各個部門一起做，不得已只能由一人全包攬時，也務必把初稿交給大家檢查。要幫忙檢查的部分是，內容是否過於專業，以及內文中的數值和用語是否正確等等。

5、文章開頭就要受關注 —— 倒金字塔結構展開

通常讀者在閱讀新聞時，並不會從頭到尾一字一句讀，只會看最前幾句話，然後就跳到下一則新聞。新聞的第一段稱為導語 Lead，是將新聞的核心內容簡明呈現的段落，扮演著極其重要的角色。就是這段決定讀者會不會繼續把新聞看下去，而這樣的導語也是記者們在寫新聞時最傷腦筋的部分。

新聞稿的撰稿者，不僅標題，導語也需要一併花心思。第一段要寫得讓人能一眼掌握新聞的所有內容才行 —— 意即倒金字塔結構。把想優先傳達的核心內容放在最前段，直截了當地表明，緊接著針對核心內容的證據、解釋與專家的說法等展開。不要只是單純描述「何人在何時何地做了何事」，而是要將發表內容重要的原因與意義、結果寫得令人印象深刻才行。如此寫出來的新聞稿，就算記者只讀前段，也能確實理解重點內容，而且即使記者不引用新聞稿內的所有內容、只把前段的部分報導出來，也不影響其內容的傳

達。

一心想把重要的內容統統放在前段，卻讓導語的部分過於冗長，這樣就會因為可讀性降低而讓人有不耐煩的效果。這時，還有一種方法，那就是稍微進行調整，將核心事實整理成短短的句子，並作為導語首句，然後在接下去的句子中寫出發表內容的意義和其價值。

6、細節最為關鍵 —— 錯字、錯誤的數值是我們的敵人

寫好新聞稿後的編審作業極為重要。必須鉅細靡遺地審閱至少五次才行。特別是數字和來源根據都該向相關部門或文獻等進行確認和檢查。要藉由多次的確認來提高精準度才行。

想發揮出新聞稿的影響力，卻不懂得拿捏尺度，就把「最初、最大、唯一」等詞彙寫出來，反而會降低新聞信賴度。「這些的根據是什麼？」當記者如此提問時，若無法確實出示那些資料，那篇稿子便會直接被無視。即使不是「最初、最大、唯一」，但有好好點出並出示發表內容的價值，就能吸引新聞媒體關注。而這項工作就是有能力的公關行銷負責人該盡之事。

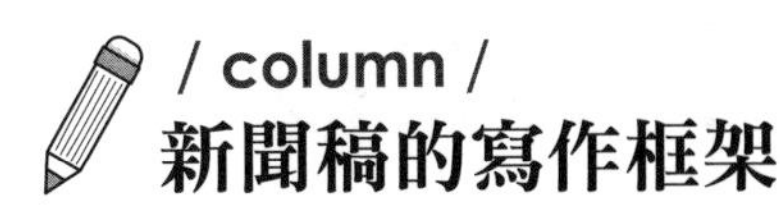

/ column /

新聞稿的寫作框架

◆ 標題

為了抓住讀者眼球，標題要寫得簡單明瞭。

◆ 副標題

若覺得只靠標題說明得不夠充分，就再附上一兩個副標題。

◆ 導語

是將發表資料的核心內容寫成一兩句的摘要，而在這裡應確實地把事實、發表內容的意義與價值呈現出來。

◆ 引用（評論）

新聞稿內文中會放入公司代表人、專家、負責人的評論，這部分可安排在全文三分之二之後的地方。有時為了提高評論反映在新聞報導中的重要程度，會將其安置在新聞稿的前半部。有時，評論則會隨著記者進行報導時的種種因素而省略。

◆ 介紹公司

建議寫在新聞稿的下端。非常核心地用三四行文字來說明是何時成立、做什麼事的公司，最好別超過一個段落。

◆ 其他參考資料

內文提到較難理解的技術，或需要一點背景說明，可是若加在內容裡就會變太過冗長，這時，那些部分就在正式新聞稿中粗略帶過，然後用附加資料的方式額外附上解釋即可。

優秀的新聞稿 vs. 失敗的新聞稿

新聞稿是發送給媒體、既積極又有效的信號。寫得好的新聞稿能成為一篇新聞報導。想想看刊登到報紙或電視廣告的所需花費吧！新聞報導跟廣告比起來，信賴度更是多上六到八倍，所以只要成功報導一次，在性價比上也算賺到很多。雖然不容易，但很值得一試。會被記者接受的新聞稿，還有所謂「會被拒絕」的新聞稿，兩者有何差異？其實歷經失敗和失手後會學到更多的！我們先來看看，記者們不喜歡的五種新聞稿類型。

失敗型 1：無法滿足好奇心的新聞稿

記者們收到新聞稿後，會先看是誰寄送的、標題是什麼，再來是閱讀導語，這時，會稍微了解內容的部分，然後接下來五秒內，記者便會決定要不要報導這份新聞稿。如果寄件者是記者熟悉的單位，那就太好了，但小公司、非營利團體或個人等等，這些知名度低的機會就更少。所以，事實上也不利於被記者選中。好不容易記者讀完整份內容，但說明的內容卻不明確，這下子真的會被記者拒之門外。

「唉，到底要我幫忙報導什麼啊？」記者也很無奈啊！

撰寫新聞稿時，最好是寫到完美無缺，讓記者不需額外取材，可直接拿來報導；要帶著這樣的心態來寫才行。

失敗型 2：太多附加檔案的新聞稿

對於一天內就會收到大量新聞稿的記者們來說，下載附加檔案可能會是個麻煩。常常會想說「到時候再開來看」，但後來都直接忘了這件事。為了能讓記者看到郵件主旨後，點開信件時能直接看到內容，建議是把內容放在郵件內文裡。當然，也要記得把新聞稿原檔加入附件。而且，在寄新聞稿時，不要用 PDF 或 PPT 檔，務必使用 Word 檔。由於記者會列印一部分的新聞稿內容並予以重新編輯，若是寄成不可編輯的 PDF、PPT 檔，便會造成記者的不便。

失敗型 3：分不出是廣告刊物還是新聞稿的資料

在新聞稿裡一昧地誇耀公司毫無根據的事，並不會因此建立信賴，反而會有負面印象。新聞稿不同於廣告刊物、公司內部社報。在寫新聞稿時，若就單純想著是一種販賣產品的手段來寫，那便會淪為是為了促銷而做的東西。想當然，記者會對此毫無關心。必須撇開發表者的觀點，要站在記者和一般讀者們的觀點來寫，同時也要強調有趣又能帶來益處的部分。「由我自己誇口炫耀自己」是做生意；而「由別人的嘴來誇耀自己」則是新聞公關在做的事。

失敗型 4：像論文式的新聞稿

寫新聞稿時，要不斷詢問自己：「一般人能理解這些內容嗎？會不會寫得太難懂？」不應該覺得：「我們這行業是專業技術或學術的領域，所以只能這樣。」而直接忽略。要能夠把困難且複雜的內容解釋得簡單又有魅力，那才會是一篇好的新聞報導。不是要講技術本身，應該要寫使用那技術的使用者們會得到什麼好處，也就是不該站在自己的立場，而是要站在對方的觀點來寫新聞稿，這樣才能避免寫出像論文的新聞稿。

在寫新聞稿時，一定會遇到需使用專業術語或簡語的時候。就算是業界裡習以為常的日常用語，但對記者來說，可能是陌生也很難懂的。即使記者都可以理解，不過在報導出去之前，還是得為了補充說明而重新找資料。因此，當使用到專業術語或簡語時，務必附上補充說明。

失敗型 5：發送給毫不相干的記者新聞稿

新聞稿應該發送給主要在同領域裡進行採訪的負責記者。若把 IT 相關新聞稿交給專門報導美術領域的記者是沒有用的。最好先列出曾發布目標領域新聞報導的媒體與記者名單，檢查過後再發送新聞稿給他們。就算是先前已記下來的記者名單，但因為他們會經常更換出入地的關係，那些記者現在也不見得仍負責那些領域。因此，要養成隔一段時間就更新記者名單的習慣。

那麼，「會被接受」的新聞稿又是怎麼樣的呢？首先，必須了解一件事，那就是再怎麼厲害的公關行銷負責人，也不太可能總是寫得出百戰百勝的新聞稿。我身為前記者，也作為公關行銷人，從事這領域二十多年了，但每次寫新聞稿時，也依舊會陷入苦思當中。如果事情本身屬於絕對奪人眼目的勁爆新聞報導，當然是最好的，但 90%以上的新聞稿都必須藉由努力和策略來引人注目。每次都得配合不同的事件、面對不同的記者來撰稿，所以非常得困難。即使如此，會成功的新聞稿，還是有它通用的重點原理。理解這些項目，多看其他新聞稿和新聞報導並試著學著寫，如此熟悉它，總有一天便能寫出採用率頗高的新聞稿。

優秀型 1：以真實數據破題吸引目光！

數據是很有力量的，比起使用許多修飾語或裝飾語來填補新聞稿，應該使用能凸顯即將要發表的產品或服務的數字，因為這更能吸引目光。舉例來說，若是提供服務給個人戶的企業，就要在新聞稿裡放入跟個人戶有關的數值或數據。就連「最大」、「最好」與「最初」這些詞的吸引力也都不容小覷。新聞媒體喜愛這些具有稀有性的詞彙。若標題中含有這些詞彙，就相當有利於吸引讀者的目光，但同時也要給出鐵證才行，因此，必須相當嚴謹地處理。如果堅決想那樣寫，還是有方法的。舉例來說，不太可能寫「世界最初」這詞，但可以用「今年上半年首次……」、「2000 年以後修築的公路中唯一一條……」的方式來寫，就是針對一段限定的時間範圍來寫，這是可行的。這種時候就是需要公關行銷負責人的聰明才智啊！

優秀型 2：與其他實例一起報導造就成趨勢

若是知名度低的小公司、新創公司，就會需要更大更遠的思考策略。往往我們都只會站在自己所屬公司或團體的觀點來思考。所以，在寫新聞稿時，也會待在那「箱子裡」寫。不該只是宣傳我們的產品，而是要試著找出類似的例子，然後和一種趨勢綁在一起秀出來。在記者界裡流傳著一句話：「只要找出三個實例，就能寫一篇新聞報導。」所以，除了想要宣傳的產品與相似的產品，要再找三個以上的實例或趨勢，如此寫出來的新聞稿就會是一篇具有新聞價值的有趣報導。

優秀型 3：依每次狀況彈性調整新聞稿長短

一般會說的好文章，就是篇幅短又有核心內容的文章。新聞稿也是，一般不會羅列出逐字逐句，而是寫一兩張 A4 紙，好讓記者一眼就能看到其內容。不過，並不是一律都要寫得很短的意思。應按照狀況來寫，有些需要寫得比較仔細一點。請站在撰寫新聞報導的立場想想看，要拿著一頁的新聞稿，寫出一篇很長的新聞報導是很困難的。如果很長，可以把它修短；但如果很短，要填補起來就會很困難。

應該要考慮這些狀況，然後在撰寫新聞稿時，整理成一兩張的核心內容，再額外附上術語說明、背景解釋、研究結果以及詳細說明等，這種分開來寫的方法也是不錯的。如此一來，記者就會照著新聞稿來寫新聞報導，而且之後若有記者甚至打算要寫專題報導、內幕報導時，記者也可以直接參考附件資料來寫。所以，就按照每件事的狀況來幫長度做彈性的調整吧！

「我這輩子好像一直都在做『說服別人』的事欸！」

這是公關行銷人經常掛在嘴邊的話。他們的天線總是面向外面的世界。他們不得不意識著「人喜歡什麼、不喜歡什麼」和「要如何展現我自己、公司、商品與服務等，才能被人們接受」。這座天線不僅能接受訊號，也能積極地發送訊號。他們會配合狀況，向外發送適合的訊息。而之所以會做這一系列的事情，就是為了要獲得對方的心。

這不是只有從事公關行銷的人才會做。做生意的人當然也會這麼做，廣義來看，其實在社會中生活的所有人，都會為了進行「雙箭頭」的溝通、獲得對方的心而努力。而具備公關行銷的思維，其實就是更加敏感於這些信號來來去去，不是嗎？

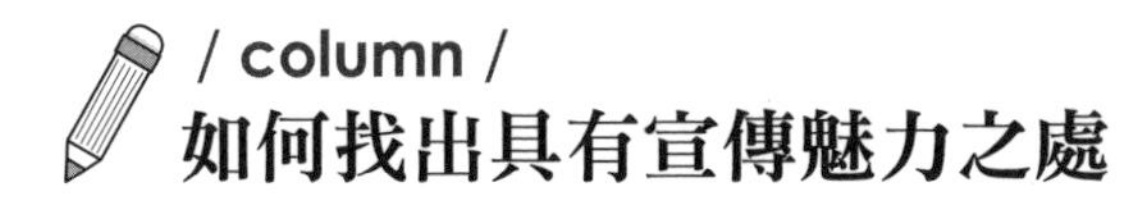

/ column /

如何找出具有宣傳魅力之處

◆ 座談會、研討會的「講者」與「內容」比活動本身更受矚目

一般座談會或研討會是不容易受新聞媒體關注的活動。因為通常會在全國各地連辦好幾天，所以稀有性較低，再加上內容又是偏向專業、學術的領域，因此，一般的讀者並不會對這些感興趣。在這樣的狀況下，該強調哪個部分才好？果斷地試著擺脫只是單純介紹公司、強調主管機關的這種一般進行的方式吧！重點不在於舉辦座談會的主辦單位、單位代表人或 VIP，而是應把重點放在內容裡，藉此掌握核心。像是可以從發表內容中篩選出值得關注的部分，並寫在新聞稿導語裡，抑或是若在許多演講者中有能製造話題性的人，就將那人定為新聞稿的主角。

◆ 找出聯合行銷對象，綁在一起並放大特點

假設現在要幫位於仁寺洞的一間畫廊要開的展覽做宣傳。要如何超越仁寺洞的許多展間、畫廊，以及各式各樣的展覽，成為最顯眼的那一個呢？試著把我們的展覽和其他展覽或展示空間綁在一起看看。「適合平日一個人來逛的 3 間仁寺洞展覽」、「3 處隱藏在仁寺洞、比展覽更有藝術性的展場」等，用這樣的方式來企劃，會更加引人注目。

提高報導可能性的照片和影片

能讓新聞稿看起來更有魅力，又能提升報導可能性的，那就是照片和影片。跟只由文字構成的新聞稿比起來，有附上照片的新聞稿會有較高的機率被新聞媒體報導。根據新聞稿發布服務平台 —— Newswire 的調查結果顯示，有照片的新聞稿比純文字的點閱數多達 1.8 倍以上。尤其是必須吸引消費者目光的消費品，附上照片和影片資料時會達到很好的效果。

此外，根據《哈佛商業評論》的案例研究顯示，用影片宣傳呈現的效果會比一般宣傳時好上兩倍。還有結果顯示，當向投資人詢問願意投資多少給 A 企業時，以文字的形式將投資相關新聞稿寄給對方，其中有 13% 的投資意願；將同樣內容製作成影片資料後寄給對方，顯示了 26% 的投資意願。

不是只為提供給新聞媒體而製作，也可以為了日後撰寫公司介紹資料使用，因此，取得照片或影片資料是非常重要的！

用於新聞稿的照片之拍攝地點

在企劃撰寫新聞稿的第一階段開始，就要考慮照片或影片的製作。有些時候，圖像比文字更有利於內容的傳遞，所以有時會乾脆製作用於新聞報導的照片資料。以照片資料形式呈現的新聞稿通常比一般文字報導更吸引目光，也更容易散布出去，而這會是一項明智的選擇。

在獲取照片資料時，只是帶著想拍很多照片的心態而投入拍攝是最要不得的。首先，要先調查其他人是怎麼做的。平常就要多看看報紙、網路新聞，也養成多留意刊登在新聞報導旁邊的照片的習慣，藉此可以更加熟悉在不同的情況下，新聞媒體喜歡的照片拍攝角度或呈現的形式。新聞媒體會使用的照片多少都已定型。一般來說，如果是關於新產品上市的新聞，就要拍一位模特兒拿著進行展示或使用新產品的樣子；如果是合作協議、簽字儀式等新聞，就得拍企業代表彼此握手的樣子，或一起拿著協議書的樣子。如果是採訪，就要拍下受訪人在說話、雙手做些肢體動作的樣子。之所以會有這些形式，是為了要讓人光看照片，就能大概猜到報導的內文。

雖然準備影片資料過程很苛刻，但效果極佳！

如果有考慮要做電視新聞報導，影片方面也必須花點心思才行。若是覺得內容用影片的形式來投案給新聞媒體，而非用文字和照片呈現，這麼做能帶來更好的效果時，就應花多點時間和努力去企劃影片報導資料。對於新聞稿，雖然沒有指定「這個一定是要文字、那個一定是要圖片或是影片」，但大家有越來越喜歡影片資料的傾向。

以前在發布像是新書消息、展覽、介紹新服務等時，全產品都使用文字新聞稿，而現在這些幾乎採用了搭配影片的方式來做。尤其是當新創公司或創業投資公司要推出一項前所未有的產品，或以全新技術作為基礎提供服務時，那麼使用影片資料來說明，就會帶來不錯的效果。

影片報導資料最初是為了電視新聞報導和網路媒體 YouTube 等而製作的。就算沒有在電視新聞節目裡播放，具有清楚架構的影片資料也可以用在各種不同地方。可以上傳到 YouTube，可以刊登在公司官方網站上，也可以寄給顧客，還可以在進行員工教育訓練時使用。甚至是參加國內、國外的博覽會或展覽活動時，也能當作公司介紹影片使用。都已經製作好一部公司的宣傳影片，後來卻得再花錢、花時間更新影片內容，與其這樣，還不如製作簡短的影片報導資料，因為可以根據不同狀況選擇欲播放的影片，這也更有效果。

在製作要當成新聞報導用的影片時，大致上可分為「完成型」與「資料型」。所謂的完成型，指的是影片就是一則完整的報導資料，把它想成是會在電視台上播放的一則新聞報導即可。規劃影片腳本，把想宣傳的內容安排進去，並照著腳本來拍攝影片，最後配上解說旁白。看影片時就好像是在看一則新聞報導一樣，而且看完就能知道內容在宣傳什麼。合適的影片長度大概就是一則新聞報導的長度，也就是一分三十秒左右。

搭配文字而拍攝的相關片段影片即為資料型，會統統一起寄給對方。舉例來說，假如要提供跟展覽會有關的影片，那麼可以拍攝展覽館內部全景、採訪重要人物、採訪參觀觀眾，也可以拍攝人們參觀的樣子。若是要提供介紹產品的影片，可以拍攝製作過程或者許多使用者的反應。雖然沒有展開完美的故事線，但卻方便記者去剪輯這些拍攝好的影片，然後再做使用。拍攝的長度可以比完成型長，差不多五分鐘左右。

什麼樣的影片適合用在新聞稿裡？還有，加入什麼元素才能讓影片報導資料顯得更有效果？首先，多去找其他人已經做好的來看，並好好觀察吧！可以到新聞稿發布平台 Newswire 的網站參考上傳在「影片報導資料」的各種影片。

/ column /

新聞稿的照片，這些很重要！

◆ 不要只拍物品，要讓人也一起入鏡

有新產品上市，卻因為只想著強調產品，就只拍產品照，這樣的照片從新聞報導的角度來看，是沒有魅力的。所謂好照片，核心就是畫面裡產品與人的搭配。尋找可以確實表達產品的概念或用途的人，聘請他擔任模特兒，如此進行拍攝吧！不一定要聘請專業模特兒，如果員工當中有長得乾淨、五官端正的人，也可以來當模特兒。因為用於新聞稿的照片的主角並不是照片中的人物，而是那人手指著的產品或服務。

◆ 動感的圖像勝過靜止的

比起擺出尷尬又僵硬姿勢的照片，動感的照片會更自然。舉例來說，如果是要為即將上市的全新預約服務來寫一篇新聞稿，那麼為了凸顯那服務，通常會拍下使用者聚集在一塊並伸出手指頭指著螢幕的樣子，或是拍下他們正在看手機的樣子，用諸如此類的方式來呈現。要使用在人物專訪或採訪的照片時，絕對不可用證件照形式的照片。也別用立正並站得直挺挺的照片，準備一張受訪者邊說話邊擺出自然的肢體動作的樣子是更好的。

◆ 照片說明（Caption）是必備

提供照片時，一定要附上照片說明。這樣才能在入口網站的搜尋引擎搜尋到照片，而這也對發布在網路媒體的新聞稿來說，有更好的效果。只要把照片上正發生的狀況做簡略的說明即可。依照「六何法」來寫出誰在做些什麼，時態使用現在進行式（正在……）。將公司名、產品名、照片內人物的人名、熱門關鍵字等寫進去，便有助於搜尋引擎優化。如果照片中有許多人物，就得把人名、所屬單位與職銜等一一標明。（如：從左到右為○○○、△△△……）

◆ **適合的照片解析度和大小**

針對網路媒體來說，如果是要能用在新聞版面上，照片就必須是高解析度。解析度至少要是 300dpi，且大小為 200×200pixels、300kb 以上的 jpg 為佳。最近，手機的相機功能都很好，所以要用手機拍也無妨。若要放在雜誌裡，照片最長邊為 22 公分左右，也就是說，照片打在電腦螢幕上時，照片大小要比一個手掌還要大。

有關作為新聞稿使用的影片／照片 FAQ

Q：想在新聞稿中嵌入影片或照片，請問是自行拍攝好，還是找專業人士拍攝好呢？

A：剛開始嘗試時，可以聘請專業攝影師來拍攝。因為就算自己擅長攝影，但也可能對作為新聞稿的照片之拍攝較生疏。要找的是對「新聞報導」方面的攝影有經驗的業者或個人。透過認識的新聞媒體人牽線，也是個不錯的方法。不要因為對方是專家，就全盤交給他們，在進入拍攝前，應先與他們充分商量照片／影片的目的性與拍攝內容。

Q：如果聘請新聞媒體出身的攝影工作者，就能保證最後能報導出去嗎？

A：並不會保證最後一定能被報導。不過，他們有個強項，那就是他們知道哪些形式適合報導。

Q：照片／影片要如何傳給媒體呢？

A：有兩種方法，一個是同新聞稿一起寄送，另一個是之後再發布。

【① 同新聞稿一起】最普遍的做法為同新聞稿一起透過電子郵件寄送。

【② 先給新聞稿，之後再提供照片和影片】通常新聞稿會在活動之前就提供，因此，在這種狀況下是無法提前生出照片或影片的。必須得等到活動或狀況進行和發生，才能拍攝照片和影片。這時，就是先寄新聞稿，同時也預告提供照片或影片的時間。務必告知對方：「將於○○月○○日提供照片／影片。」看到預告以後，新聞媒體也許會擬定採訪或報導計畫。一定要遵守已預告的時間和日期。

Q：除了照片或影片，還有其他替代方案嗎？

A：媒體最喜歡的是照片、影片，其次是資訊圖表，如圖表、插圖等。若是不太方便進行照片和影片拍攝的項目，可以用圖表來代替，這樣不僅能確實地傳遞內容，也能提高新聞稿的完整性。

Q：不太清楚新聞媒體對照片或影片的形式與內容會有什麼要求。

A：其實正解就是直接詢問會使用那些照片和影片的記者。新聞稿寄出後，可以聯絡記者、詢問他希望我方提供什麼樣的照片／影片，並確認寄送檔案的時間等等。這些積極的態度能讓記者留下好印象，同時也能提高發布報導的機率。

發送新聞稿也需要技術

「辛辛苦苦製作的新聞稿該發給誰呢？這篇新聞稿真的能變成一篇新聞報導嗎？」

原以為只要弄好新聞稿就好了，但感覺又有一座大山擋在我們面前。記者總是忙得不可開交，他們會收到除了我們公司以外來自許多地方的新聞稿。若以戀愛的角度來談談這個狀況，那就好像是在面對「學校裡超帥校草、超美校花」一樣。鼓起勇氣走到他們面前，向他們介紹自己並散發魅力，最後要讓他們接受我所提出的約會申請……，就是這樣的狀況！

善於處理彼此關係的人都有一項特徵，那就是知道什麼時候是最適當的時機。知道何時該聽、該說，也知道何時該衝或者該退一步等待。能察言觀色，在適當的時機提供對方所期盼的東西，這些都是某種程度懂時機的人所擁有的能力。

跟記者之間的關係也沒什麼不同。時機點太重要了。在發送新聞稿這方面，並沒有「一蹴可幾」的策略或技術。已經寄出新聞稿了，但也不會得到記者保證到底能否報導出來。即使如此，我們依然要盡心盡力、保持風度，也要努力說動對方的心。這麼說來，抓對時機點又有效的新聞稿發送策略到底是什麼呢？

Who 傳送對象是誰？ —— 越多越好且要平等對待

儘可能地把新聞稿傳送給很多新聞報社、記者吧！不僅是報紙，電視、專業雜誌，還有網路媒體，都要好好仔細調查，先廣泛地針對媒體名單做足功課。「平等地」對待新聞媒體與新聞媒體人是基本。如果主觀地判斷社會趨勢後，只把新聞稿提供給特定媒體，到後來和其他媒體之間的關係可能就會出問題。在線下與記者們實體見面時，只照顧特定媒體的記者，而輕視、不看重其他較弱小的媒體記者，是非常無禮的。

與記者之間的關係，其實就跟最普通的人與人之間的關係是一樣的。絕對不會有人喜歡會冷落他人、對人差別待遇的人。遇到沒聽過的網路媒體的記者時，不可帶著「是不是冒牌記者啊？」不情願的態度來對待他。對於像中小企業、新創公司等小公司來說，比起平面媒體，網路媒體才是更有效的目標媒體。這是因為報導機率比平面媒體來得高，網路新聞會立即傳送到入口網站，而有著長久保存、方便閱讀的優點。

When 何時傳送？ —— 前半週的早晨，要游刃有餘地做

通常都會在推出新產品、推行新服務以及辦活動之前撰寫新聞稿，從定好這些重要發表日期或活動日期起，就要考慮適合發送新聞稿的日期。

◎發送新聞稿最佳時機，週五、週末 NO，週一至週三 Good

如果希望能被報導，最好避開週五。越來越多平面媒體不在週六發行報紙，就算發行了，整體版面也減少了，這導致能報導出來的機率也跟著變低了。因此，一般來說，重要活動或記者座談會等幾乎都不會安排在週五。最好的日子就是前半週，也就是週一至週三。

若非得在週末辦活動，就應於事前發送新聞稿，這樣記者才能寫「預計舉辦」的預告新聞。事前寄新聞稿時，應在信中提及：「將於活動當天幾點後提供照片和影片。若有意願要進行現場採訪的記者，請和我們聯絡。」然後，在活動當天，把拍好的照片或影片寄給先前發送過新聞稿的記者們。也許有些記者會在當天來訪，此外，已經為我們寫過事前預告新聞的記者，也可能會在收到活動照片後再次寫稿後發布新聞。

◎若目標只有網路媒體，那麼週五發布也 OK

若目標不是平面也不是電視媒體，而是網路媒體，那麼就不受時間拘束了。網路媒體的優點就在於記者收到了新聞稿後，很快就會刊登出來。在週末期間、平面媒體與電視媒體的新聞少時，就會提高網路新聞在入口網站上曝光的機率，而我們公司的新聞就有可能會被關注。

◎新聞稿必須在活動或發表日的三天至一週前送出

活動對時間是很敏感的，所以必須在適當時機、從容地把活動有關的新聞稿送出。不過，又不能太早寄給記者，否則就算記者有想著之後要處理，也可能一忙碌就整個忘掉了。因此，三天到一個禮拜前是最適合的。因為得預留時間，好讓記者決定是否要前往採訪，也讓編輯者決定讓出紙本版面的意願等。

若是有考慮要找電視媒體來報導，就務必事前與電視記者聯絡，並針對影片報導的部分進行討論。再怎麼好的一則新聞，若在影片呈現方面不夠好，或拍攝的條件不佳，就不能拿來報導。進行事前討論時，要簡單地說明活動概要、告知可拍攝的情境與畫面。如果是報導價值高的新聞，電視記者便會親自採訪，並拍攝參考影片，不過當狀況不允許這麼做時，則會需由投案方提供優質的影片。

◎新聞稿的發送要在上午十點以前

以日刊的新聞報紙或電視新聞來說，記者通常在一天中會有兩個忙碌的時段。第一個時段是上午向公司報告要寫的新聞內容時，通常約上午十點前後，另一個時段是下午新聞截稿時通常約下午三點至五點。下午截稿的那段時間，有很多記者會選擇乾脆不接任何一通電話。應該考慮這部分，早早就把新聞稿寄給記者，好讓記者能在上午向長官報告並考慮是否要進行報導。要早點讓記者收到新聞稿，可能來不及當天報告，也一定能在隔天報告給長官。不過，要是在活動當天或發表日當天，才急忙地把新聞稿寄給記者，記者根本來不及報告，就讓它失去被報導的機會。

把新聞稿寄給記者之後，若需為了進行確認，或為了討論照片、影片等等而和記者進行電話聯絡，這時，儘可能避開上午報告時段與下午截稿時間。如果跟記者是第一次聯絡，比起用電話聯絡，透過簡訊聯絡會比較好，也減輕彼此的負擔。

How 如何發送？ —— 利用便利且正式的電子郵件

◎新聞稿寄送出去後要確認對方是否有讀取

新聞稿使用電子郵件寄送是最方便的。電子郵件輕輕鬆鬆就能附加文字檔、照片和影片檔案來寄送，需要時也可以附上各種網站連結。發電子郵件時，盡量不用群發的方式一次寄給數十個人，應該要一位一位個別寄送，這才有風度。可以藉由「對方確認收信」功能來得知記者有沒有點開、瀏覽新聞稿，要是記者遲遲沒讀，就要致電記者，拜託記者確認郵件。另外，也可把社群平台服務作為輔助來寄新聞稿。這是能立即讓記者在當下就確認的方法，不過，面對初次認識的記者時，還是用電子郵件寄為佳。

◎發送新聞稿的頻率，多多益善 vs 過猶不及

「已經儘可能地製作新聞稿持續寄給記者們，但到目前為止都沒什麼反應。是不是只要一直寄送，記者至少會看在我們這麼有誠意的份上，為我們進行報導呢？」

以結論來說：「不會。」當過於頻繁地寄送新聞稿時，就容易被當作垃圾郵件或被歸類為品質差的內容。其實記者挑選新聞稿的標準只有一個，那就是「能否成為新聞焦點」。也就是說，就算一年中只寄一兩次，那些也要是具有新聞價值的新聞稿。就算是對我們公司抱有好感、有點了解的記者，也很難在一年內幫忙把我們發送的好幾件新聞稿統統報導出來。在發送新聞稿時，並非多多益善。反而要遵守過猶不及的原則。

在多變的媒體環境下，有智慧地面對記者的方法

新聞媒體環境正急速地變化當中。在與許多公關行銷負責人聊到這部分時，他們的想法幾乎都是：「才一年就有急遽變化，不得不打起精神。不知道該如何為明年作準備。」

多元媒體、社群媒體的遽增使得絕對強者消失

單向型絕對強者的時代 —— 由幾個主要新聞媒體和電視新聞台單向的生產與傳遞新聞 —— 已經過去，而現今是在各種形式與規模的社群媒體中雙向地接收、傳遞新聞。會做新聞策展的入口網站展現了比新聞報社更強大的力量，而各家電子報也紛紛在新聞媒體界中占了一席之地。如今，也有許多網路媒體記者正式登錄為政府機關或地方自治團體的駐點記者，能自由出入這些單位的記者室。看來，所謂三大報與電視台的獨佔時代大勢已去。隨著部落格、Facebook、推特、YouTube 等社群網路的使用變得越來越活躍，大大開啟了個人媒體時代。

所謂新聞媒體的影響力其實很簡單，那就是越多人看，就越有影響力。意思是，如果有個知名度低的網路媒體，報導了一則新聞，然後被入口網站當作主要新聞時，就很可能獲得網民的極大回響，且當這則新聞進而成為主要新聞媒體關注的焦點時，就具有更大的影響力。

因為網路新聞、社群網路等的關係，新聞的生產與傳遞的速度快到超乎想像。若是以物理上把所需的製作時間統統算進來，從事件發生的那一刻，直到傳達出來為止，最少需要六至二十四個小時；在現今，要讓全國上下接收到消息，根本用不到兩個小時。近年來，新聞透過多媒體幾乎是以光速在傳播，所以即使是再有能力的公關行銷人，也「無法掌控」新聞和媒體的速度。意即發生過一次的事，絕不可能把它變成不存在的事。

象徵權威的新聞媒體也向金錢低頭

現今大眾都發現了，平面媒體正逐漸廣告化的現象。付數十萬元，即可換取能在具有影響力的媒體中公開地為企業宣傳的內容，而這方式在許多代理商中盛行著。這是因為媒體環境從原本以少數的傳統媒體為主的，急速擴展為以多數的線上、線下媒體為中心，導致在新聞報社之間的生存競爭變得十分激烈。廣告總量並沒有太大的改變，但因為急遽增加的媒體數量，所以各家新聞報社基本上都會積極地透過企劃報導、頒獎典禮、文化活動形式來吸引贊助廣告、金主。

不是擺明的廣告，而是用新聞報導的方式，但實際上就是廣告為企業宣傳，而收取贊助費就是其代價。這樣的企劃報導在以往都是企業找新聞媒體談，然後才會報導出來，但現在的狀況卻變成是新聞媒體主動對企業提案。原本門檻頗高、具有影響力的媒體都變得如此了，更何況是經營得不好的地區媒體或雜誌，也會接到更多擺明是偽裝成企劃報導的廣告訂單要求。現實就是「即使有刀架在脖子上，也只會寫真相」的記者精神，在殘酷的資本主義面前已變得毫無光彩可言。

有智慧的新聞媒體使用法

身處在這些多變環境中，有什麼「聰明的」新聞媒體使用法呢？並不能因為傳統媒體的影響力減少，企業願意花在新聞公關的費用減少，就減少宣傳的進行。應該是要尋找性價比高的替代媒體，加上自身就擁有的企劃能力，改採低費用卻能換來高效率的方法。意思就是，現在更是需要策略的時候了。必須突破「公關行銷是花錢做的」、「三大報整面的廣告，還有電視台九點的新聞廣告才是最好的」這類傳統觀念的策略。

1、自信滿滿地、積極地接近記者

要跟記者見面並回答他們提出的犀利問題，或是製作出公關稿等這一系列的新聞公關活動終究不容易。就連我做了很久的記者與公關行銷業務，也不覺得跟記者通上一次電話是簡單且容易的。即使如此，也還是要自信滿滿地、積極地靠近新聞媒體才行。雖然這樣說有些矛盾，但韓國有句話是這樣說的，「如果新聞媒體界越是困難，公關行銷的環境反而會越好」。因為以策略的角度來看的話，可以使用媒體的機會變多了。其實，新聞媒體的門檻沒有想像中的高。能讓記者願意付諸行動的終歸是好的新聞素材，跟企業的規模、認不認識公關行銷人是沒有關係的。「我沒有認識的記者⋯⋯」、「他們怎麼可能會關注像我們這種小公司？」與其浪費時間自嘲抱怨，還不如思考：「有沒有什麼好的新聞素材呢？怎麼寫新聞稿比較好呢？」這才是你現在立刻應該要做的事。

2、不可對媒體記者大小眼、差別待遇

只把特定具有影響力的媒體當作新聞媒體，要是沒被某媒體報導出來，

就隨即跟做不好行銷畫上等號、產生放棄做公關行銷活動的念頭……現在就丟棄這種向日葵式的愛情法吧！這就像是光是等待白馬王子，結果一輩子都沒談過一次戀愛一樣。韓國有句歇後語說，「差別對待會讓記者走歪路」。按理說，我們會更關注較有影響力的媒體記者沒錯，但絕不能讓其他記者察覺出我們的內心話。否則，彷彿就在告訴對方：「我是公關行銷界裡最低級的人。」

做宣傳的時候，不管跟誰見面，都總是要保持禮儀、傳遞正確的情報，並讓對方留下好印象才行。若不是和特定媒體單獨進行企劃報導，而是要向駐點記者團發布資料的狀況之下，不管媒體實力如何，都應該帶著同樣的關心和照顧所有人才行。尤其遇到沒寄資料給某位記者，但他卻在聽聞消息後主動與我方聯繫，那麼當下必須慎重地將資料傳送給他，並立刻將這位記者納入記者名單裡，在日後要發送任何一份資料時都一定要寄給他。有許多幾年前還是中小媒體中的新手記者，現今各個都成為了在有影響力的媒體中任職的記者。記者不會忘記曾虧待過自己或傷自己心的公關行銷負責人。

3、成為傳遞確實又實在的情報專家！

送出新聞稿後，若沒有確實回答記者的追加提問，也沒有拿出在新聞稿內主張的確實根據，這樣就無法被記者信任。最少對新聞稿的內容要有深度的理解，也要做好預習功課，這是基本該做之事。公關行銷負責人不僅要了解自己所屬的企業或組織的事，也要掌握其行業的所有資訊。比起像鸚鵡一樣只顧著說自己想說的話的人，記者更喜歡能廣泛地將資訊帶給他的取材來源。舉例來說，一位醫院的公關行銷人，他不該只提供自己服務的醫院新聞，而是要能提供各種合適的情報，好讓記者能寫出關於健康的新聞。跟記者聊到這種議題時，說不定就能促成一則比原始計畫更了不起的企劃報導，也許就這樣產出一則採訪報導了。

4、你就是公司的門面！藉由親和力與自信來提升魅力值！

有一句半是玩笑、半是實話，也常有人會這麼說：「公關行銷人從事的是服務業。今天也要親切待人！」

若見到記者，就請面帶微笑、和善地面對他們吧！這意思並不是要過度獻殷勤，而是要帶著真心和對方聊聊，也認真傾聽對方想知道的事情是什麼，並隨時為此作準備。跟記者見面時，公關行銷負責人就代表著組織的門面。透過與自己見面的人，記者大概能掌握那組織的氣氛和能力。當記者覺得對方正勉強自己做不想做的事，或是感覺不到對方對組織的愛時，記者也不會想跟這樣的人見面。

當然，也是有很多不禮貌、無理的記者，但不要每次就跟這些記者吵架，就算真的吵贏他，也不會帶來獲利。到頭來，也只是增加對組織和你有對立念頭的媒體罷了。比起努力改變對方，更應該要鍛鍊自己，好讓自己能熟練地應付那樣的人，這樣也才更有建設性。

5、以真誠來武裝自己吧！

站在傳遞組織訊息第一線的公關行銷負責人，必須具備嚴格的倫理意識。正直又真誠的態度能造就好的訊息，也能與記者一同營造好的關係，最終能為組織帶來盈餘。真誠不僅是單純為盡道德義務而展現的，也是最能帶來商業價值的策略。

幾年前，因為一次的強烈颱風侵襲，造成韓國各地發生水災，公路被毀得一蹋糊塗。當時，我任職公司的所在之處，仁川大橋就禁止通行長達八小時，而鄰近橋梁和高速公路等都是類似的狀況。許多記者打電話聯絡我，拜託我提供資料，也提出想進行電話採訪來了解現場狀況，令我忙得不可開交。公司門口擠滿了各家電視台的轉播車，公關組和機動組的職員全體都熬夜處理事情。颱風離開後的隔天，韓聯社就以「仁川大橋防颱措施做得最成功」為題大力進行報導。新聞內文中大大地稱讚，還提及了因為機動組和公關組即時向新聞媒體和使用者提供情報，才得以減少整體損害。連其他的公路營運公司及國土交通部的領導階層均得知此消息，不久，就被評為危機處理的模範實例，讓公司的好感度上升了不少。

這消息對身為公關行銷負責人的我來說，是一件值得開心的事，但一方面卻也令我詫異。因為我認為「我只是做了我該做的事而已」。新聞報出來之後，我想著要跟那位記者道謝並打聲招呼，於是就打電話給他。電話中，我請這位記者稍微透漏一下撰稿新聞的背景，於是他笑著說：

「那時，我必須在一小時內發表一篇災難狀況的企劃報導。眼看就快來不及，卻還剩很多需要打電話確認的事。我們提出了許多採訪申請，但皆以忙碌為由而不予置評，或者是根本不接電話。在這些人中，身為仁川大橋負責人的你就很迅速地將我們拜託的資料傳過來，而且也願意進行連線採訪。可以感覺到你是在百忙之中，與我通話時四處奔波，從頭到尾一直聽見你氣喘吁吁的聲音。聽著這呼吸聲，我真心充滿著感謝。如果說對方的態度就代表了整個公司氣氛，所以我就想著：『這家公司的危機管理能力一定是相當卓越的』。」

提高活用的新聞稿形式

在這世上，就只有存在兩種類型的新聞稿。一個是被報導的新聞稿，一個是「被記者無視的」新聞稿。當辛辛苦苦撰寫的新聞稿成為一則新聞報導時，真的是一件很開心的事。但不全然都能成為新聞。沒報導出來的稿子，就好像是直接被拋棄了一樣，真的很令人難過。不過，別因為沒被報導，就這樣把它放在電腦資料夾裡埋沒了。就算是被媒體無視的新聞稿，也可以好好拿來使用。不管最後有沒有被報導，我們都要了解可以提升新聞稿活用度的各種方法。

放上官網、部落格、YouTube 頻道及關鍵搜尋字

在企劃新聞稿的時候，就要考慮到資源回收的部分。也就是說，要企劃出各種方法，讓人可以在網路上搜尋，這就是策略。要在新聞稿內的公司介紹中，放上能引導人進公司官方網站的網址。在新聞稿的一開始寫公司或團體名稱時，要用「企業名代表○○○，www.△△△.com」等方式來嵌入官方網站的網址。除了官方網站之外，也可以是公司部落格、Instagram、YouTube 頻道等。這麼一來，記者就能輕鬆進到官方網站裡，再尋找更多各自所需的資料。如果成功作為一篇新聞報導被網路媒體刊登，讀者也就能立即點擊而拜訪到官方網站或部落格。實際上，新聞稿發布後網站的訪客大增的情況還頗多的。

適當地將關注度高的關鍵字放入標題、內文裡

試著把近期社會上關注度高或搜尋頻率高的關鍵字放入新聞稿標題或內文中。如果在網路新聞或入口網站上有相關新聞報導出來時，就能吸引讀者點擊觀看。除此之外，還有另一個效果，那就是當讀者從新聞內容中透過關鍵字去搜尋時，也能輕鬆地找到他們想找的新聞和情報。但這個的意思不是要填上跟宣傳內容無關、無條件用具有話題性的關鍵字。事前就透過像是入口網站的關鍵字廣告、Google Trends 等大數據網站，針對自己所屬的產業群的熱門關鍵字、相關產品／服務的相關關鍵字、各時期的熱門關鍵字等等做足調查，那麼自然而然就能察覺最佳的搜尋關鍵字。

搜尋引擎喜歡圖像和影片

搜尋引擎除了能用文字搜尋以外，也能用照片和影片來搜尋。尤其照片能帶來龐大的搜尋量，所以使用的照片越多，新聞稿就越有機會被點閱，要是再加上有清楚的照片說明，就會有更高被搜尋和分享的機率。不要忘了在照片說明中放入核心關鍵字，也不要忘了在新聞稿中置入品牌標誌。

人們會透過社群網站和朋友分享有趣的圖像。這裡千萬要注意，在附上照片和影片時，請務必確認數位版權。若在新聞稿中使用了有版權的著作而沒有標示或告知，那麼就有可能會因為侵犯版權的問題而造成麻煩，也會導致因信任新聞稿才使用的新聞媒體狼狽不堪，隨即便降低對該新聞稿發布單位的信任。因此，儘可能使用自己親手製作的東西，若無法這麼做，就必須先確認過版權的事。

所有新聞稿都要在公司官網上刊登

新聞稿是份好資料，不只是為了新聞媒體製作的，也是為了公司網頁的訪客而製作的。把新聞稿上傳到自家公司的官方網站、部落格、Facebook 或 Instagram 上吧！在官方網站上，另外開一個新聞稿專區，然後持續上傳上去，藉此累積情報，這也是不錯的方法。記者或訪客只需看新聞稿，也能了解這家公司主要都在做什麼事。上傳到部落格、Facebook 或 Instagram 等地方時，可以把新聞稿的內文濃縮成摘要，或是修改成能容易閱讀的內容。也可以試著換一個標題。也就是說，可以寫入比提供給媒體的新聞稿還要更直接宣傳公司的內容，或是修改成能符合搜尋引擎優化的標題。

若成功成為一則新聞，就積極地到處宣揚吧！

若新聞稿成功成為一則新聞，那就在像是官方網站、部落格或 Instagram 等等的公司網頁上告知大家成功刊登為新聞的消息吧！會比廣告留下更有信任感的印象。宣傳這件事，由新聞媒體的口來說是最具效果的。可以透過新聞電子報將新聞稿與新聞刊登的消息告訴既有顧客，也可以上傳到公司內部的公告版，好讓每位員工都能看見。

PART

6 對小公司有利的網路宣傳

不花大錢的網路行銷是現今的生存武器

我和一位好久不見經營出版社的朋友見面了。他跟我說，最近剛處理完一本關於濟州山岳旅行的書，然後正要準備做行銷，但還在想該怎麼做。

大家都是透過什麼方式接收書籍的資訊，並延續到最後購買書呢？現今可以透過網路獲取情報的比例越來越高。可以在大型網路書店網站閱覽其介紹的新書消息，也可以透過部落客或專家寫的跟書有關的介紹文來得知。此外，由 Instagram 或 Facebook 朋友們上傳的書的照片與內文，也是一個很重要的吸引方式。有被稱作 BookTuber 的說書 YouTube 創作者，由他們介紹的書就會變得很有口碑，而有些書店甚至會特地設置一個展示櫃專門陳列 BookTuber 推薦書。書籍相關情報的途徑正移往至社群網站和影片平台上。

我們拉回跟出版社老闆的見面。「濟州」、「山岳」、「照片」以及「文字」⋯⋯。從事公關行銷的人光聽對方所說的，眼前就浮現出能宣傳的部分。這些不就是足以創造出很有魅力的內容的超棒元素嗎？做書就是在生產品質優良的內容，可以試著多樣化地使用那內容。「稱為『書』的這完稿只可在書店裡賣」，別被這個侷限住了；從企劃開始，到製作過程、作者故事、書籍的介紹，還有舉辦書籍策展活動（譯註：原文使用「Book Concert」一詞，指以推廣書籍、連結作者與讀者為目的的整合行銷活動。）、出版社編輯的日常、讀者活動、朗讀會等等，要不要試著透過這些方式持續與潛在讀者交流看看呢？只要把各式各樣的線上、線下活動統統連結起來，光用一本書籍，也能打造出許多可以宣傳的事。那天與出版社老闆聊了聊後，他便決定復更曾停掉一段時間的讀後活動部落格，還創建了出版社的 Instagram 帳號。

在數位時代，網路公關行銷成為小公司的生存武器

對中小企業、新創公司、一人公司、自由業者、非營利財團或藝術文化團體來說，網路公關行銷就與生存問題息息相關。我們打造出產品／服務之後，以為顧客很快就會得知消息，但其實這機率極低。顧客不知道我們到底製造了什麼產品，根本就沒有知道的管道。所以，要把我們製造的產品／服務的魅力告訴顧客們，並不斷留下能找到我們這裡的路標才行。這裡指的就是網路上。現在，網路公關行銷不是想不想做的問題，已經是為了生存必須要做的事。

在數位時代，大家都站到了同一起跑線上，不管是大組織、小組織、集團還是個人都一樣。對於很難花大錢做宣傳或廣告的小公司、個人來說，網路公關行銷就是機會，是個強而有力的武器。

適合各種內容、各種狀況的網路媒體

人能按照職務或行業更有效地創造出內容；隨著內容的不同，能有效地將內容傳遞出去的網路媒體也有所不同。

以線下營業場所為基礎來經營的咖啡廳、餐廳、補習班等等，只要完成 Google 地圖的「商家登錄」，賣場周遭地區的人就不難找到我們。開發潛在客戶的方法是將賣場周邊地區的顧客設為目標，對他們投放「Facebook 廣

告」。Facebook 廣告會正確地向行銷對象傳遞訊息，在設定目標對象方面十分卓越。舉個例子，若是在經營一家咖啡廳，我們提出以下假說：「住在首爾的二十三歲女大生會喜歡喝我們家的咖啡。」透過 Facebook 廣告，我們可以設定成「地點是首爾，年齡是二十三歲，性別是女性，興趣是咖啡，大學生」，把訊息傳遞出去後就能見到人們的反應。

重要的是要讓光顧賣場的顧客成為會回訪的常客，為此可透過社群／社團功能進行持續管理以及推動光顧賣場的集點活動。甚至在網路上就可以進行購買、訂購、預定／預約，其扮演著行動版官方網站的角色，可以進行一對一聊天，與顧客溝通，是一個方便將資訊傳遞給既有顧客的管道。除此之外，也要不斷製作可以透過如 Instagram 或 Facebook 等社群網站的帳號分享出去的資訊和日常內容，並讓顧客成為朋友，這些過程也是不可或缺的。

或是開設並經營一個像是網路商城的官方網站，方便大眾能仔細瀏覽產品或服務的資訊。官方網站是由產品展示、諮詢與購買同時組成的網路線上營業場所。規劃官方網站時，為了讓顧客能輕鬆獲取他們想要的資訊，在產品說明的部分要多費點心思才行。不光只是放上漂漂亮亮的照片或影片，而是要放入產品和服務的使用說明、價值說明，把訊息資料安排成符合視覺的排版，也放入顧客的回饋，好讓其他顧客也能看見，最好也要具備顧客能即時諮詢的系統。後續還可以針對曾訪問過官方網站的人進行吸引他們回訪的「再行銷廣告」，或是透過經營社群網站來提高知名度。

以人為重的保險、中古車買賣、婚禮、不動產等等這些產業，他們一定會「經營社群網站個人帳號」，因為社群網站就等於是官方網站。顧客在上面看到商家的業績、成果與其他顧客的回饋等等之後，就會主動申請諮詢並完成購買。還有一個藉由展現自己的專業度來提升信賴度的好方法，那就是開設一個 YouTube 頻道，定期更新相關的資訊，和潛在顧客進行交流。

新顧客以「搜尋」、既有顧客則以「訂閱」為基礎來接近消費者

在網路公關行銷活動當中，策略會隨著重點目標對象是誰而改變。

把目標定為獲取新顧客 —— 第一次接觸我的產品／服務的新顧客 —— 時，要讓他們可以很容易找到我，為此要以「搜尋」為基礎，規劃一連串的策略才行。可以架設官方網站或部落格，想辦法讓這些更容易在入口網站上曝光。尤其，要在最具代表的入口網站的「Google」上有實際曝光成效，所以要好好想一下，到底要透過什麼關鍵字、製作出什麼內容，曝光在哪個 Google 的領域中。

另一方面，已經認識我，也購買過我的產品或服務的既有顧客，對他們的行銷則要利用以「訂閱」為基礎來進行。要在適當的時機透過部落格、Facebook、Instagram、YouTube、電子郵件等平台，持續保持溝通也加深親密感，藉此讓對方成為粉絲。

當你處於剛開始做生意的階段，也就是得讓新顧客知道產品或服務的那個時候，必須專注在如何能在如 Google 的入口網站中曝光；到了開始增加既有顧客的中期與之上的階段，則要透過 Facebook、Instagram 和 YouTube 等社群網站和影片平台媒體，持續地進行管理，也要不斷與顧客溝通。

美國著名作家海明威曾說：「現在不是去想缺少什麼的時候，該想一想憑現有的東西你能做什麼。」好，帶著已有的內容，各位會從哪裡開始著手去做呢？

需要找網路公關行銷代理商嗎？

「我自己來做嗎？還是找代理商呢？」

就以資深網路公關行銷人員的建議來給予回覆，那就是「開始的階段一定要由自己來做」。網路公關行銷是需要設定目標，而且在每個實行階段中也都需要策略。越是在這部分花時間和精力去做，就越能看到其成效，還有越了解自己的宣傳對象，越對他們抱有情感，在執行時也才能發揮更好的效果。自己要先在某種程度上熟悉大框架，再來定下行銷的方向、建立策略，這樣就算把後續委託代理商做，也能好好地給予指使。因為了解網路生態就等於是探索在未來的商業環境中適用於公司宣傳的利器，所以這太值得我們花時間和精力去了解了。

很會做網路公關行銷的人，是否都有某些特質？

可以把網路宣傳、社群網站管理做得很好的人，有什麼樣的公關特質呢？事實上，擁有「好奇心」和「關心」在網路世界裡就是個優點，因為這些特質能使人即使面對網路宣傳急遽變化的環境、出現許多各式各樣的平台時，也不會感到負擔，而是會從中找到樂趣，也會在短時間內就熟悉使用方式。其實網路宣傳跟線下交朋友、招集粉絲的過程是一樣的。就是要時常與彼此見面、一起聊聊有趣的話題，並表達自己的真心。用走捷徑的方式，一次性地增加追蹤人數、訪問人數，或是利用刺激性素材來做的噪音行銷，是無法在網路上取得長久成功的。要掌握潛在顧客和目標顧客的性向和特質，然後找出能與他們持續保持溝通的方法。要透過各式各樣的內容將產品／服務相關的資訊傳遞給顧客，要與顧客分享彼此的日常生活，也要企劃能吸引顧客參與的活動。為了能在做這一連串的事情時，不讓自己感到疲累，甚至還能一直做得好，就會需要好奇心與關心的特質。

了解網路公關行銷的生態，再尋找適合公司的代理

有很多人覺得「專業的事就是要交給專業人士」而依賴網路代理商，不過，代理商並非萬能。而且，從企劃階段就願意花時間去理解我們組織，對展望有所認知，然後為我們建立公關行銷策略甚至是執行，事實上，根本不太容易會遇到願意這麼做的代理商。就算遇到了，那費用也是相當可觀。

我們縱使還沒辦法全盤、透徹地了解所有跟網路公關行銷有關的一切，還是可以先照著已經學過的方法和理論來執行！要試著親自經營社群網站，同時仔細留意跟公司產品／服務領域相似的業者是怎麼做網路公關行銷的，同時也要熟悉市場趨勢。

參考其他人的例子時，該注意的一點，就是不該無條件地跟著盛行的網路公關行銷去做，因為那絕對不是最好的方法。正值熱門趨勢的那些方法不可能百分百符合我們的狀況。按照我們對目標顧客的分析、對我們所擁有的內容設計、選擇適合內容的平台，網路公關行銷就有成千上萬個方法與面貌。

只要在入口網站上完成商家登錄，就一定會接到網路代理商的電話聯絡。通常他們打來不是說「可以幫你們增加部落格曝光率」，就是說「如果和我們簽下六個月的超連結廣告，並一次繳清費用，就再給一些優惠，也幫

你們增加關鍵字曝光率」。聽著他們開出一個月只要韓幣幾萬元的價格，感覺很便宜，就有可能會直接簽約。不過，那樣盲目地開始做的廣告，其實也不太會影響到銷售的提升。按照代理商的提案，花大錢來做關鍵字廣告、提高部落格曝光率，使其在搜尋引擎結果排上前端，也嘗試經營體驗團等等，但結果也無法令人滿意。事實上，網路公關行銷的成效會取決於自己掌握的程度。

一般來說，廣告代理商接到委託後，就會撰寫提案書，並經過商討後執行，最後會交出結果報告。在這裡，如果這是一間頗具規模的公關行銷公司，通常會把執行的部分交給代操公司來做。而代操公司又可能會交給外包公司，或是把事情交給被稱作「行銷實際工作者、執行者」的自由業者、一人公司來做。除了官方的正式廣告之外，執行非官方的廣告，像是增加部落格曝光率並提升排名、提高增加曝光率、幫忙增加 Instagram 的追蹤人數、大量發布 Facebook 貼文、相關搜尋字自動完成等等，這種實際用各式各樣的方式執行「不像廣告的廣告」的人，就被稱作「實際工作者」、「執行者」。

在這樣的生態裡，假如明明只花了韓幣一千萬元和一間叫 A 的行銷公司簽約，但在經過行銷代理商、代操公司以及實際工作者之後，這份廣告契約就有可能直接貴個兩、三倍。而這樣的事情發生不止一兩次。

若想用比較低的費用來做網路公關行銷，那麼就直接去找實際工作者，委託他工作。實際工作者通常以自由業者、一人公司的形式居多，這些人聚集最多的地方就是人力外包網站。在人力外包網站中直接找實際工作者時，最基本的標準就是費用要便宜、評價要好，還有回覆的速度要快。儘量是別和一名工作者以一大筆費用維持長時間的交易，建議是花小額的費用，和多名工作者、透過各式各樣的方法來做廣告。

與網路代理商共事時該確認的事項

◎行銷的主導權在我身上 —— 向代理商說明策略

「請以韓幣五百萬元的價格來幫我們做廣告」，這種委託的說法是不行的。「我們公司的目標是○○○○，為此我們想做這些那些行銷，請問初估報價多少，能達到什麼效果，有沒有類似的實例？」這樣才對。不要因為是專業的代理商，就無條件交給他們做，在執行之前，應針對目的和營運內容等充分討論後再進行。所有過程的主導權都要由我確實掌握才行。跟代理商談事情時，要搞清楚狀況，那場合不是在「諮詢」，而是在接收代理商「匯報」他們會如何執行我公司的策略。

◎找可以多樣化曝光的代理商

選擇廣告方式或平台時，不是「無條件多」就好，而是要找出一個潛在顧客最常出沒的地方後用心經營。不是只要讓官方網站的訪問量、追蹤人數增加就好了，而是要懂得把這些統統轉換成銷售。意即代理商要能理解消費者的購物門路，並照門路在各種平台上為我曝光。

不同的代理商，按照其專業，都有比較擅長處理的產品／服務。擅長的領域可能都不同，像有些公司很會做搜尋廣告，有些公司很會做行動裝置的廣告，而有些公司則擅長做病毒式廣告。別選只是說「一定幫你們增加曝光率」如此簡單提案的公司，應該要挑已經制定好策略，也對我們這行業有所理解及具有成功經驗的代理商。

◎關注在實際廣告費轉換為銷售額的效益

在做網路公關行銷時，最先入眼的就是搜尋引擎的結果排名到最前端、官方網站的流量增加、Instagram 或 Facebook 訪問人數增加等等。如果做橫幅廣告之類的，就能在短時間內大量提高網站流量，但仔細觀察後就會發現，用戶停留時間也不過才兩三秒而已，不太會轉換為購買。代理商要能提出讓部落格排名大幅往前、做過的關鍵字廣告等等的成功數值案例並做些分析，那麼才會是一間好的代理商。

舉例來說，有一家透過自家官方網站來販售蘋果的業者，假設他們舉辦了一場「秋天摘蘋果活動」，找來部落客參加，並請他寫了一篇體驗文。透過官方網站和部落格，在接下來的一個月當中，就出現新的五百位造訪，這當中若實際成功賣出十件，那麼就可以計算出為了賣出一件物品到底花了多少的廣告費。不要只是滿足於訪客的大量增加，看看實際費用和銷售額的比重，判斷其轉換效益到什麼程度，再決定之後是要繼續進行，還是換其他方法來做。為了能做好這判斷，就得先判斷出代理商是否毫不隱瞞地提供客觀資料。

◎事前就要求提交報告行程表

將某件事找人代理時，委託人覺得「不知道代理商在做些什麼事，好鬱悶喔！」代理商卻認為：「沒辦法把所有事都告訴委託人，而且還越線、干涉我們做事。」難免會產生這些碰撞。網路公關行銷也會有這種狀況。所以，事前就將要在何時用何種方式報告業務執行的部分決定好。也提早定下會作為業績判斷基準的指標。

如果想確實看見行銷成效，就得持續找代理商追問情況。當初說要執行的業務現在進行得如何、這些事的成效如何、顧客的反應如何，不斷詢問他們，也要在彼此已經約好的日子盯緊著對方進行報告。藉此讓代理商能持續關心且放在心上，也能透過被問的事再次好好檢視關於客戶的一切。

◎選好代理商之前，先比較看看不同公司之間的費用！

不同的網路代理商，價格之所以會不同，是因為提供的服務品質和業務程序都不一樣的關係。「不存在便宜卻很好的廣告，但是有性價比不錯的廣告。」當代理商給出太便宜的報價時，最好保持懷疑的態度。但不是比較貴就是好的。會貴的原因是，他們無法自己消化所有事，所以會找人外包，多了這中間的利益關係，以致於價格會那麼高。廣告費用務必親自好好比較才行。

◎事先搜尋代理商是如何幫自己打廣告的

要先查詢網路公關行銷代理商是如何幫他們打廣告的！明明對客戶說官方網站很重要，但他們自己連一個像樣的官方網站都沒有，那……？到入口網站上，搜尋他們的網路公關行銷、社群網路行銷、病毒式行銷等等，如果並沒有什麼曝光率，那就代表他們不值得信任。做網路公關行銷就是要不知不覺滲透到使用者們身邊，但連他們自己事業的網路公關行銷都做不好，那通常不是有問題，就是才剛出來沒多久的新公司，或是個人工作者。

若想透過網路公關行銷獲得銷售上升的效果，那麼就得形成確實的連結，包含了選對目標、凸顯擁有的項目優點、選擇適合我事業的平台、廣告的型式、與公司網站聯繫性等等。若缺少這過程，即使找好一家代理商來打廣告，也不保證一定會成功。不管怎麼樣，自己都得先理解網路生態，然後帶著好奇心和關心持續去探索最適合我事業的網路管道才行。而在網路裡，就是知道得越多，賺得越多。

/ column /

網路公關行銷新手必知的 11 個術語！

◆ Abusing：濫用

帶有誤用、亂用、弊害的意思，入口網站或媒體有意地為了增加點擊次數而動手腳的行為、以不正當的方式增加流量，藉此提高利潤之行為。利用機器人（Bot）、電腦創造虛假流量是目前最普遍的詐欺手法。

◆ Bounce Rate：跳出率

消費者訪問官方網站，只瀏覽一個頁面後離開的比率，稱為跳出率或跳離率。意即在網頁裡沒有任何互動就跳出的比率。舉例來說，消費者看見連身裙的廣告後點擊進到某個購物網站，但消費者卻瀏覽其他產品，或是根本沒有註冊會員就直接離開。（跳出率＝跳離次數／訪問次數×100%）

◆ CPC（Cost Per Click）：單次點擊的成本

此為計算廣告費的其中一種方法，跟廣告曝光率無關，每當有人點擊一次廣告，就會算一次費用。這算是一種關鍵字廣告，當使用者進行搜尋時，就會和結果一起顯示類似內容的橫幅廣告或連結。舉例來說，若有人搜尋「手錶」一詞，網頁上就會跳出與那有關的產品的橫幅廣告。也就是說，這行銷的方式不是直接曝光在使用者面前，還有，費用會從使用者透過點擊次數的參與而產生。常見於網頁廣告，利用這方式投放廣告的平台有 Google AdSense、Naver powerlink 等。

◆ CTR（Click Through Rate）：點擊率

表示使用者看了廣告後點擊多寡機率。平均來看，最低 0.1%、最高 2%而已。點擊率越高，表示廣告曝光在正確的對象面前。（點擊率＝點擊次數／瀏覽次數×100%）

◆ CVR（Conversion Rate）：廣告轉換率

廣告轉換率指的是透過廣告進入網站的訪客做出廣告主期盼的特定行動。這裡的特定行動就是訂閱電子報、下載軟體、註冊會員、加入購物車、購買產品等等。轉換率表示點擊廣告後進入網站的訪客做出特定行動（轉換）的機率。（轉換率＝轉換次數／點擊次數×100%）

◆ DT（Duration Time）：停留時間

代表使用者停留在網站直到離開的時間。停留時間越長，使用者會在網站上採取的行動就越多，會達到期望目標的機率也就越高，因此是和 PV 一起被當作衡量顧客忠誠度的指標。如果停留時間短，就有必要檢視網頁裡哪個部分對使用者沒有吸引力。

◆ Impression：曝光數

所謂曝光，就是廣告展現在顧客眼前的瞬間，是廣告主的產品和顧客的初次見面後形成溝通接觸的瞬間。曝光次數指的是發生曝光的次數，意即曝光在使用者面前的次數。

◆ Landing Page：到達網頁

是按下搜尋引擎廣告文字或橫幅廣告後連到的網頁，進入後第一眼可見的網頁。隨著到達網頁是否符合訪客的目的，就會影響轉換率與跳出率。

◆ PV（Page View）：頁面瀏覽次數

使用者造訪網站時，各單一頁面被瀏覽的次數。留有瀏覽次數最高記錄的頁面就是有人氣的地方，在那裡即可設定廣告欄位的策略。

◆ Reach：觸及率

代表接受曝光的特定廣告或訊息至少一次或以上的人數或比率（%）。即使曝光了好多次，但觸及率也只會計一次。

◆ ROAS（Return On Ads Spending）：廣告投資報酬率

作為測定廣告或行銷效率的指標，代表廣告費用與成果相比所得的值。若花費200萬元，獲得2000萬元的銷售額，經過2000萬元除以200萬元再乘以100的計算後，得出的1,000%就是這則廣告執行的ROAS值。這會是一個能檢視正在推行的行銷活動處於什麼狀況的指標。也能以此為背景，洞察該如何做行銷。（ROAS＝銷售額／廣告費用×100%）

網路行銷成功的祕密

何時開始做網路公關行銷才會有效果呢？為了選在適當的時間點來做，首先要先思考為什麼要做網路公關行銷的「目的」和「目標」。舉例來說，需要吸引人投資、在公開全新產品和服務之前、銷售額處於停滯和沒有增加的狀態，或是過去一直做的廣告沒有效果時，就會自然而然地感受到需要設定一個全新或重整網路公關行銷計畫的必要。即使是在產品／服務實際上市的前一刻，若有明確的概念，招募初期使用者，或是以社群網站訪客為對象定出宣傳計畫後執行，都是很有效的。可以藉此提升人們的期待值，也可以讓人在上市以後也持續關注，並且有正面的成果。

而針對初期使用者，將他們的回饋作為參考依據，快速又持續地更新服務，這樣說不定就能打造出熱情、黏著度較高的社群粉絲。就像這樣，要積極地為公關行銷的時機點創造機會，而當機會來臨時，就應該透過有效地運用資源來打造結果。

藉由設定具體目標、漸進性地投入行銷費用來降低風險

要定下明確、數據化的目標，而非抽象目標，這樣才會提高執行力。舉個例子，與其將目標定為「銷售額倍增」，不如定出像是「兩個月內擁有 1,000 個社群鐵粉」的這種目標。

制定費用也是設定目標時重要的事項。一般來說，行銷的費用會抓銷售額的 5% 至 10%左右，但如果是初次嘗試網路公關行銷，保險的做法就是儘

可能壓低投入資金以降低風險。最剛開始的一至三個月期間，先帶著實驗精神拿最少的費用在多媒體中執行看看，然後就可以選擇適合我們公司的廣告媒體，並衡量其費用。也要了解官方網站和社群網站的訪客是否採取廣告執行者期盼的行動，像是購買產品、加入會員、訂閱電子報、下載、電話諮詢、造訪實體賣場等，計算訪客們行動的機率，也就是要計算轉換率，藉此好好分析廣告費與廣告方法。調查市場中自己所屬行業或相似領域的廣告費行情如何，這也有助於制定出適當的行銷費用。經過累積這些內、外部的數據後進行分析，就能確認網路公關行銷的目標是否恰當。

設定目標時應考慮的兩個觀點 —— 短期效果 vs 持續性

決定要做網路宣傳之後，往往都會期待短時間內造訪的用戶、追蹤人數等能倍增、銷售量上升等等。所以會去找代理商，並投注資金和心力。執行網路公關行銷時，若具備卓越的策略，也物盡其用，當然就會有效果；會增加曝光率而提高在入口網站上搜尋引擎排名，也會增加官方網站、公司的Facebook、Instagram、YouTube 頻道訪客。

然而，設定網路公關行銷計畫時，「這項計畫能持續多久」才是重點。意思是，必須去考慮即使不找現在的代理商來做，就算很有能力的行銷人辭職離開，是否還能讓現在的效果持續維持下去。網路公關行銷要有能讓銷售短時間內倍增的「立即性」策略，但同時也要有持續確保穩定銷售的「緩慢行銷」策略。意即有必要讓基本的行銷策略系統化，使其屹立不搖。

要查看官方網站是否好好運作，也要查看我們公司社群媒體現在運作得如何，並且針對其所擁有的內容是否具備競爭力，必須好好地從根本上檢視才行。不顧一切付費打廣告，或是即興地發起網路活動，這樣是無法持續地吸引顧客上門。為了讓事業有所成長，就必須要增加新顧客，儘量減少顧客的流失。

在網路上可以利用像 Google 分析等入口網路分析服務，來分析造訪官方網站或社群網路平台顧客的性別、造訪路徑、停留時間、轉換率等項目。而另一方面，要掌握回購人數大概是多少。至於那些曾造訪或購買一次之後卻不再造訪或購買的顧客傾向，相對來說是不太容易掌握的，因此一般這部分會直接忽略。

舉例來說，上個月有 100 位新訪客和 100 位回購的人，假設本月份為了吸引新訪客發起活動，然後新增了 200 位新訪客，而回購的人有 50 位。雖然整體看來，訪客比上個月還要多，但仔細一看就會發現，竟然有 50 位顧客流失，回購率很明顯降低了。這可能代表了顧客對新商品的滿意度不怎麼高，因此，必須檢視是不是因為在商品說明中缺了商品圖片，或是最近和既有顧客的溝通交流變少，以致於在維持親密感這方面失敗了等等，如此好好分析數字背後的意義。對該事業具有高度理解和情感的「組織內部」一定能正確地判讀出其意義，而且可以做得相當好。而這就是為什麼要由我們親自做網路行銷，而不找代理商來做的原因。

應該儘可能地讓網路公關行銷系統化，如此一來，即使代理商或行銷人員有什麼變故，也能持續運作下去。提早企劃並定出每個禮拜、每個月以及每個季度該推行的活動，然後每次活動後要計算轉換率，而調整下一次活動進行，這些都該好好系統化才行。

為了提高網路公關行銷的持續性，在設定行銷目標時，最好定為「穩定的銷售」，而不是「銷售極大化」，不能過度依賴代理商或有能力的行銷人員。只能透過外部機關來經營的官方網站、很簡便的社群網站廣告、會花很多費用的網路活動、還有開設各式各樣的網路媒體，卻只靠外部機關運作的八爪章魚般網路平台的經營……，雖然能發揮一時的效果沒錯，但如果有發生變動狀況，便會無法運作下去，反而還會引起負面效果。

相較之下，公司應該要設定「符合自己的網路公關行銷策略」，這才是高明的方法。

成功的網路公關行銷就是要持之以恆地執行

「事業之所以能獲得成功，比起想出來的點子，更是因為『執行力』。」

韓國外送 App 業者「外賣的民族（Baedal Minjok）」是由優雅兄弟公司（Woowa Brothers Corp.）所經營，其創辦人金逢進（音譯）針對事業的核心，說：「所謂的事業，一開始是由一個小點子出發，但能把這點子化為實體的終究是執行。」若要定出符合我們公司的行銷目標、計畫與費用，不該光是在桌上計畫、製作資料而已，應該要培養「執行力」才對。比起在腦海中有所認知 Knowing，實際往前推動 Doing 是更重要的。再怎麼優秀的計畫，若不執行，就什麼也無法成就。

網路公關行銷並非一朝一夕就能完成，是有階段性的，也需要時間。所以，就從此時此刻把可以做的事情一個個地好好實踐。別執著於短期的結果，而是專注在此時該要開始去做的事情！

用大數據了解顧客和市場

「做事業」代表了許多做決定與判斷的過程。像是我們的目標顧客是誰，該從哪裡尋找他們，他們喜歡的是什麼，決定產品／服務的開發方向為何，是否適合擴張事業領域，還是縮小事業規模並降低費用比較好，有諸如此類大大小小的決定事項。一人公司、自由業者，甚至是準備創業的人都是如此。

小公司更需具備靈活運用大數據的能力

每當面臨需要做決定的時刻，我們最先仰賴的就是過去累積的經驗與訣竅。然而，碰見以往不曾經歷、新領域的事情時，如何快速獲取能為判斷撐腰的數據是個重要關鍵，此時就會需要大數據的幫忙。許多大數據專家異口同聲地說，越是規模小的公司，大數據就越有用。大數據能客觀地了解市場和顧客，有時還會分析出不同於以往既有經驗的結果，提供新的觀點。就算是憑 CEO 的經驗和直覺來做決定，但若能先經過大數據的確認，這樣就能更充滿自信且合理地做出判斷。

我們不會不知道在建立網路公關行銷方面，大數據或統計所發揮的力量有多大，只是因為不懂該如何獲取那些資訊來運用而感到茫然。即使去搜尋大數據諮詢業者，看了他們的服務內容後也只會覺得困惑，諮詢費用也很有負擔。因此在國內商業環境裡，雖然大家都認知到大數據的重要性與必要性，但實際的應用並不多。

根據韓國資訊化振興院（譯註：2020 年更名為韓國智慧資訊社會振興院，National Information Society Agency）在「2017 年依企業規模之大數據服務的使用率」調查顯示，會運用大數據在事業裡的企業也不過才 7.5%。即使針對銷售額超過韓幣一千億元的企業為對象做調查，大數據的導入率也只有 13.8%。

幸好，大數據的運用方法開始變得越來越簡單又方便。這裡要跟大家分享不論小公司、新創公司、一人公司或是個人，在準備創業到開展經營的所有過程中，都可以拿來做參考的以大數據為寶庫的例子。

/ column /

將大數據資訊、洞察力接枝在經營之上，進而獲得成功的事例

◆ 1、大學生資訊 App —— Campung

這是一款由 K 公司經營，提供就業資訊、產品販售、社群服務給大學生的 App，而其應用的新式收益模式與社群方案都是從大數據中找尋到的。當時，公司既有的主力產品皆進入到成熟階段，因此必須找一個適合發展的嶄新事業領域，他們苦惱於「時尚和美妝這兩個項目中，該選擇哪種類別專注地做，並開發適合的收益模式」。K 公司經過了分析大數據後，發現面對化妝品折扣的消費者所具有的敏感度水準後感到驚訝；然後他們得出以下結論：若想在頻繁進行化妝品折扣活動時，每次的消費者都具有高敏感度，那麼就代表公司得在品牌管理上投入相對大量的資源。這對當時來說是滿有負擔的一件事，K 公司便接受這樣的意見，決定不要以美妝產業為中心，而是以時尚類別為中心，成功打造一個全新的收益模式。K 公司像這樣透過大數據來做分析，從大學生比較關心的領域中找出公司能負荷的經營範圍內的最棒項目，並且迅速推出新型服裝系列。

◆ 2、線上英文課程的 B 公司

線上英文課程平台的主要顧客是誰呢？大家普遍的觀念是上班族和大學生。不過，大數據結果卻顯示要以全新的顧客來做，而瞄準的對象是國小一年級到四年級的孩子們。因此，線上英文課程的 B 公司，就針對「直升機媽媽」為對象做行銷，成功使銷售額有大幅成長。

◆ 3、H 照明公司

大數據也有助於發掘新顧客。過去曾以 B2B 事業為主的 H 照明公司，因透過大數據而改變目標顧客一舉成功。這企業原本只以建設、建築相關事業主為對象販賣產品，但大數據卻告知一般人也對燈光很感興趣，也顯示了相關證據。他們去探索一般人都在尋找什麼樣的素材、色調、主題的燈光照明，結果顯示的是人們都喜歡找能在像聖誕節、婚禮、白色情人節等特別的日子中使用的燈光。H 公司以此為基礎，從原本的 B2B 市場改到 B2C 的領域市場，並導出能成為一般人口中話題的關鍵字，最終企劃出「能『送禮物』的照明、自帶『訊息』的照明」的產品。

◆ 4、製茶商的 T 公司

原本只是個在國內生產、販賣茶的小型企業，但因為透過大數據分析了北美消費者的產品喜愛度等項目而開發新產品，結果在芝加哥舉辦的世界茶葉博覽會中，成功外銷美金 4 萬元，也在 2018 年簽下一份相當於美金 30 萬的契約。T 公司推行在地化策略，並透過大數據分析出顧客對茶葉的味道、包裝及功效的喜好與不喜好的要素。就像這樣，他們針對主力產品做了社群數據分析，以其結果為基礎建立消費階層、會喝茶的各種要素的行銷概念，這麼做之後就起了很大的作用。

◆ 5、美國甜甜圈連鎖店 krispy kreme Doughnuts

全球甜甜圈品牌 krispy kreme Doughnuts，他們針對自家顧客進行了大數據分析，並得出了預料之外的結果。原以為主要顧客是年輕媽媽或喜歡吃甜食的女性，但結果與推測的不一樣，買回去和同事一起享用的上班族其實才是最大買家。他們就依照這樣的結果舉辦行銷活動，也就是為辦公室同事送甜甜圈外送活動，也因此獲得了極大反響。

專為小公司和個人的大數據開放網站

◎政府資料開放平台

由公家機關所提供開放數據的綜合窗口，其中的開放數據都是由公家機關生產或取得後進行管理。為了讓所有人都能簡便使用開放數據，以檔案數據、開放 API、視覺化等各種方式提供。該網站充滿著各種實例合集資料，像是「新創企業使用開放數據的優秀實例合集」與「小工商業者商權資訊、商家業者數據」等。

◎韓國小工商業者市場振興公署

韓國為了小工商業者的養成，也為了促進傳統市場、商圈的支援與商權，而設立的準政府機關。該網站上熱門的資料為藉由商權資訊系統來分析商權、分析競爭、分析地理位置、分析收益，這方面的大數據相當豐富。台灣可由經濟部商業司查詢。

◎臺北大數據中心（TUIC）

針對中小企業、研究機關及個人為對象，名符其實的大數據綜合中心。招集欲運用大數據的中小企業並給予支援，還有，可以提供大數據的教育與資料給新創公司與個人。其中有項服務為大數據分析運用中心，針對那些對大數據感興趣，卻因負擔不起高額的系統，導致無法分析／運用的個人、公司和研究所，會進行大數據分析系統安裝與運用的教育訓練，有時也會給予支援讓人能在一段特定時間內使用系統。

◎各家媒體的大數據分析

你知道正確又有信任度的新聞報導，也可以拿來當作大數據使用和運用嗎？媒體業者以既有的新聞為資料基礎所構成的大數據服務。只要是出現在新聞中與關鍵字有關的人物、場所、組織、話題趨勢與關係網等，都能一次輕鬆幫忙分析。

從平台蒐集大數據：獲取消費趨勢與顧客購物模式！

◎各家平台供應商的 Data Hub 資料中樞架構

把各式各樣的大數據聚集起來將數據精挑細選後分析。舉例來說，假設打算要在台北市信義區開一家麵包店，就要掌握那地區的消費模式、年齡層、性別等才對，在這裡就能獲得相關的資訊。可以將大數據下載成 Excel 檔案，經過編輯，製成自己所需的資料，此外，裡面尚有許多資訊視覺化的圖表、圖解，為的是更清楚看懂大數據，這些在撰寫提案書或是整理資料時都十分有用。電影院的使用趨勢、新北市電話叫車的通話量、跟大學入學考試有關……各種五花八門有趣的大數據皆以圖表的方式提供。

◎Naver 入口網站的 data lab 數據實驗室

由 Naver 經營的大數據入口，藉由搜尋詞趨勢、洞察購物行為、地區統計等，讓自營業者、事業主可以獲取關於自己所屬行業與營業場所的有用資訊，若要按照季度安排適合的事業策略，或是更換事業項目時，都能輕而易舉地探索到所需資訊。這裡還可以另外蒐集搜尋詞中與「購物」相關的大數據，並顯示熱門關鍵字，連搜尋量的變化也能用排名、圖表的方式展現出來。因為有與 BC 卡合作，所以這裡也提供依各行業、各地區統計了卡片使用量，而這些資料大大幫助了事業主對目標顧客的精準廣告投放。

◎Google 搜尋趨勢

用一句話來說，就是「全世界的資訊、統計話題統統都蒐集在這裡」的網站，對於探索全球消費模式及海外市場方面，都能獲取有用的資訊。

用大數據帶你讀懂社群網站世界的「情感」

◎社會指標分析：Daumsoft Social Metrics

由韓國 Daumsoft 軟體中心製作的免費與收費的大數據，將社群網站的趨勢化為數值後提供出來，因網站中還包含了「文本情感分析」的功能而備受矚目。從關聯搜尋詞與聲量之變化，一直到針對政策的市民反應、消費者反應、正面／負面反應之變化等等的資訊，都可以免費獲取。可以確認到近期化為網路最夯話題的即時趨勢關鍵字、話題新聞以及熱門主題標籤，在 SomeTrend ANALYSIS 網站裡，可以藉由搜尋關鍵字的聲量變化、關聯詞、文本情感分析等方式，掌握社群網站上大眾的反應。如果是在經營社群網站或是正在考慮要在社群網站辦活動或發布內容等，在這裡就能找到評估該如何建立策略的資訊。

◎社交指數分析：ODPia

由 LG CNS 提供給一般人簡便搜尋的開放數據，網站中設有能將開放數據與社群數據進行相關分析的功能。將論壇、部落格以及像社群網站的社群媒體上提及的各個主題詞彙，依據不同的生活方式來提供測定的數據。將許多人生產與記錄的大量社群流行數據蒐集起來，並歸類到能予以分析的對象來處理；為了讓人容易認知，將資訊視覺化與統計化，也提供社交指數。

可以透過企業社交指數，一眼就明白企業正處於急速上升還是急速下降。而在這裡就能直觀地評估這複合式商業環境的變化與演變。

◎流行趨勢分析：TIBUZZ

此為社群分析平台，蒐集了像是 Instagram、Facebook、部落格、推特等的社群網站平台、粉絲俱樂部／論壇、傳媒與 YouTube 等網路上的所有數據後提供洞察。

藉由 TIBUZZ 提供的監測、洞察、社群排名等服務可以了解趨勢現況，也可以發掘新趨勢，並掌握業界動向與議題。針對社群網站做細微的文本情感分析與關聯詞分析是強項，還額外把 Instagram 拉出來做分析。

◎臉書行銷分析：Bigfoot9

此為 Facebook 行銷分析網站，在這裡可以了解各國 Facebook 內容的反應改變。除了有部分的免費數據外，B2B 收費服務的主要使用者為企業、廣告公司、新聞報社、政府機關。

在免費提供的數據中，就有一個是排名服務，會顯示「今天熱門的粉絲專頁內容」排名，能清楚看到各國熱門的 Facebook 排名，藉此掌握每個國家中經營得成功的 Facebook 行銷活動事例、企業的 Facebook 動向等。而其中最大的特色就是可以透析出競爭對手的粉絲專頁經營成果。

◎IG 趨勢研究分析 StarTag

因 Instagram 的人氣上漲，而提供幫忙分析主題標籤指標的服務。可以知道什麼樣的主題標籤會引起使用者反應，可以了解該主題標籤貼文生產的多寡，也可以了解現正以什麼樣的趨勢在成長。在內容的企劃階段，若是決定要使用能引起消費者注意力的主題標籤時，StarTag 就會很有用。他們每年都會發表「社群網站趨勢研究報告」，統統都是很受用的資訊。

◎網路流量分析：Similarweb

帶著比 Google 分析更輕鬆的概念，不需另外登入或成為付費會員，即可觀看數據。進入網站後，就從排名最高的網站統統羅列出來，可以馬上看出熱門網站的動態。如果好奇自己的網站資訊，可以到標誌旁的搜尋欄上輸入網域名稱，就可確認自己公司官方網站的基本資料、在全國／韓國的網站排名以及各類別排名。其他像是六個月中的訪問量、平均停留在網站的時間、各頁的訪問量與跳離率等資訊也均可確認。還有，也能分析競爭對手、相似業者的企業網站。只要輸入 URL 或應用程式名稱，也能掌握競爭企業於網站／行動裝置上的活動內容。

培養大數據的識讀能力，加強運用的能力

現在是不懂數據，就會被列為文盲的時代。反過來說，就是若了解數據，就會看清方向的意思。具備大數據的識讀能力很重要，也就是閱讀大數據後懂得運用的能力。不能只停留在個人經驗，必須懂得如何透過大數據來解讀消費者和市場，這樣才能找到目標顧客，並把剛剛好適合的訊息丟給他們。重點不是數據量，而是要具備洞察力去解釋並察覺那些資料背後的意義並加以運用。

網路公關行銷擬定預算的五大原則

擬定行銷預算是個既困難又敏感的問題。「要在哪個媒體上花多少費用，最後會有什麼結果」，很難為這部分做出準確的預測，找尋相關的資訊也很不容易。不論是網路公關行銷，還是全方位的公關行銷，原則都是一樣的。也就是「沒有既定的規則」。一定都會隨著公司的狀況、行銷目標與執行方式而改變。關鍵是要抓出對我們公司最適合的預算。我們接著看看在構成網路公關行銷預算上的基本原則！

1、如果是小型事業主、新創公司及主攻網路販賣的公司，就提高預算

根據國內外的調查結果，近年來行銷預算裡的網路公關行銷占比越來越高。根據 2019 年 8 月發表的美國行銷長調查，資料顯示，現在整體行銷費用中，網路的占比為 44.3%，這樣看來勢必會在五年內逼近 55%，事實上已經有很多公司的預算比資料顯示得更高。何況，對於具有高度網路敏感性的商業環境來說，實際上的占比就更高了。

尤其是一些公司規模小、新起步的事業，在整體預算中，最好要提高網路公關行銷的分量。如果銷售額中有 10% 以上是來自於網路，那麼把網路公關行銷預算調整至整體行銷的 50% 以上也無妨。

如果要提高產品或服務的知名度，初期的投資是不可或缺的。

2、以廣告＋內容行銷＋網站的維修管理費等，整體預算來構想

一般來說，行銷預算中執行項目依序由網路廣告投放、社群媒體行銷、內容行銷、影音行銷與行銷成果分析所構成。

在分配網路公關行銷費時，通常會將網路廣告費定為 40% 左右。舉例來說，就會抓網路廣告占 40%，社群媒體、內容行銷、搜尋引擎最佳化占 40%，開發／維護行銷的科技占 10%，其他例如電子郵件行銷、行銷教育占 10% 等。當然，按照行業或公司等等的狀況來調整比例即可。

3、把錢花在內容上，而不是投放廣告上

現在投放廣告的占比逐年減少，公關行銷的重心慢慢移往社群媒體行銷、內容行銷或影音平台 YouTube 之類的活動等。因為只要較少的費用也能有明顯的效果，長期來看，對公司或產品的品牌推廣也非常有效果。然而，內容就是最終答案，製作出對潛在顧客有用且具有價值的品質優良內容，以多樣化的方式和他們「連結」吧！

目前針對內容行銷的定義還在以各種觀念進行試驗，並沒有一定的規範。以大框架來看，就是「看起來不像廣告的廣告」的形式。不須硬要讓推銷員親自拜訪顧客、遞出宣傳小冊子，顧客也能先從網路上獲取各式各樣的資訊。事實上，現在是資訊大爆炸時代，根本不需要去聽這些老掉牙的推銷話術，顧客聽了也不會被說服。

內容行銷在 B2B 領域中是一個猛烈的武器。雖然不像廣告那樣直接，數據上也不會在短時間內有效果，但長期來看，卻是能藉由品牌推廣而創造收益的最佳方法。

4、把目標定在「銷售穩定化」，而不是銷售急速上升

判斷網路公關行銷是否有在確實運行、投入的預算是否合宜，在這方面有個比較好的基準，那就是銷售和轉換率。行銷的目標最終都會和銷售牽扯在一起，因此，行銷是持久戰。動員了所有的費用與人力，讓短期的銷售急速上升，但後來卻沒有持續投入同樣的資源，導致銷售額立刻掉落，這種惡性循環是絕不容許發生的。為了穩定的銷售，要讓符合自己且最適合的行銷方法系統化，而且要持續不斷運作下去才行，也就是說要養成網路公關行銷的體質，這很重要。

5、藉由測試來一步步提高性價比

想知道網路行銷是否有好好在推進，還有另一種檢視的方法，那就是分析廣告投資報酬率與廣告轉換率。定期要確認訪客流量有沒有增加以及提高廣告投資報酬率的方法是什麼。

舉例來說，若是百貨公司在初期投放關鍵字搜尋廣告，廣告投資報酬率 ROAS 差不多會達到 200~300%。之後，伴隨著銷售的提高，關鍵字廣告甚至能達 1,000%。只要提高品牌的知名度並好好維持既有會員，即使減少投放關鍵字廣告的狀況下，也還是能不斷增加銷售。若是需要先諮詢的事業，據悉，初期只會增加 1%左右的訪客，而平均 2~3%會進行詢問。

如果照這些行業的基準來看時，不怎麼滿意自己事業的網路廣告執行結果，那麼就應該要分析行銷費用或執行方法，並判斷是該提高還是減少廣告預算。若是滿足於現況，那麼可以增加第二階段的廣告預算。

韓國俗諺「難道吃下第一口就會飽嗎？（譯註：指不論什麼事，不可能一次就滿足。）」這一句在建立網路公關行銷策略方面是非常需要的。網路公關行銷雖然是花錢來做的沒錯，但卻也是無法只單靠錢就做成的。必須攜帶著大藍圖，藉由測試各種方法來找出適合公司的行銷方法。而公關行銷的經驗就是在這些過程中鍛鍊而成的。

安全地與網路廣告簽約的訣竅

以前提到「廣告」，印象中就是以電視、報紙、雜誌與廣播的傳統四大媒體為中心且高收費的產品。但現在，透過網路來投放多樣化的廣告才是大勢所趨。網路廣告跟既有四大媒體的廣告相比，製作起來更簡單，執行的費用也更低，還有一個優點是，可以鎖定目標顧客，以量身打造的方式製作和發布廣告。此外，不是像既有廣告方式那樣單向傳達我們的訊息，而是供給方與需求方之間達成雙向溝通，而且可以不受時間和空間的限制提供無限量的資訊，測量廣告的曝光和銷售效果的方法垂手可得，對做生意來說各方面都很有幫助。所以小公司、小工商業者與人的事業活動上，「執行符合時宜的網路廣告」在事業成長上扮演著重要的營養成分。

了解網路廣告後再開始做

為了不失敗、好好執行網路廣告，需要稍微做點「功課」。入口網站作為一個主要廣告媒體，都會有針對各媒體所執行的廣告種類與計價方式等的詳細說明。雖然在這裡不會一一地把所有廣告產品的部分寫得清楚明白，但還是先熟悉一下大概的脈絡或計價方式，這樣才能以廣告曝光的目的，做出適當的預算執行，同時熟悉網路廣告領域中基本用語。有計算網路廣告的廣告費用指標，例如：廣告曝光給每 1,000 名顧客需支付的「每千次曝光成本 CPM（Cost Per Mile）」；每次消費者點擊廣告，需要支付的「單次點擊的成本 CPC（Cost Per Click）」；顧客購買產品或註冊會員等等，伴隨著顧客

/ column /

不論國內大企業還是中小企業，皆提高了網路廣告的占比

以下為廣告專門雜誌《The PR》針對韓國國內電子、IT、通訊、金融、製藥、餐飲、物流與消費財的部分，以 71 間大企業和中堅企業為對象，調查「2019 年廣告計畫與廣告媒體喜好度」的結果。

2019 年編列最多廣告預算的媒體

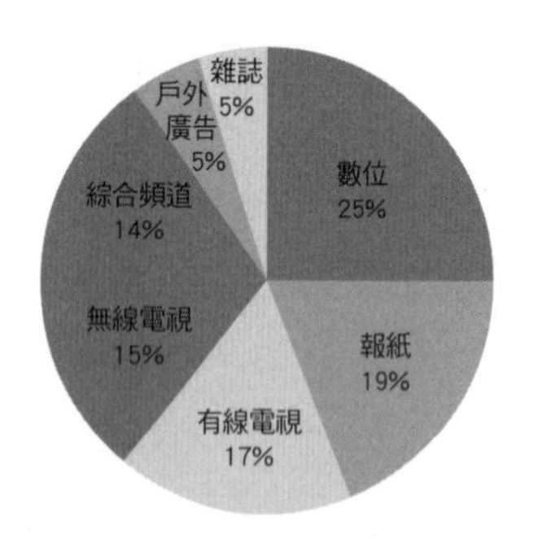

最想減少廣告費的媒體（沒什麼廣告效果的媒體）

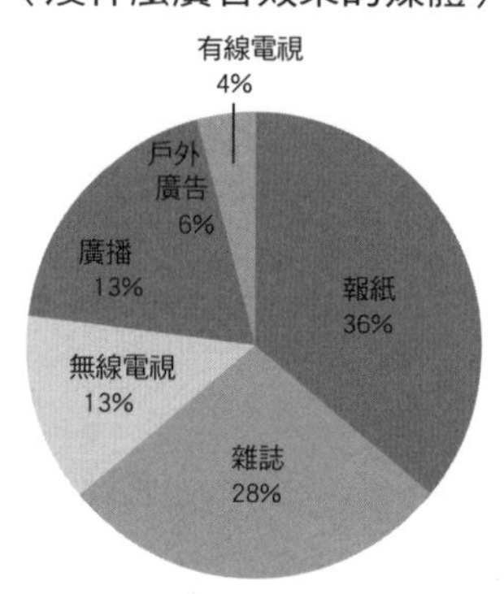

選擇數位媒體的理由：

能與目標族群接觸，同時具有高曝光率。相較於其他的，反應的效率高，也易測定出成果。

想提高廣告費的媒體

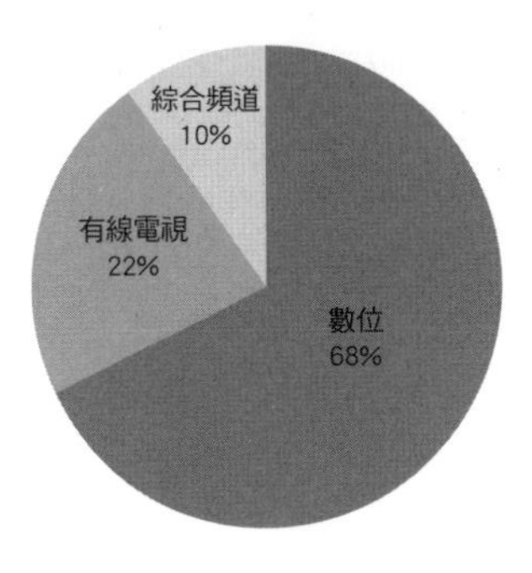

數位廣告中各平台預算執行喜好度

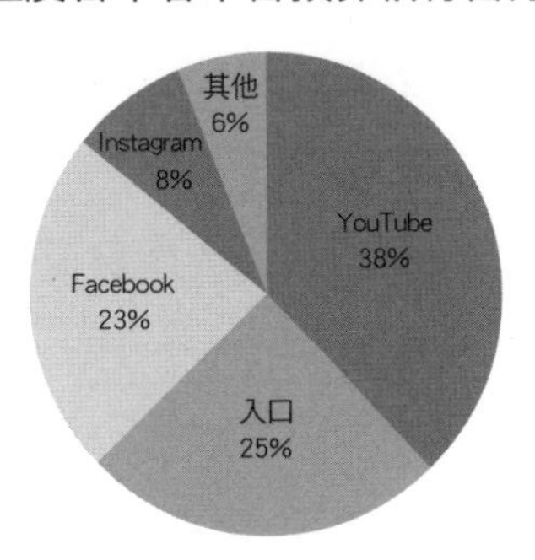

想合作的代理商

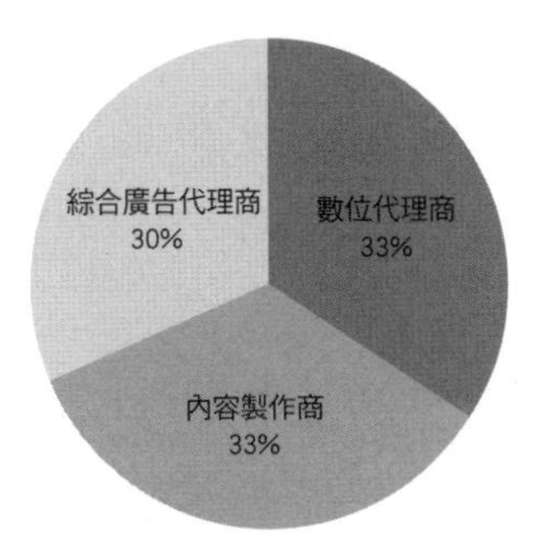

除廣告以外，有在考慮要進行的行銷活動

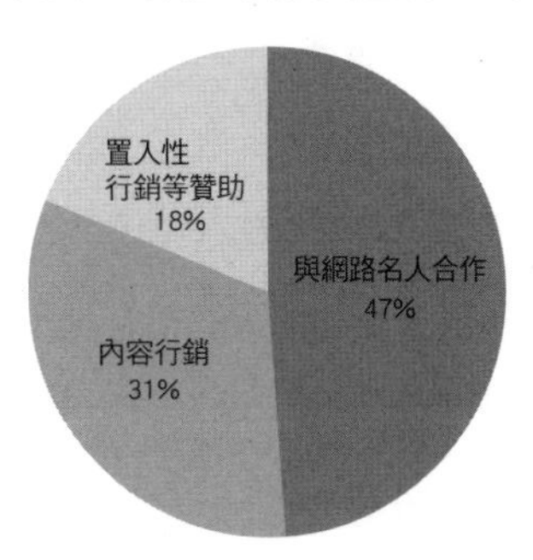

的行動而需支付的「每次完成行動成本 CPA（Cost Per Action）」。

通常網路廣告的投放需要與廣告公司業者通電話聯繫或親自約見面來進行，但事業主也可以直接委託 Google 等廣告業務來進行。即使要找廣告代理商來投放廣告，自己也務必在某種程度上了解廣告這領域，這樣才能建立廣告策略，而且執行時也才不會有所損失。

適合小公司的三種網路廣告類型

若把最普遍會投放的網路廣告類型做分類，可分為三種：關鍵字廣告、曝光型廣告與病毒式行銷（又稱口碑行銷）。

◎關鍵字廣告

「關鍵字廣告」是在入口網站等搜尋網站上輸入關鍵字詞後，畫面上就會曝光相關業者的廣告的形式。優點為業者可以拿著想要的關鍵字去投放相關產品的關鍵字廣告，而且價格較便宜。

計價方式為只有在用戶點擊廣告時，才計算廣告費單次點擊的成本 CPC，且是根據廣告主之間投標後決定價格，計算法為「單次點擊的費用×用戶點擊次數」。

廣告的曝光排名，並不單純只是依廣告費用投標價來左右的，也會隨著廣告的品質而反映。為了讓關鍵字廣告更有效率，最好要從廣告管理系統中確認關鍵字點擊數、關鍵字單價與廣告曝光排名等。

◎曝光型廣告

所謂曝光型廣告，就是將圖或影像作成橫幅掛在頁面的形式（製作 Banner）來投放廣告主的產品，是有明顯視覺效果的廣告。優點為可以在短時間內增加訪客瀏覽，提供可以讓人一目瞭然的產品資訊、圖像或活動等相關資訊。曝光型廣告會根據不同媒體有著各式各樣的類型，而每種產品都有已定的單價。其單價可於各媒體的曝光型廣告網站中進行確認。

橫幅廣告（Banner）是在一個已預設的格式下，使用圖像或影像檔案去呈現的方式，為的是將流量導入公司的官方網站，有分為一般橫幅和網頁橫幅。而一般橫幅其實就是固定版面橫幅，最常使用在入口網站的計價方式為每千次曝光成本 CPM。成效如何呢？以韓國使用率最高的代表入口網站 Naver 來說，在主頁上的橫幅廣告效果是很驚人的，但廣告費也相對昂貴。若是要在 Naver 主頁放上橫幅廣告，光是尖峰時段的 14 至 15 點這一小時，就是韓幣 3,000 萬起跳（約台幣 100 萬）。

換句話說，這時段中進入 Naver 主頁面的次數＝廣告曝光量就有 1,100 萬人次。一小時的廣告費為韓幣 3,000 萬元。韓幣 3,000 萬÷1,100 萬＝ 2.73／次，單次曝光的廣告費為韓幣 2.73 元，是一定會有效果的，但是執行單日廣告所需的金額太高，若沒有那麼多的廣告預算，就無法投放。

網頁橫幅廣告的合作對象則以各家新聞媒體、論壇網站、個人部落格等為主，進行簽約後就可以投放廣告，包含在閱讀報導的過程中曝光的廣告。網頁橫幅的基本價格比一般橫幅便宜，多數的計價方式為單次點擊的成本 CPC。最大的優點是可以針對曾造訪我公司網站的顧客進行二次行銷。

一般橫幅的實際例子

신문 구독률 6.4% '사상 최저'

2019년 '언론수용자 조사' 결과…21년 전 대비 10분의 1수준으로 추락

2019년 한국언론진흥재단 '언론수용자 조사' 결과 신문 구독률이 6.4%로 나타났다. 2017년 9.9%로 처음 두 자릿수가 무너진 뒤 2018년 9.5%에 이어 뚜렷한 하락세다. 1998년 동일조사에서 신문 구독률은 64.5%로, 21년 만에 10분의 1수준으로 지표가 급감했다.

언론재단에 따르면 이번 조사는 '집에서 종이신문을 정기구독하고 있다'는 문항에 응답률로, 2018년부터 가구 가중치를 적용했다. 2018년 통계청 기준 대한민국 가구 수는 약 1998만 가구이며, 6.4%에 해당하는 약 128만 가구에서 종이신문을 구독하는 셈이다. 대한민국 인구는 지난해 통계청 기준 5151만명이며, 평균 가구원 수는 2018년 기준 1가구당 2.4명이다. 모든 가구에서 1명만 종이신문을 본다고 가정하면 약 330만명이 집에서 신문을 보는 셈이다.

ABC협회가 지난해 12월 발표한 총 유료부수는 약 709만부다. ABC협회 인증을 받지 않는 신문사가 극소수라는 점을 감안하면 우리나라 전체 유료부수로 봐도 무리가 없다. 이 중 ABC협회가 밝힌 가구 독자 비율은 약 45%다. 이 비율을 부수로 환산하면 약 319만부가 가구 부수로 들어간다. 현재 ABC협회 부수 공사 결과를 신뢰한다고 가정했을 때 6.4%의 신문 구독률

網頁橫幅的實際例子

◎病毒式行銷、口碑式行銷

所謂病毒式行銷，雖然不是由媒體正式販賣的廣告產品，但就是能讓消費者一傳十、十傳百，如此為產品打廣告的口碑行銷。透過 KOL 為餐廳業配、透過搜尋和社團分享為商品廣告等等，這些都是屬於病毒式行銷的範圍。社群網站廣告也漸漸變得越來越多，常見於進行折價券發放、活動廣告 —— 為我們公司的產品／服務廣告。藉由有趣的內容讓流量導入官方網站時，也會同時透過廣告的執行來提高擴散效果。如果廣告主不太能直接使用病毒式行銷，還有一個方法是找代理商，不過，費用就會隨製作的內容品質而決定，甚至會開出天差地遠的價格，再加上無法保障其結果，這也是最常發生廣告糾紛的所在。

與網路廣告簽訂契約時的檢查重點

小公司、中小企業和自營業者多多少少都接過來自網路廣告的提案電話。因為廣告費比想像中的還要便宜，聽到對方說可以立即幫忙提高官方網站和社群網站的追蹤人數時，是挺令人心動的，但同時也會感到不安。

「他說的都是真的嗎？我不會是被騙了吧？」

中小企業對網路廣告的需求急遽增加，但相對地，受害的狀況也是層出不窮。對此，韓國網路振興院與網路廣告紛爭調節委員會一同製作了「網路廣告契約指南」，在網站 http://ecmc.or.kr/onlinead 上發布相關宣導文章等等，如此致力於減少受害的情形。（見 P.224）

/ column /
簽訂網路廣告契約前，注意事項 Q&A

Q：因為是公家機關、大企業、著名入口網站的官方代理商，所以值得信任？（X）

A：因為有業者會在會議上口頭假冒成大企業、公家機關、著名入口網站的正式代理商，所以必須於各媒體的廣告網站或客服中心進行確認。

Q：對方口頭上說明的部分，即使未寫在合約書上，他們也會遵守？（X）

A：在付款前，就要好好仔細看過書面合約內容，確認有沒有他們口頭說明的那些部分。否則，對方可以以合約中未明示為由不履行。

Q：與對方電話聯繫，但還處在確認合約以前，我可以將信用卡號告訴對方？（X）

A：即使對方說並不會立刻扣款，但若是信任對方就把信用卡號告訴對方，導致已付款，這樣就等於是完成締結契約。「把信用卡卡號告訴對方」這行為本身可能會被視為同意合約，所以務必小心。

Q：以信用卡長期分期的方式付款了，想必取消也會很自由？（X）

A：長期信用卡分期交易是以每個月為單位繳款，就算聽信對方說的可以自由取消而付款，但日後想中途解約，也會因契約未履行等原因而不太能取消。費用就該每月匯款。

Q：合約書的條款以後再讀也無所謂？（X）

A：締結契約時，對方雖然說之後可以解除，但有可能會因為條款上的無法解約的特別條款而引起糾紛，請務必要仔細查看，若有無法理解的部分也一定要詢問。

Q：對方曾說「若沒什麼效果，可以全額退款」，所以可以馬上解約？（X）

A：先看看合約書上有沒有記載相關事項、有沒有解約時違約金條款。日後有可能會以合約內容為由，要求支付過分的違約金。

Q：如果是以月繳管理費的方式來簽約，那麼廣告費的計價方式就不重要？（X）

A：現今主要的入口網站的搜尋廣告皆使用每次點擊來計價，若用月繳管理費的方式締結契約，投入在廣告的金額可能會小於實際支付金額而造成損失。請一定要確認計價方式。

Q：確認過是實質上可行的廣告方式？（X）

A：「關聯搜尋詞與搜尋自動完成功能」、「最熱門的地圖搜尋詞」等等，這些部分的曝光是不可能由人為操作而成，也就是說不太可能有實質上的執行。簽訂契約時謹慎確認吧！

Q：簽約時，對方說可以免費幫我們製作網站，所以不會有費用？（X）

A：在廣告產品簽約時，就算對方說會「免費」幫忙製作網站，但要是合約書中有明示有關網站製作的部分，那這就是同時也簽訂網站的承包合約的意思。因此，若想要在中途解約，就可能會有網站製作費用的問題，務必注意。

Q：確認過不是違法的廣告？（X）

A：如果是以彈出視窗的方式連結到網站的廣告、透過安裝非法應用程式的廣告等等，這些都是違反法律的。要先確認是否有違法之處。

Q：因為透過很有力量的部落格來宣傳，所以宣傳的效果會很大？（X）

A：就算對方說會透過名人部落格來宣傳，但有可能是沒什麼造訪者的部落格。一定要先確認那部落格造訪者（流量）到底有多少，並明示在合約書中。

Q：和入口網站搜尋引擎排名最前端的部落格簽約了？（X）

A：每個媒體的網站都有其訂定的規則來左右排名，所以是無法透過人為操作的。

顯得更吸睛的搜尋引擎優化策略

網路公關行銷中，「能被發掘」這點很重要。搜尋引擎優化 SEO 為 Search Engine Optimization 的縮寫，這是一件為了增加公司內容和官網在入口網站之類的搜尋引擎上曝光率，並顯示於搜尋結果最一開始而做的事。也就是依據各個搜尋引擎開出「好的網站條件」，針對那些要求來進行篩選及優化。搜尋引擎的流量比社群媒體多達 300 倍以上，而且國外基本上都使用 Google 搜尋引擎，因此，如果有準備要進軍國外市場，或是要做 B2B、IT 系列事業的人，請務必多花點心思在搜尋引擎優化上。

所有公關行銷人的目標，就是推出產品和服務後提高流量和銷售，在這裡，優化就是一個為了達成這目標的方法。若與其他行銷手法做比較，就會發現優化更能實際感受到其效果，雖然關鍵字廣告是需要持續地支付廣告費才會達到曝光效果，但只要建構搜尋引擎優化，反而就不再需要支付廣告費，同時還能維持效益。

搜尋引擎優化的目的不僅止於為了增加造訪網站的流量而已。不管在入口網站的哪裡，都能看見我們公司名稱、產品名稱、服務名稱，如此持續建構出好的品牌形象，這才是真正的搜尋引擎優化。

對於剛起步的行銷人來說，要具備搜尋引擎優化方面的技術能力可能有難度。這種時候就必須雇用專家來操作，透過他架設新的官方網站，或是幫既有網站改版的同時套用優化的技術。然而，搜尋引擎優化策略的核心，並不只在於技術條件，而是要創造出足以爬上搜尋引擎的排名最前端的好內容才是更重要。關鍵在於如何透過搜尋引擎把好的內容傳達給目標消費者。

搜尋引擎優化大致上分為創造品質優良的內容以及尋找好的關鍵字。由於這兩點在搜尋引擎優化以外，還能使用在像是電子郵件廣告、影片製作腳本等各種公關行銷上，所以是非常有價值的。

搜尋引擎優化策略

◎搜尋引擎優化的基本為「好的內容」

這裡提到的「好的內容」，當然就是要找出熱門關鍵字後讓它容易被搜尋到，與此同時，它是能幫助到目標顧客並提供資訊，也是能藉此展現我們品牌核心價值的事物。所以，不應該只是以技術的方式、一次性地提高網站流量，而是要實際理解我的產品／服務，並招攬真的會進行購買的消費者才對。用戶造訪了網站，要是沒什麼可看的或資訊太貧乏，用戶就會馬上離開。創造好的內容並持續不斷上傳，這就是網路公關行銷的慣例。

◎選定好的關鍵字

要把常被搜尋的關鍵字用在內容中，以增加內容在搜尋入口網站上的曝光率。可透過像是入口網站搜尋趨勢等的大數據網站來掌握那些常被搜尋的關鍵字。在 Google 搜尋趨勢上，可以看到全世界包含國內的使用者搜尋的關鍵字資料，若搜尋頻率最高就顯示 100，一半則顯示 50 等等，如此把各種資料顯示為數值，因此可以掌握使用者們的關注程度。

◎建立網址連結

網址連結為在外部網站中刊登自己公司的網站網址，進而提高點擊流量的方法。可以在值得信任的網站上連結自己公司官網來提高流量，既簡便又有效的方法就是在發表新聞稿時，順便把公司的網址也一起刊登上去。通常在公司推出新產品、得獎或是辦活動時，會在適合的媒體發布新聞稿，此時就可以在新聞稿中增加一行寫上網站連結。然後，在新聞報導出來的同時網址也就曝光，這麼一來網站的訪問量就會隨讀者點擊連結的動作而提高。

◎網站 URL 優化

搜尋引擎是讓人可以在網路上更輕易地找到資料的軟體。搜尋引擎會到處在各網站巡迴來蒐集資料，這巡迴系統就被稱作「網路蜘蛛」。為了讓「網路蜘蛛」能容易找上我們網站並蒐集數據，其中一個方法為 URL 網址優化，就是讓 URL 關鍵字的閱讀變得簡單。最好是把原本像暗號一樣幾乎沒人看得懂的單字、過於冗長的 URL，變成對用戶有親和力的。舉例來說，假設賣嬰兒用品的網站 URL 原本是「684/x2/175837958a.html」，這樣根本記不起來，也很難多做使用。不過，可以換成「car-seat-for-new-born-baby」這樣明確又單純的 URL。

◎分享在社群媒體上

此為網站連結社群媒體平台而能同時觀看的方式。也就是讓內容直接在我們所保有的媒體 —— 社群網站上流通。在社群媒體上發表能吸引潛在顧客關注的內容，也要讓人能輕易地在探索處找到我們。社群媒體平台也是搜尋引擎優化的其中一個解法，所以這平台也需要好好管理。若查看構成 Google 網站的優化排名的分析資料，有個與網站的社群媒體活動相關的參考指標。某網站被分享在 GooglePlus 上的多寡、從 Facebook 導入的流量多寡等，

Google 就是透過這些的指標來衡量，並為該網站予以品質評分。網站與社群媒體連動，並且不間斷把內容同步分享出來，這一切在搜尋引擎優化方面都是很重要的。

◎行動裝置的搜尋優化

行動裝置的搜尋優化不是指電腦版，指的就是在行動裝置上容不容易被搜尋。到底我的網站對行動裝置來說是不是一個友好的網站，可以到 Google 提供的行動裝置相容性測試進行確認。行動裝置搜尋優化的方法就是一開始就架設「響應式網頁（一頁式網站）」，或是另外經營一個行動版的網站。在「響應式網頁」上，相同的頁面素材，都能與各種不同的機型像素和版面相容，而能靈活地將畫面呈現出來。如果要另外經營一個行動版的網站，就得需要相當的費用和時間，所以最好就是架設官方網站時，就直接設計成響應式網頁的模式。

不同搜尋引擎就會有不同的優化策略

要是進入搜尋引擎的結果排名最前端，就能帶來極大的行銷效果，不過，不同的搜尋引擎之間運用的方法有些微的差異。

◎Google 式 —— 獨特的內容策略與累積

建立自己公司獨特的內容樞紐、不間斷地發行好的內容，有利於曝光於 Google 搜尋引擎的結果上。這是因為 Google 主要就是利用搜尋來接觸內容。針對內容的方向，應該要清楚地定出策略，循序漸進地讓好的內容曝光，而這些都將成為資產。雖然很耗時間，但一定會奏效的。

/ column /

「關鍵字」就依大數據來分析後再設定！

以韓國最大入口網站 Naver 為例，來看看關鍵字的設定法。先進入 Naver 廣告系統（https://searchad.naver.com/），分析搜尋量和競爭程度。

◆ 搜尋量大的關鍵字

關鍵字不能由「直覺」來決定，而是要以顧客的「搜尋量」來決定。「男生手錶」和「男士手錶」中，用戶比較常用哪一個來搜尋呢？以 Naver 搜尋量來說（含 PC、行動版），「男生手錶」單月的搜尋量是 7 萬 700 次，而「男士手錶」則是 1 萬 5,240 次。也就是，搜尋「男生手錶」的顧客比搜尋「男士手錶」的多了四倍以上。因此，如果要在 Naver 投放廣告，就該把關鍵字定為「男生手錶」。

◆ 競爭程度低的關鍵字

選關鍵字時，還有一個更重要的，就是競爭程度。就是拿著關鍵字去搜尋後其顯示的部落格數量、回饋數量等，而這些數量即決定了競爭程度，如果有越多廣告主投放類似的廣告，就表示競爭程度高。所以，要找出搜尋量大，但同時競爭程度也低的關鍵字。

相關關鍵字	PC 與行動版單月搜尋量	一個月內的部落客回饋量
江南站美食餐廳	236,300	3,192
江南美食餐廳	184,700	25,275

如表所示，「江南站美食餐廳」的搜尋量比「江南美食餐廳」要多，但部落客的回饋量卻足足少了八倍。所以選擇顧客會多搜尋且競爭程度低的「江南站美食餐廳」當作關鍵字來使用為佳。

◎Naver 式 —— 內容按照 Naver 的規則，創設部落格、Post 重新發行

Naver 和以搜尋為主的 Google 不同，會把像是新聞報導的各式各樣的內容呈現在主頁上。不需由使用者去找來看，也能自然而然地接觸到有趣主題的內容，如果使用者喜歡那些內容，就會大幅提高流量。如果想要進軍 Naver，就需要透過 Naver 的部落格或 Post，再重新發行內容。也就是說，要確實地照 Naver 的規則走。

就算在自己的官方網站或社群媒體平台上已經有累積的內容了，但為了增加在 Naver 上的曝光效果，仍得創立 Naver 部落格或 Post 帳號並重新上傳內容。然後，運用策略讓自己公司品牌能曝光在 Naver 網站首頁的版面上。為了讓我們能被 Naver 版面編輯者看中並放上首頁，要寄電子郵件給該編輯，提出合作方案。

由於 Naver 版面是編輯親自規劃的，編輯不會接受只是為了要增加點擊率而想上首頁的方案。如果想被選進 Naver 首頁版面，就必須滿足幾項條件：內容的主題必須符合時宜，要選用具有魅力的關鍵字來當標題，也要製作出由顧客常找來看的主題和內容所構成的品質優良內容，還有要持續不斷地發行內容。

/ column /

最有成效的搜尋引擎優化方法與其難易度

有一份以全球知名行銷專家為對象的問卷調查，平均十位受訪者中就有七位表示搜尋引擎優化的成效越來越顯著，而針對搜尋引擎優化的基本條件皆是「內容的開發」。

如下方表格所示，受訪者中有 57% 的人認為「品質優良的內容創作」是最有成效的搜尋引擎優化策略，但同時，也有 29% 的人認為製作內容是搜尋引擎優化的方法中最困難的。其次搜尋引擎優化的最有成效的策略為「熱門搜尋字」。自己公司網站刊登在外部網站的「網址連結」則排在第三有成效，但其實是執行起來最難的策略。

搜尋引擎優化策略	是最有成效的方法	是最難的方法
內容的開發	57%	29%
熱門搜尋詞	50%	29%
建立網址連結	46%	52%
網站結構	43%	39%
詮釋資料與標籤	34%	29%
社群媒體分享	32%	33%

* 總受訪人數：279 名

* 資料來源：Search Engine Optimization Survey Report. Ascend2. November, 2017.

/ column /

Google 式的搜尋引擎優化方法

- 依照內容選用關鍵字，以縮小搜尋範圍。舉例來說，在選擇關鍵字時，「新聞廣告」勝過「廣告」，而「新聞廣告案例」勝過「新聞廣告」。

- URL 網址中需含關鍵字。萬一關鍵字放不進標題中，那麼也可以修改網址，讓關鍵字包含在網址內。例如：http://artncomm.com./搜尋引擎優化策略

- 副標題上也把關鍵字寫進去，藉此讓該內容能輕鬆被搜尋引擎找到。若有插入的圖片，也把關鍵字寫入檔名吧！在上傳圖片檔後，也可以在檔案說明文字中填入關鍵字。

- 成功上傳文章後，要修改 Google 預設的兩句摘要，若不修改，就會以最前面的文字曝光。若是沒有想要修改，那麼在寫文章的第一段時，就要把整篇文章的目的之介紹寫清楚。

在網路平台廣告行銷致勝的秘訣

前面有提到，公關行銷中最重要的就是該拿什麼來面對消費者，也就是要製作出可用於公關行銷的東西。而網路公關行銷更是如此，因為得即時與潛在顧客溝通，讓顧客保持著對我們的關注。產品或服務有關的說明書和圖片、公司介紹文、公開產品企劃者用意的採訪、開發產品的過程中讓人印象深刻的插曲、讓該產品／服務引人注目的社會趨勢、眾多潛在顧客的生活風格等等，這麼多采多姿的話題都會是可宣傳的事物。可以寫成文章，也可以製作成照片和影片。

舉例來說，如果有在經營 Instagram 帳號，除了原本的線上的競爭業者之外，還得與充滿在訊息來源中為數眾多漂亮且會引起共鳴的照片、影片內容展開競爭。

作為影音平台的 YouTube 成為了網路強者，伴隨而來的就是影像內容的需求增多。就像這樣，五花八門的內容多又更多，以致於小公司的公關行銷負責人都為了內容的製作苦惱不已。

一個製作得好的內容可以運用在多個平台上

經營社群平台時，如果根據部落格、Facebook、Instagram 和 YouTube 等等所有平台製作出各個不同的內容，那麼會需要極大的素材和時間。反之，若將一個內容運用在好幾個平台上，稱為「一內容對多平台 OCMP（One-Content Multi-Platform）」，這樣的方案會比較實在、可行度更高。舉例來說，把 Facebook 粉絲專頁、YouTube 和 Instagram 等特性類似的平台統統連動起來、同步發表內容，就會達到最大效益。也就是說，製作好一個內容之後，要上傳到各個網路平台，為的是要曝光給更多人觀看。不過，也不要把一模一樣的東西上傳到各個平台上，一定得配合每個平台的特性做些適當的加工及調整。

製作出受用的社群網站內容之十個法則

1、要策畫有意義的行銷策略

製作網路內容初期階段時，特別要好好按照策略齊步走。不要今天上傳產品照片和說明，明天是私人日常，後天是新聞報導的貼文……絕不可以失焦。全面依照公關行銷策略，選出產品或服務、公司介紹、代表代宣傳等內容主角，並企劃出能讓人認識該主角的各種內容才行。

有家 B 公司是為原豆咖啡進行製造、生產及物流的業者，他們把行銷策略定為「複製品」。某天，有一則跟文在寅總統喜歡的混合咖啡有關的新聞被報導出來，B 公司看到這則新聞後，當下就立刻製作出 Facebook 的影音內容並上傳。影片中可以看到青瓦臺的背景，加上正升起的月亮，介紹到好幾種混合咖啡，然後曝光了一個名稱 —— J shot。雖然是一部看起來有點拙劣的簡單影片，卻因為十分快速地推出廣告和產品，所以得到了熱烈的迴響。這是個因為將公司行銷概念的複製品，符合時宜地化為內容，最後取得成功的例子。

2、藉由品牌故事接近消費者

在製作內容時，若只是羅列出產品／服務說明，還寫得死板，就會很難被顧客長久記得。不是「說明」，而是要傳遞「故事」，這很重要。在故事裡，一定要有登場「人物」，內容中要散發人情味。

韓國「這群小子研究所」新創公司研發了一款智慧手錶的悄悄話服務，他們研發的這款 Tip Talk 服務是在通話時，只要用手指頭輕碰耳朵，就能聽到聲音並回應對方，完全不用擔心談話內容會被其他人聽見。創辦人 C 先生分享自己為什麼會研發這產品的原因，他說：「是因為有一次我的學長在跟他女朋友通電話時，聲音直接從喇叭放了出來，在那當下，學長覺得很尷尬。」這種經驗誰都可能經歷過一次，所以通常聽到這服務，就會有所理解，也會對這項企劃的意圖有所共鳴。

這間公司以防止隱私曝光為主軸製作影片並上傳至 YouTube，也接受新聞採訪，談論有關研發點子的部分，還有其他諸如此類的「故事」，因為不斷生產內容的關係，引起了莫大的關注。這就是為什麼我會建議，在設計內容時可以記下包含研發員在內的職員親自講的故事之原因，它可以讓文章或影片充滿人情味！

3、把幕後花絮運用在內容裡

幕後花絮的內容會引起對人物的好奇心，就好像是一個交換秘密的過程而拉近距離、產生親密感。樂天製菓找偶像團體來代言乳酸菌粉 —— Yo-Hi，他們在產品廣告亮相前，就把攝影棚的幕後照片上傳至 Instagram，引來了眾多人的期待和矚目。廣告片公開了以後，在 YouTube 上吸引了超過 140 萬的觀看次數。不僅如此，還特地製作病毒式影像並辦了個活動，只要廣告片每累積 1 萬的觀看次數，就會逐一公開每位成員的幕後花絮影片，用這樣的方式成功引來許多顧客的參與。

幕後花絮的內容比起既有已定型的內容帶有更輕鬆的特性，所以其內容是有彈性的。不過，若是因為覺得對方表現得很自然，就不分場合進行拍攝，也不經過檢查，就直接發出去，這樣反而會有反效果。像是前面提過的偶像團體，他們在製菓廣告中表現得非常自然，所以收穫了不錯的效益，卻在後來一個音樂平台的直播節目中因罵人引起爭議並遭人謾罵。光看這例子就足以了解了。要展現自然而然的模樣，但同時應注意不可過於隨便。

4、最好內含有知識性的資訊或話題

網路內容中，最受歡迎的是說明特定狀況和現象的原因，也就是「Why 內容」。Facebook 上最常被分享的內容也幾乎都是健康、新聞、科學類別的內容。在 YouTube 上也是，知識型「教學影片」備受矚目。知識型內容能擁有豐厚的粉絲群，也能吸引人直接的參與。

5、持續發想內容點子 —— Feedly、Google 快訊等

若想在內容上增添力量，就得持續生產、提供，但是持續地製作內容出來並不是一件簡單的事。一開始雖然有產品／服務說明、經驗談、後記、回饋等內容，然而，會逐漸感到茫然，因為不知道要製作日後的何種內容來做連結。這種時候，就該帶著好奇心去探索相關的新聞報導、學術資料與各種發表。記者在寫新聞時也都會參考其他資料，而參考得最多的就是其他新聞報導。所以，要多看資料才行。

如果想要監測對我而言有用的新聞報導和資料，有個輕鬆又有用的方

法，那就是使用 RSS 閱讀器，像是 Feedly（https://feedly.com）、Google 快訊（https://www.google.com.tw/alerts）、Flipboard（https://about.flipboard.com）、微軟新聞中心（https://news.microsoft.com/zh-tw）等等。RSS 提供的是即時查閱網路上全新更新的資訊，如新聞和部落格等的服務，是款客製網路資訊服務。

6、磨練寫作實力

寫作是建立內容的基本功，即使想要製作一部跟產品／服務有關的 YouTube 影片，也需要用文字寫下來的腳本。寫作這項工作是很需要創意的，所以必須多做練習。平常要多看書，長時間下來就會鍛鍊到寫作的經驗值。透過文字明確表達自己意圖的能力，是在商業中必備的能力。

7、影音內容是趨勢 —— 運用免費應用程式

如果你是公關行銷人，現在就要製作 Facebook 廣告，或是把部落格的內容做成影片，並且積極地研究如何經營 YouTube 頻道。然而，幾乎都會覺得：「製作影片對初學者來說太難了，也需要花費很多費用。」但事實上，像是 lumen5、adobe spark，以及 Adobe 系列中的專門處理影片的軟體 After Effects 與 Premiere 等，可以簡便編輯影片的軟體變多了。以 lumen5 軟體為例，它可以輕鬆地把部落格的文字轉成影片。按下創建影片，選擇影片類型、決定適合的氣氛主題，再簡單地為影片做些編輯，最後點擊完成即可，一分鐘內就能製作完成一部影片。

8、藉由圖像化製作出具有魅力的內容

在社群網站裡眾多的內容當中，大眾就只想看核心。人們在看文章時，不會逐一仔細閱讀。不過，有附圖的內容分享量會比純文字構成的內容多上兩倍。也就是說，如果使用吸睛的圖，傳遞內容上就會更有效益。可以透過卡片新聞、圖解等豐富又強烈的視覺效果來發布貼文。不過，跟製作影片的狀況差不多，初學者很難做到，甚至更花費用。

這時，可以使用簡易設計製作平台網站 —— 例如韓國的 mangoboard（www.mangoboard.net）、Tyle（.io）。像 mangoboard 就提供了免費製作五張圖像的服務，也有提供卡片新聞、圖解、海報、橫幅、YouTube 縮圖等基本模板，所以在這網站可以很方便地進行設計。

9、輕鬆製作又能吸睛的好內容格式 —— 清單體文章

所謂清單體 listicle＝list＋article，為一混成詞，意味著一種帶有清單的文章，這種是被分享最多的內容形式之一。在清單體中有著可以吸引人觀看並與彼此分享的法寶，那就是使用像「十件」、「三大」、「十大」等數字。因為一眼就能輕鬆掌握整篇內容，而且從標題開始就能引起人的注意又吸睛。之所以會把這段主題定為「製作出受用的社群網路內容之十個法則」，也是這個原因。

10、內容曝光的祕訣 —— 不要「傾盆大雨」式，要以「毛毛細雨」式

對於社群網站內容來說，要製作什麼固然很重要，但「該如何曝光」也是需要策略的。比起像瞬間引爆的炸彈那樣傾瀉而下；不間斷地上傳內容才是在提高效率上最有效的方法。不該是一開始努力做、一天就做好幾個，而

是要在一週上傳一兩個，然後持續曝光去做好幾個月加深大眾印象，這才是成為好頻道的方法。

在社群網站內容裡，分享所代表的意義一定不同凡響。藉由分享，可以讓我們的顧客成為銷售人員。不要忘了，製作得好的內容，是能夠讓我們即使在夜晚中沉睡時，也會因為有顧客主動分享，來幫我們公司做宣傳！

病毒式行銷成功策略

做生意時，最重要的就是要如何讓產品或服務「流通」。流通指的是不論我的產品、服務還是與之相關的資訊，決定好要透過什麼路徑提供給目標市場或顧客後，創造出全新的市場機會和顧客價值的過程。傳統上，流通都得經過「生產者→批發商→零售商→消費者」的階段。在今日，比任何一種產品更是作為強烈的有形和無形財產的「內容」，也是需要同樣的過程。該用什麼方式散佈，才能讓更多人看見我們辛辛苦苦製作的內容，同時還能引起迴響呢？這點真是令人傷腦筋。

然而，網路消除了複雜的既有流通階段，並迅速地把產品和消費者連結了起來。就算沒有實體賣場，就算連一位銷售員都沒有，也可以為我的產品／服務做宣傳，甚至還能販賣出去，而且是二十四小時、三百六十五天不停歇。若開始有人在網路上看到產品和服務的內容後覺得喜歡，他們會主動成為「銷售員」且幫忙做口碑。當由「他人的口」而非「我的口」來宣傳的時候，就會獲得效果滿分的結果。如果要讓「網路流通」也成為我們的魔杖，那我們該從哪裡、如何開始做呢？

比「媒體曝光」更有效的「好友推薦」的時代

不分事業規模大小和行業，也不分是營利還是非營利，是團體還是個人，都一定會對網路公關行銷尤其是病毒式行銷有著高度的興趣。所謂病毒式行銷，就是利用網路各種媒體的傳播，將企業或者個人想宣傳的事物大力地散播出去的行銷手法。也就是說，在部落格、社群網站和論壇上發布的內容、產品評價、後記文，這些內容在人群當中逐漸流行，然後就好像病毒擴散那樣迅速傳播開來。病毒式行銷的特徵就是由消費者為中心，由他們主動散播訊息。

通常最常見的執行病毒式行銷的作法，就是親自經營部落格、Post、Facebook、Instagram 等各式各樣的社群媒體，並生產自己公司想要傳達的訊息。此外，有時招募名人部落客、經營體驗團部落格和 Facebook、經營支持者、與粉絲俱樂部合作、與熱門的 Facebook 粉絲專頁合作，還有在熱門論壇上分享我們的內容，如此借用他人的頻道來宣傳，也能因此增加訊息擴散的機會。

只是光靠這些，還是感到有些可惜。其實方法無窮無盡。為了在網路媒體上創造出不錯的內容，而舉辦實體活動，或甚至是開設實體賣場，然後邀請網路名人、創作者參與在線下的流通中，接著自然而然一起合作，諸如此類各式各樣又具有創新的病毒式行銷活動，近日變得越來越多，因此很難果斷地說：「最能有效做病毒式行銷的媒體就是這個。」這是因為網路的環境急遽變化的關係。

才經過一兩年，從部落格→Facebook→Instagram→YouTube，網路行銷的趨勢像這般地快速改變。因此，比起盲目地配合現在正流行的媒體，更應該要遵照著不分媒體和時間皆適用的公關行銷原則來做，這才是上策。而這原則就是：

「要將我的內容放在合適的媒體上，然後持續地傳達訊息。」

最常見的三種社群網站行銷運用法

網路公關行銷對於大企業、新創公司、一人公司、團體和個人而言，是個可以相對公平地去較量之處。都是拿著同樣的工具（網路媒體），但隨著如何使用，就會左右最後是大勝或是失敗收場，而這些結果在這裡層出不窮。別以為社群網站行銷只是單純讓人知道我們的組織、與潛在顧客溝通的一種輔助行銷手法而已，應該要更有策略地運用才行。

意思就是，今天在社群網站中上傳一篇貼文、透過留言和用戶溝通，這就是一項在壯大我事業版圖方面的重要商業活動。

1、透過社群網站開發顧客

顧客並不會在產品製造好之後自動找上門，顧客也是需要開發的。若想這麼做，就會需要親自尋找潛在顧客並對他們進行採訪、觀察與探索的過程，而可以用低成本、大範圍地進行這件事的方法就是社群網站行銷。

透過社群網站可以慢慢了解，到底有沒有要購買我們產品／服務的人。可以試著在相關網站或論壇中透過問卷搜集意見，然後再藉由上傳新產品或圖像、影像的方式來觀察人們的反應，這麼一來，就能從中獲得龐大回饋。

2、利用性價比好的市場調查與驗證假說的工具

不間斷的技術開發，並在短時間內將其產品化的能力，會促使小公司或新創公司成長。為了將點子化為實體並成為能被市場接受的產品，得執行「建立假說→進行驗證→補足完善」的循環才算穩定。而能快速、低成本來做這件事的方法，同樣也是在社群媒體上可以做到。

假設，有一個租借自行車的業者，定了「從京畿道去首爾上下班，35 歲

左右的上班族男性會喜歡我們的服務」的假說。透過 Facebook 廣告設定為「地區：京畿／年齡：35／性別：男性／興趣：自行車／行業：上班族」並投放訊息，這樣就能看見用戶的反應。這就如同用鑷子夾起來一般，可以精準地對準目標來傳遞訊息。

3、打造出阻擋競爭對手的銅牆鐵壁

對小公司和新創公司而言，最能感受到威脅的就是競爭業者的出現。而社群網站也是一股足以在這競爭激烈的商業叢林中生存的力量。雖然社群網站行銷的費用不高，但得經過一段時間才會有明顯的效果。所以，哪怕只有一點也要提早開始行動，並且獲取許多知道也支持我們公司的真正顧客，這樣對我們才有利。

舉部落格的例子來說，假設有個企業在 3 年當中每一天都寫 1 篇文章，而累積了 1,000 篇的文章；另一個新進競爭對手，他們以資本為武，在短短一週內就寫出了 1,000 篇文章。以結果來看，兩個企業同樣都擁有 1,000 篇的文章，但畢竟在三年當中都有持續撰寫文章，所以有了熱門部落格的品牌基礎，而一週內撰寫 1,000 篇文章的地方，則將被搜尋判定為垃圾文件。所以結論是不論大企業還是一人公司，在網路上都要付出一定的時間和努力，才能取得成就。

設計不同平台的內容策略，成功連結到購買的行為

在所有執行公關行銷時一定適用的姿態就是「成為對方的好朋友」。一開始就砸錢和人力以攻擊性的方式投放廣告，或是到處不斷地炫耀，抑或是從一開始就要求對方要購買，這種做法是絕對無法收買消費者的心。若想跟一個人當朋友，就應該要製造有趣又有幫助的聊天話題並時常見面才行。

藉由各式各樣的網路媒體來傳達公司訊息的病毒式行銷中，最重要且也算是基礎的部分就是內容，也就是聊天話題。這就等於是公關行銷的素材。只不過內容是照片、影像、文字還是混合型等形式，可能會隨著平台媒體而有些微的改變。

但最重要的就是要好好地展現出「我想對他們說的話，這些訊息對接受的人有益處」。還有，別從一開始就只顧著自己說，而是要分階段地給出適當的聊天話題才行。

◎【第一階段－介紹自己】製造能讓人認識品牌的內容

首先，在網路世界上需要有能讓品牌曝光，同時讓人認識品牌的內容。發布出來的資訊要必須對方喜歡且是不難理解的水準，才能藉此吸引對方的關注，這部分很重要，同時也是最需要創意的部分。

因此必須製作出吸睛的內容。在這認識階段裡，就算不會直接導入到銷售，不過可當作是對未來的投資，並留意此時別搞得筋疲力盡。觀察內容的點擊次數、觀看次數或分享次數等，也掌握目標顧客的流入途徑和傾向，再來為內容做企劃！

◎【第二階段－幫助顧客】製作培養交情的內容

先前透過打招呼階段，掌握了會對內容有反應的潛在顧客傾向等之後，再來是要更積極地配合顧客為內容做企劃。做法是要試著去理解顧客想要參與的需求，或是找尋問題點並出示解決方案。意即提供和潛在顧客的問題相關的實例研究、產品故事、手冊以及網路研討會等有深度的內容，藉此幫助顧客做出選擇。

因為他們都看過部落格的內容或 YouTube 的影片，所以多多少少對我們已經有些認識了。若顧客在這個階段接收到幫助，就會更願意去傾聽品牌的聲音。這麼一來，辦活動、做網路諮詢，或是為提供追加資料而蒐集顧客的電子郵件等等，在做這些積極的行動時，顧客才不會那麼抗拒，呼應的程度也較高。

◎【第三階段－出售自己】導入銷售的內容

如果潛在顧客已經認識我們，已按讚／訂閱，也下載資料，還為了領取定期的資料登記過電子信箱，那麼現在就是輪到要積極地導入到銷售的時候了。這時，要讓對方對購買有信心才行。可以透過電子郵件，吸引對方來使用產品，提供詳細資訊，出示退換貨辦法、指南影片以及個別諮詢等服務。如果還能提供優惠券或樣品，也會提高效益。

/ column /

可能造成混淆的網路行銷管道說明

◆ 社群網站（SNS）（Social Network Service 或 Social Network Site，社會關係網服務）

在關注社會或分享社會活動的人當中，建構出的相互關係網與相互關係，並展現在彼此面前的網路服務或平台，如：LinkedIn、Facebook、Instagram、推特、Kakao Talk、Line 等。（維基百科）

◆ 社群媒體

在 Twitter、Facebook 之類的社群網站（SNS）上登記的用戶可以彼此分享資訊和意見，同時可拓寬人際關係網的平台。透過像是社群網站、部落格、UCC、維基、Podcast 和影音平台等，以資訊作為媒介來參與的工具和軟體，就被稱作社群媒體（Newson、Patten，2008）。由於社群網站也包含在此，其範圍會更為廣泛。

◆ 社群網路行銷（＝社群網站行銷）

為企業透過社群網路和顧客直接溝通，並宣傳產品和服務之行為。由於像 Twitter、Facebook、Kakao Talk、Line 等的社群網路服務爆炸性地增加，許多企業都會使用社群網路來做行銷。

◆ 社會行銷（≠社群網路行銷）

社會行銷是利用商業行銷技術，為了公益的目標，有意識地改變人的行為，進而針對計畫來開發、執行、評價的整個過程。也就是提供消費者想要的產品和服務，如此有意識地讓人主動去使用產品或服務的行銷手法。

/ column /

會提高病毒式行銷效益的沾醬策略 經營支持者／體驗團／邀請網路名人

若是有藉由策略性的內容開發，持續地維持、管理頻道，而讓頻道穩定發展，那麼接下來可以考慮經營粉絲團／體驗試用團。

經營粉絲團可以帶來忠誠顧客的生成、留言和回饋的內容之生成與發布，也可以帶來日後產品開發的點子。

體驗試用團是藉由提供指定的商品或產品（服務）來招募的，而能夠組出一個體驗團，就相當於許多人對該產品或服務抱有好感，就有機會為我們生產出較為正面的回饋內容。若體驗團的人擁有著各式各樣的社群頻道，那麼就有助於我們品牌擴散。招募體驗團時，要考慮到產品的特性和時機點，在建立基準來經營時，則務必整理出方針並傳達給他們，這樣才會照著我們的意圖而反映。寫後記文時一定要包含〇〇〇關鍵字，或是拍產品的照片時務必要是本人使用產品的照片等等，定出類似這些的規則並告訴體驗團。

比體驗團更有影響力的一群人，則是名人部落客、網路名人（KOL）、有名的 YouTube 創作者等等。若要找他們合作，支付代價是基本，而在撰寫內容時，務必要明確註記是在收到費用後才開始執行的。

現在是 YouTube 的天下
要用影片內容來和世界連接

公關行銷負責人總是為了解哪個傳媒與平台會吸引人、其操作機能如何，而費盡心思。每天，Facebook 上會有 300 萬個新貼文內容、Instagram 上會有 23 萬張照片的上傳量，YouTube 上每一分鐘就會發表 72 小時分量的影片。現在已經是任誰都可以提供內容的時代了。但是，只要好好製作內容，就能取得成功嗎？

任教於哈佛 MBA 策略管理的阿納德（Bharat Anand）教授的著作《內容的未來》（暫譯）（The Content Trap）中提到，內容的力量並不在於內容本身的完整度，而是在於它具有跟使用者之間的「連結性」。

意思就是要製作出「可被世界接受的型態的內容」，然後上傳「觸及率高的平台」並送達到人們那裡。哪個型態的內容以及平台的觸擊率是高是低，會隨著時代和時間點不斷改變。在不久前我們還把 Naver 當作天下，但現在體會到應該要適應 Google；我們也親眼目睹了那些曾讓 Facebook 和 Instagram 鬧哄哄的人，現在都搬到 YouTube 上。

YouTube 連網路牙牙學語都可以理解，完全融入在我們的日常中

「adfdsegfugssdg」、「dsflst843g6t nklskl」、「sgncyl;lp;fthkmiil,;」這些誤觸鍵盤時打出來的、看似毫無意義的文字，令人驚訝的是，如果在 YouTube 搜尋欄上這樣搜尋，就會連結到兒童內容。

好不容易開始會喊「媽媽」、「爸爸」的孩童，很「直覺」地拿著智慧型手機操作，而且有越來越多孩童會自己去搜尋內容，而之所以會顯示那樣的搜尋結果，是因為 YouTube 將其判讀為孩童無法正確地使用鍵盤來輸入而發生了誤打的狀況。難道 YouTube 連網路牙牙學語的部分也受理嗎？YouTube 方表明：「那並非專門為小孩子設定的功能，目前只掌握到的原因是因為搜尋演算法所引起的現象。」雖然 YouTube 行銷中，還不太可能使用網路牙牙學語來做，但這絕對是個頗有趣的現象。

根據應用程式分析業者 Wiseapp 在 2018 年所發表的資料顯示，韓國行動裝置影音應用程式的使用時間和市占率，皆以 YouTube 為壓倒性第一名。YouTube 有 3,122 萬個用戶，總共使用 317 億分鐘；Google 商店中屬於「影片播放器／編輯器」的所有應用程式的使用時間為 369 億分鐘，而 YouTube 就占了 86%。遠遠超過了 Kakao Talk 197 億分鐘和 Naver 126 億分鐘的使用時間。韓國 YouTube 每個月平均有 3,093 萬個使用者，而韓國境內就有 2,500 萬個用戶。尤其十幾歲年齡層使用 YouTube 的時間比 Kakao Talk 足足多了四倍。

近日韓國媒體振興財團媒體研究中心發表了一篇 YouTube 的使用情形研究調查，其結果顯示 1,218 名 20 歲以上的成年男性中，有 94.2%的人表示曾

看過 YouTube 的影片。YouTube 作為一個具有搜尋及線上收聽音樂等各種功能的跨平台，現在依然吸收著許多用戶而持續成長。前不久，大部分化妝品、IT 電子產品、表演與活動、美食餐廳的資訊等都是上 Google 搜尋，找文字和照片組成的貼文來看，但最近，使用行動裝置的用戶會透過 YouTube 的影片來獲得資訊。例如，觀看 IT 產品開箱影片來熟悉操作方法。除了資訊型的影片外，有人還會拍攝影片部落格（Vlog）來分享自己的日常生活。

YouTube 已然成為如今的電視、搜尋框，也成為了學校／補習班、社群網站、日記本與好朋友。

要懂 YouTube 才能賺錢

我們的實質顧客、潛在顧客以及未來顧客，統統都聚集在 YouTube 裡。千禧年世代又稱 Y 世代，指 1980 年代至 2000 年代出生的二十幾、三十幾歲的人，約有 25 億人，占全球人口的三分之一。從產業的層面來看，他們的所得和消費兩者均邁向全盛期，這群年輕世代占領著消費文化趨勢與行銷上的各種主流議題。在 YouTube 和社群網站頻道中作為創作者來活動的主力世代，也是這一群人。

1990 年代中後到 2010 年間出生的十幾、二十幾歲的人，也就是 Z 世代，預計在 2020 年會占全球消費者的 40%，正陸續登場於市場中。Z 世代帶著數位 DNA 和社會意識出生。如果說 Y 世代是緊靠著網站來生活的圖像世代，那麼 Z 世代就可說是透過 YouTube 來認識世界的影片世代。為了和他們溝通，必須要透過影片內容連結。而且，要全力推動病毒式宣傳，而不是一般廣告，比起產品銷售，更應該以故事傳遞為優先。

老一輩族群也逐漸成為 YouTube 的用戶。在一年內，居住在韓國、超過

50 歲之長輩花在 YouTube 的時間就增加了 70%。老一輩的人並未經歷 Facebook 和 Instagram，直接從圖像式網站移居到 YouTube，他們的觀看時間、可聽取建議的程度完全不輸其他任何世代，而這點就引起了公關行銷人的注意。

行銷時一定要使用 YouTube 的第二個理由是，上述提到的這些對象面對影片的內容型態的反應是最敏感的，而最適合影片內容的平台就是 YouTube 了。影片行銷是能讓許多人透過網路認識品牌的一種有效益的策略，因此更是受公關行銷人的關注。

「人人都能經營」YouTube，但其實不簡單

使用 YouTube 來做公關行銷，就是讓品牌名稱或內容在 YouTube 上曝光的意思。方法有兩種。一種是親自製作 YouTube 影片並經營頻道，另一種則是付錢給 YouTube 來投放廣告。YouTube 廣告又可分為由自己親自製作廣告片後付錢給 YouTube 來刊登的方式，以及在 YouTube 上找跟自己的產品／服務有關的有名創作者 YouTuber 合作，由他們製作產品開箱／使用心得等影片的方式。

YouTube 是必須製作影片的平台。比起部落格上傳文章、Facebook 刊登卡片新聞或 Instagram 上傳照片，YouTube 更是需要花時間、人力和金錢來做。如果直接用智慧型手機進行拍攝，利用免費的影片編輯軟體來編輯，根本就花不到實質費用，但每次的企劃和製作都需要大量時間，換算下來的費用就不是零了。

若為了提高影像品質，而委託外面的專家製作影片，一般都要價韓幣一百萬至數千萬元。YouTube 上有許多產品／服務開箱及使用心得影片，如果

是由擁有訂閱人數多的有名創作者出產的，就會發揮極大的影響力。想和這樣的創作者進行合作，一般來說，要透過創作者的經紀公司聯絡，而製作一部開箱心得影片的行情為韓幣 100 萬元（約 3 萬台幣）以上。

雖然看到了逐漸攻下內容和廣告市場的 YouTube 的發展，心裡迫切地想著「我是不是也該嘗試做 YouTube 行銷呢？」，但這就是很難站出來做的原因。

效果良好、性價比高的「YouTube 使用法」就是親自成為 YouTuber

即使如此，YouTube 在公關行銷領域中是不可忽略，而且是相當有魅力的平台。在這平台裡，資本和人力上處於劣勢的小公司、新創公司和一人公司反而有機會能以內容的力量發揮龐大的效益。在公關行銷中很重要的是，要取得自有媒體，透過這管道，經營者可自行上傳內容並與對方溝通。各家電視台、報社會擁有莫大的影響力足以讓輿論形成，正是因為他們擁有名叫電視和報紙的自有媒體管道。

YouTuber 的訂閱人數，多的可能有數十萬名，少則數萬名，YouTuber 本身就是一個巨大媒體，會製作內容、提高廣告收益，如此蓄積品牌力。若是再加上與企業合作來製作廣告、接受諮詢、講解說明以及開設實體賣場等發展副業，那麼便能創造更了不起的利潤。

不是廣告，是故事！帶著「輕鬆、有趣又有益的」內容來接近吧！

什麼內容的 YouTube 頻道能被廣為接受呢？這答案真的很難說清楚。「可愛動物的影片一定可以被接受」、「吃播很讚」、「討論演藝圈的熱門議題」、「ASMR 影片最熱門」、「探討社會上有爭議的新聞」等等，諸如此類的細細小小主題出現一下再消失，後來又被拿出來討論。就是沒有正確答案的意思。比起查看最近在流行什麼，更應該先看看「我能拿什麼給人們看？」、「為什麼要製作這部影片？」究竟我的故事中，哪些是可以跟人溝通、帶給對方益處的。

公司或團體的 YouTube 頻道不單只是為了好玩，而應以公關行銷為目的來經營。不過，若是直接展現我們的意圖，就會成為 YouTube 世界裡的「無趣」內容而被忽略。大企業通訊公司或大廠牌的化妝品把電視上正放映的廣告片或公司的宣傳片等上傳到 YouTube 頻道，雖然是高品質的影片，但在 YouTube 裡卻沒什麼人氣。因為是毫無誠意、單方投放的廣告，也就是人們感覺到那是沒有靈魂的內容。反而是有人坐在化妝台前素顏的狀態下說出使用感想，或是在十多坪的小型實體服裝店裡搭配著衣服和飾品的影片內容，會更有人氣。比起直接表明自己為美妝創作者、服裝業者的事業意圖，更應該是透過分享美妝資訊、穿搭技巧來釋出善意，這樣自然而然地就能帶來營業利益。要展現出像朋友般坦率的樣子，持續地更新內容，好讓訂閱者們感受到「總是待在身邊」的親密感。即使流行的事物隨時代演進而改變，我們仍然可以推測出 YouTube 內容企劃上絕不會變的祕訣。

「不是廣告，是要說故事！
而且故事必須是輕鬆、有趣又有益的！」

/ column /

跟影像行銷有關的有趣的統計資料

- 預計 2019 年底，影像流量將占所有網路流量的 80%。（SmallBizTrends）
- 根據 YouTube 報告書，每年行動裝置影像消費均增加 100%。（Hubspot）
- 若在電子郵件中加入影片，就會增加 200~300%的點擊率。（Hubspot）
- 3 種有效益的影片內容類型：顧客成功例子（51%）、教學影片（50%）、使用說明影片（49%）（Curata）
- 55%的人會每天上網觀看影片。（Digital Information World）
- 使用行動裝置觀賞影片的人中，有 92%的人會把影片分享給其他人。（RendrFx）
- 消費者中，90%的人表示產品說明的影片有助於進行購買決策。（Hubspot）
- 社群媒體上的影片內容的分享量，比文字和圖像內容的分享總數還要多 1,200%。（SmallBizTrends）
- 若在網頁中加入影片，就會再提高 80%的轉換率。（Unbounce）
- 看完影片之後，64%的消費者會在網路上購買產品的機率變高。（Hubspot）
- 使用影像行銷的公司會多獲得 41%的網頁流量。（SmallBizTrends）
- 公司的管理階層中，59%的人比起文字內容，更喜歡影片內容。（Digital Information World）

出處：17 Stats And Facts Every Marketer Should Know About Video Marketing. Forbes. September, 2017.

/ column /

YouTube 影片內容成功案例 —— Blendtec 美國高效能食物調理機

出生於美國舊金山的湯姆・狄克生（Tom Dickson），畢業於工程學系，待了幾家公司，後來因為興趣做出了家用版食物調理機，並於 1995 年成立食物調理機製造公司 Blendtec。雖然產品十分優秀，但成立十年來，都沒什麼知名度。

2006 年湯姆經過一番苦思後，就雇用了大學同屆的喬治・萊特（George Wright）作為行銷負責人。喬治到 Blendtec 上班後沒多久，就發現工廠地板上統統都是碎木屑。嫌犯就是老闆湯姆。湯姆每天都來工廠，不是在拆攪拌器，就是在把裁好的木板放進攪拌器，為的是要測試機器耐久性和粉碎力，所以才會出現有滿地的碎木屑。

喬治立刻去買高爾夫球、鐵耙子、玻璃球，還有一套要讓湯姆穿的白色研究服。這裡花費的錢只有美金 50 元。他要湯姆把一直以來所做的攪打測試在攝影機前展示出來。堅硬的小玻璃球和高爾夫球都在攪拌機的作用下成為了粉末，而機器竟然完好如初。

這個影片後來上傳到 YouTube，引起人們的熱烈迴響。「無法相信」、「也拿其他的物品打看看」，還收到了其他要求。短短一週，影片就達到了 600 萬的觀看次數。這公司的實驗影片「攪得碎嗎？（Will it blend?—同時也是 YouTube 頻道名稱）」系列公開之後，兩年內食物調理機的銷售就增加到 700%。

/ column /
小公司和個人成功的 YouTube 行銷案例

◆ 影片部落格（Vlog）成為資訊和商務的場所

由韓國 Merryholiday 新創公司製作的一款專為旅遊個人媒體直播服務的應用程式 Tripme，讓正準備去旅行或有興趣的一般人、想很自然地跟外國人交流的人，都可以透過該應用程式進行個人直播去自由分享日常和旅遊。該應用程式積極地運用「影片部落格」的事業模式，也就是把日常拍給大家看。Tripme 還進一步增加了流通旅行者的經驗和資訊的商務功能。

◆ 兩個月達到十萬訂閱的 YouTube 頻道

YouTuber 頻道「賺錢方法 —— 申師任堂」每天花十來分鐘講述如何賺取被動收入，就這樣在短時間內就擁有數十萬個粉絲。主角是財經電視台的前製作人朱先生，他離職了以後，經營線上購物網、累積經驗。某段期間，他將對剛從遊戲公司離職而感到茫然的朋友介紹怎麼做購物網站的過程拍下，上傳到 YouTube，並將這系列命名為「創業的口袋寵物」。透過與朋友間聊天的方式，將直接用在實戰的資訊公開出來，像是要怎麼決定事業項目、做搜尋優化方法、購物網之市場調查方法、如何尋找批發商以及如何拓展商業上的人脈等等。影片裡可以看到是從零元開始，並在第一個月時就賺到韓幣 500 萬元，而這整個過程就像「YouTube 版的賺錢實境秀」一樣，因此掀起了熱烈反應。訂閱人數的部分，才第一個月就達到 4 萬，兩個月後就超過 10 萬了。

YouTuber「申師任堂」說：「大家可能會認為因為我是前電視台製作人，在影片拍攝技巧或企劃方面有優勢，所以才能成功，但完全不是這樣。我沒有使用任何的拍攝技巧，都是用手機拍完就直接上傳的。我之所以能影響人、說服人，是因為『情感』。我帶著善意，依循我看到人們感到鬱悶、想得到些幫助的部分來製作影片，這就是能興起極大的反響的理由。」

/ column /

給新手 YouTuber 的免費影像編輯／製作方法

若不太熟悉影像的編輯／製作，起步階段建議是先使用免費的影像製作軟體，不要使用付費軟體。等到熟悉了之後，再轉為付費的即可。

◆ 可於智慧型手機上使用的影像編輯軟體

- MELCHI 提供影片（照片）編輯模板的應用程式
- KineMaste 擁有專家水準等級功能的影像編輯應用程式
- Video Maker 可進行相片編輯、影片剪輯等免費的影片編輯器
- Viva Video 影像編輯軟體

◆ 一眨眼就能用電腦製作出來的編輯軟體

- GomMix（http://gom2.gomtv.com/release/gom_mix.htm）
- VapMix（http://www.vapshion.com/vapshion/php/downloadpage.php）
- Adobe Premiere－付費（https://www.adobe.com/tw）
- After Effects－付費（https://www.adobe.com/tw）

審查網路廣告效果

透過網路替產品／服務或個人做行銷時，若能恰當地使用廣告，那就一定會有效果。就像是抽取地下水時必須一直補注一樣，為新進企業宣傳、開發新顧客做行銷時，也需要廣告執行來助攻。開始做廣告之後，也會有許多該花心思的事。得擔心廣告到底有沒有好好投放、有沒有廣告效果。執行各種網路廣告產品的過程中，也需不斷考慮某些廣告是擴大來做比較有效，還是乾脆放棄比較有效。明明都已經投放廣告，但銷售、網站訪客人數卻還落在原地，就會令人更加憂愁。

若廣告效果未達標，或甚至是越來越低，就代表需要做些檢查。之前設立的行銷計畫跟成果相差多少，網站現在運作得如何，這些都要好好分析一下。其實這不僅是在了解網路廣告的效果如何，也提供了一次可以回過頭來檢視的機會，看看一切事業經營到底有沒有好好運轉、我的顧客具有什麼傾向。只要檢查就能看清楚成果和計畫會不同的原因，然後就能知道以後哪些部分要再做多一點。

仔細地從網站訪問者來做分析

像是分析官方網站、自己公司的購物網等訪問顧客系統，就叫做「日誌分析（log analysis）」。可以了解顧客是如何導入網站的、做了哪些行動後離開的、在某段時間有多少顧客造訪且其中購買的比例又是多少、顧客對哪些頁面比較有興趣。

透過分析網站訪問者，仔細地掌握顧客是經由哪個網路廣告產品來做諮詢，與廣告費做比較，減少較無效率的廣告投放，反之，效率高的廣告就可以擴大投放。

想減少網路廣告，那該減少的是使用者停留時間較短的廣告，而停留時間較長的則可以保留。平均停留時間長就代表著顧客看見廣告後，為了查詢更多內容而選擇在網站裡逗留。

日誌分析可使用 Google Analytics、Naver Analytics 軟體

付費的日誌分析軟體有 ACEcounter（www.acecounter.com）、LOGGER（https://logger.co.kr），免費的有 Google Analytics（https://analytics.google.com）和 Naver Analytics（https://analytics.naver.com）服務。先使用免費的服務來熟悉，如果有更多需求，就再使用付費軟體即可。

若要使用 Google Analytics，只要有 Google 帳號和網站的網址就可以進行設定，也能輕鬆和 Google 廣告連動。Naver Analytics 的使用方式同 Google Analytics，此外還提供了只專屬 Naver 的資料，而且為了讓不熟悉的使用者也能方便觀看，有製作了表格、圖表及圓餅圖等各種視覺設計。

日誌分析四個階段 —— 造訪趨勢、導入途徑、搜尋關鍵字、停留時間及跳離率

◎第一階段：查看「造訪趨勢」

在日誌分析服務裡，該特別關注哪些指標呢？基本上是訪問次數、頁面訪問量，還有照星期類別的造訪者人數、一週和一個月內的各時段造訪者人

數等，要查看「造訪趨勢」。

舉童裝網購網站為例，經過日誌分析後，就發現週一、週二及週末的訪問人數最多，週三的訪問人數最少，那麼該購物網可以推出週三特價活動、擬定訪問者導入計畫。

就像這樣，若了解星期幾、什麼時間訪問人數比較多，就能更有效率地執行網路廣告。一週、一個月的日誌分析可以偶爾進行一次，但訪問人數的趨勢不會總是一樣，會隨季節而改變。如果有個網站，夏天晚上的訪問人數高於白天，在這種狀況下，如果廣告集中在白天，就會沒什麼效果。

◎第二階段：掌握「導入途徑」

接下來要看的就是「導入途徑」。尤其要觀察的是除了廣告的途徑外，使用者如何進來網站的。

舉個例子，看下頁圖表，可以看到導入途徑依序為搜尋引擎、直接導入、社群網站 SNS。關鍵字廣告的導入是需要付費的，不能不顧前後一直靠這一項來執行。為了持續地經營網站，必須有策略地尋找網路廣告之外有用的方法。確認看看我們網站有沒有做好搜尋引擎優化，有沒有確實進行搜尋登錄。

有一些很有知名度的網站，當然也有廣告導入的，但透過搜尋網站名稱、直接搜尋關鍵字來進入網站，在比例上是更多的。若能透過網路廣告增加新顧客，想必就會不斷增加直接訪問或是搜尋網站名稱的訪問者。

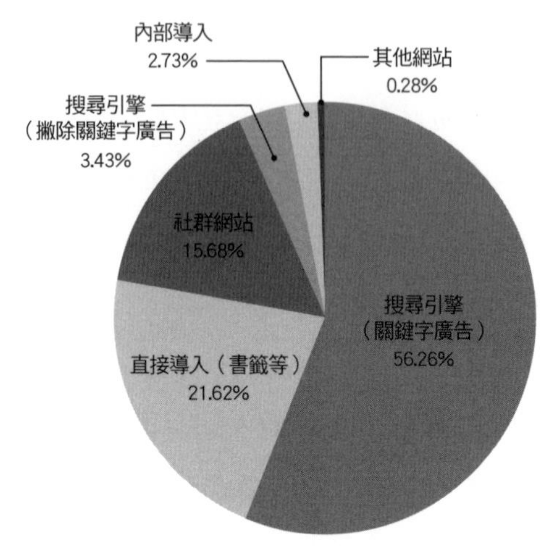

訪問者途徑比例的範例

◎第三階段：掌握「搜尋關鍵字」

假設，大多數的訪問者都是經由關鍵字廣告導入，那就代表直接搜尋網站名稱的訪問者為極少數的意思，必須要檢查看看官方網站有沒有在入口網站中所想的曝光在「搜尋關鍵字」的網頁領域或網頁文書領域裡。如果搜尋網站名稱、公司名稱的次數極少，那麼就得配合品牌推廣重新擬定網路廣告方向才行。也就是說，比起不顧前後執行關鍵字廣告，更應該先進行能讓更多人認識公司名稱或網站的新聞廣告、開發有擴散力的內容並積極地傳播，或是辦一些活動才對。

接著要看的是，分別是哪些關鍵字，讓進入網站的訪客會做出加入會員、購買等行動。加入會員、購買的轉換大部分當然都發生在預想到的關鍵字裡，但也許會發現意外的關鍵字。若是出現了平常意想不到的關鍵字，可以了解一下該關鍵字的導入途徑，並觀察其行為會如何發展。把現在轉換高的關鍵字和轉換低的區分開來，並套用在搜尋引擎優化和關鍵字廣告，這麼一來就會有更高的轉換率了。還有，如果官方網站裡也有自己的搜尋欄，也可以拿這裡的關鍵字來做運用。若有自己的搜尋引擎，當顧客找不到他們想找的資訊時就可能進行搜尋，這時就要看看他們留下了哪些搜尋關鍵字，這些最好也拿來使用在關鍵字廣告或搜尋引擎優化上。

◎第四階段：停留時間與跳離率

總是要留意「停留時間與跳離率」。停留時間指的是一位顧客進來後逗留的時間；而跳離指的是造訪了之後，由於不太中意而離開網頁的意思。跳離率就是代表訪問者當中有多少比例的人跳出去的指標。首先，依照關鍵字來調查跳離率，並試著去了解為什麼訪問者用該關鍵字進入了網站，卻在後來跳出去的原因。若該關鍵字就是投放網路廣告的關鍵字，那麼就必須給到達網頁 —— 進入我們網站後的起始網頁 —— 做些改變。到達網頁的停留時間和跳離率是可以另外做確認的。

從下頁表格可以看出 C、E、F 關鍵字的跳離率很高。假如，已經重新製作了活動頁面或者邀請人加入會員的頁面，停留時間仍然短暫、跳離率也一樣高，那就得趕快進行修正。此時，可以同時對照官方網站內的移動途徑。官方網站整體停留時間短，其實就是顧客的移動途徑非常短的意思。而這種狀況就是因為網站內容沒什麼可看的，以致於不太容易會再去看其他資料，最後選擇離開網站。觀察顧客的動線後，找出除了完成付款、完成加入會員的頁面之外，哪個頁面最常成為終結頁面，並加以修正才行。

伴隨不同關鍵字的跳離率之範例

關鍵字	導入次數	導入率	銷售量（件）	購買率	銷售額	跳離次數	跳離率	轉換次數
總計	70,550	100%	332	0.5%	36,837,750	15,721	22.3%	10,287
A	34.333	48.7%	203	0.6%	23,388,900	4,385	12.8%	7,170
B	4,491	6.4%	4	0.1%	548,800	1,214	27.0%	404
C	2,507	3.6%	0	0.0%	0	1,718	68.5%	59
D	1,454	2.1%	37	2.5%	4,354,100	141	9.7%	338
E	920	1.3%	0	0.0%	0	506	55.5%	66
F	545	0.8%	7	1.3%	157,000	242	44.4%	16

判斷廣告效果的標準以及與之相關的緊急措施

廣告到底有沒有效果，一般而言，會拿廣告費和其成果所獲得的銷售和利潤進行比較來掌握。若是要判斷正在執行的網路廣告有沒有效果，會以轉換率 CVR 和廣告投資報酬率 ROAS 作為根據的標準。

轉換率測量的是有多少人在看見廣告後「轉換」到行動，一般指的是有做出點擊連結或購買的這些行動。轉換到特殊行動的人數，要先除上點擊廣告的人數，再乘以 100。

轉換率（CVR）＝轉換次數／點擊次數×100%

雖然各個行業的購買平均轉換率都不太一樣，但一般來說，大型網路購物網會是 2~3%，而新進購物網則會落在 1~2%。購買轉換率越高，就表示行銷活動進行得越順利，像是產品性價比高、品質令人滿足，或是產品多樣化、有廣大的範圍可以做選擇，抑或是具備合時宜的項目等等。也代表著顧客獲得了在網站上進行購買決策時的所需資訊。

如果購買轉換率一直沒有上升，或是反而下滑，那就要好好地檢視網站所有一切，包含價格、商品與促銷活動等。比如是否擁有能充分解決顧客對於產品的好奇、好感、疑問的說明文，是否提供了品質好的圖像資料……。好好打造詳細頁面，這就是掌控購買轉換率的基本。

如果將策略定為降低流量、提高轉換率，就應該要大力地推動藉由仔細地選擇目標並尋找真正顧客的行銷。設定目標顧客後，做社群網站廣告，並積極地在會有許多人聚集的社群裡進行宣傳活動之類的事。

反之，如果策略是要維持流量，同時提高轉換率，那麼就得修正、編輯產品到達網頁或詳細頁面，藉此提高滿足度。要是有負面的回饋內容出現，就必須積極地為產品做品管，好讓顧客留下更多正面的回饋。就是要儘可能地讓進入我們網站的潛在顧客有高機率的轉換。

然而，再怎麼提高轉換量，若是廣告成本高於銷售產品／服務而獲得的利潤，就沒什麼意義了。舉例來說，假設有個產品的單價是韓幣一萬元，利潤率為 30% 韓幣 3,000 元，為了賣出這一個產品，花韓幣 3,000 元的廣告成本，這麼一來，收益就會是零。萬一廣告成本超過韓幣 3,000 元以上，而且還持續地支付下去，那麼就算提高了轉換率，也會虧損得越來越明顯。

「轉換」在廣告的運用上是很重要的指標沒錯，但在判斷事業成功與否，就得要站在「銷售和利潤」的觀點上具體好好思考。

再者，廣告投資報酬率在比較的是廣告成本及所發生的銷售效益程度。這裡的「收益」是包含投資金的純銷售額。這項數值越高，就可以說成本效益高、廣告經營得很好。

廣告投資報酬率（ROAS）＝銷售額／廣告費用×100%

ROAS 就是銷售額除以廣告費用的值，舉個例子，銷售額為韓幣 2,000 萬元，而網路廣告成本為韓幣 200 萬，那麼 ROAS 值就等於 1,000%。正值成長期的線上購物網市場，平均 ROAS 為 400%，最高為 1,000%。但考慮到近年每度廣告效益呈下滑趨勢，在起初執行時，要抓 200~300%左右就好，若有達標，就持續地做些改變即可。

檢查 ROAS 時，無法單靠數值就判斷效益是好是壞。別只期望 ROAS，要根據廣告對象的產品／服務的個性來擬定相關的行銷策略。像是服裝類、化妝品和零食這些具有高度購買者涉入及深受其影響的項目，更應該注重在策略。

「涉入」的定義為消費者在購買貨品或服務時，投入在探索資訊的時間和努力程度；上述提到的服裝類、化妝品和零食，都是代表性的高涉入產業群。在這領域裡，產品並不會單純因廣告曝光而被選擇，反而會被圖像與品牌力等因素影響購買。在這種狀況下，與其以 ROAS 成果為基礎持續投放廣告，不如執行強化品牌的策略，像是製作出能強調品牌形象的圖像和影像並使之曝光、製作網路名人開箱回饋內容，或是新聞廣告等等。

若必須立刻有銷售成果，可以專注進行針對新顧客、以 ROAS 為基礎的廣告，在投資期間和成本等方面還有餘，從產品／服務的品牌廣告觀點上切入會比較好。

網路公關行銷必須耗費大量時間持續堅持地做。假使耍一些藉由數量取勝、瞬間爆紅的「小聰明」，其效果很快就會掉落。譬如：不花錢買假粉絲，決意一定要獲得許多會留下真誠回饋的真正顧客，這才是最該具備的策略性態度。等到累積了一定程度的回饋、市場也有不錯的反應時，就果敢地擴大網路廣告的投放來提高效益吧！

別一開始就把一切投注在一個媒體上，應該要同時執行兩個以上的廣告產品，並仔細地分析廣告的結果，便能篩選適合公司的廣告產品。在投放廣告前還有一件最該優先考慮的事，那就是要好好建構網站，以免顧客進入網站後卻感到失望而離開。當提前做足自己該做的功課時，其成果也一定會很了不起的。

PART

7 面對危機時，更發光的公關

平常就要做的危機管理

危機對小公司、新創公司、小工商業者、非營利團體以及一人公司是致命的。因為沒有專門處理危機管理的團隊，所以從體系上來看，難以監測潛在危機，在危機狀況發生後，也往往無法做出正確的應對。總是在問題爆發後才要來掌握狀況、忙著準備對策而四處奔波，結果就直接錯失最佳的應對時機。不能只是樂觀地覺得「我們公司才不會發生那種事」，也不能一開始就覺得「怎麼可能阻止危機的發生，只能乖乖承受」而放棄。危機，不管在誰身上都一定會發生，雖然無法百分百事前防範，但只要平常好好管理，發生危機時也好好去應對，那麼就可以將損害降到最低。

危機不全然是不好的。雖然得付出昂貴的學費，但可以透過危機學到很多事情。藉由危機，就有機會回頭看看組織的溝通體系或文化，若能好好整理發生危機與應對的所有過程，那就會是比任何一份資料都還重要的經營訣竅。而且，也有些實際案例就是因為展現了克服危機的模樣，而增加了人們對組織好感度。

在企業和團體上，可能會發生的九種危機類型

若站在組織的立場來看所謂的「危機」，就是具有高度不確定性，讓組織的立足目標遭到威脅的一連串具體的、沒有預期又非日常的事件。若以經營學的角度來說明，就是「所有會導致股東價值減少的事件」以及「在實現組織的策略、業務或是財務的目標的過程中，會帶來一些影響未來不確定的

事件」。也就是說，危機等於是有機會對組織和組員的未來成長、利益，甚至是生存構成威脅的事件。要是錯誤地應對，因而造成負面印象，除了會影響該組織，甚至會牽連到業界以及所有利害關係人。

隨著組織的狀況及環境，就有各種不同的組織危機類型，而美國危機管理專家蒂莫西・庫姆斯（Timothy Coombs）教授將其大致歸納出九種類型。在接續往下看的同時，也試想看看我們的行銷公關組織可能正曝光在哪些潛在危機之下。

1、謠言：此為針對組織或產品散播虛假資訊之情形。隨著網路媒體和社群網站普及，越來越多人因惡意的留言、傳聞散播而受到傷害。

2、自然災害：組織因氣候或天災受到損失的情形，例如地震、洪水、颱風、暴風、颶風等。

3、惡意：外部人或敵方針對組織表露憤怒之情，或是想致使組織發生一些改變，而採取帶有目的性的行動，造成組織的損失。舉些例子，像是社群網站上的惡意評論、毀損產品、綁架、惡意謠言、恐怖活動、間諜活動等等。

4、技術問題：因公司所使用或提供的技術發生問題、造成故障之情形，例如職業災害、軟體異常、產品下架召回等。

5、職場暴力：由前、現任員工於公司內部對其他同仁施予暴力之情形，這例子有職場殺害或傷害同事等事件。

6、抵制：因利害關係人對組織心懷不滿，造成對立之情形，包含不買運動、罷工、提告、來自政府的罰款、抗議等等。

7、大規模損害：因為意外事故而對環境造成傷害，像是石油外漏、輻射外洩等。

8、人為疏忽：因為人的失誤而造成混亂之情形，例如職業災害與產品召回等。

9、組織犯罪：明知會傷害利害關係人，或使其暴露在危險中，沒有充分經過事前溝通，就擅自採取行動之情形。只優先考慮經濟利潤而忽略社會價值之行為、針對利害關係人的計畫性欺騙，以及經營者採取不道德或非法之行為等等皆符合此情形。

危機發生後才應對就遲了

令人諷刺的是，大部分的危機並不是意料之外的事，而是那些曾隱約想過並擔心著「這樣做好像有點危險」的事。其實我們都有依稀接收到可能會發生危機的信號。如果等到危機發生之後才來應對，就「遲了」。並非只要在危機發生時做後續處理就好，事前就要擬定防範危機、應對危機的計畫，這相關的管理技術是一定必要的。開始做事業的那刻起，就總是要把可能會發生危機的事情放在心上，好好予以管理，並且平常就要定下對策才行。危機管理是「每天平常」就要做的。

危機管理中，最重要且最該先做的就是將危險因素降到最低。平常就要好好檢查組織上下、找出組織的潛在危機，並培養能於問題發生時及時解決的能力。

◎守法做生意

觀察最近創業的或個人的危機與議題，就會發現有很多都是因為不守法而發生的。為了獲取短期利益，而做出違法行為、逃稅或者不好好遵守勞基法，結果自食惡果，受到更大的損害。危機管理的用意並不在於阻止違法行動。應該要遵守法律、腳踏實地做生意，這才是有效危機管理的第一步。

◎理解社會且不違逆輿論

新創公司、小工商業者、一人公司、自由業者等於是在白熱化的商務現場中孤軍奮鬥，或許不太會關注跟業務沒有直接相關的社會現象；對於競爭對手或業界動向的資訊十分敏感，但在開闊視野這部分太遲鈍，以致於無法看清楚社會的真相。必須懂得觀望整個社會各處正發生著什麼事又如何發生，並且讀出脈絡才行。

若把最近在社會當中反覆發生的危機和議題整理出來，大概就是#MeToo、時代隔閡、甲方行為、環境保護、產品下架召回與理念分歧等。#MeToo是關乎貶低女性、女權主義等的性別議題；在#MeToo爆發後，男性和女性站在彼此的對立面，引發性別間的對決。甲方行為的議題，其範圍逐年擴大，但也一如往常，往往都是身為公司的代表人成為輿論焦點。以氡氣（無色、無味的稀有氣味，具有高度放射性會對人體造成危害）、汽車起火和食品異物為代表的產品安全性問題也引起了熱議，而因為這些問題造成的產品下架召回議題也受到人們高度關注。

隨著影像消費的增加，促使YouTube急速成長，透過網路名人進行的行銷活動也越來越多，就像演藝人員一樣，日後網路名人和YouTuber與合作公司產生問題時，會被放大檢視的機率也越來越高。隨著網路公關行銷活動越來越熱烈，就越會導致極為刺激性的內容產出，也越可能會做出超過普遍倫理和常識的危險行為。

這些網路危機往往都是因為觸發一般大眾而擴散的，也就是說，光靠阻止幾個新聞媒體是行不通的。這也正是現在需要針對網路行銷 —— 小公司、小工商業者、新創公司和個人正積極使用的行銷管道 —— 充分進行檢查並做好危機管理的原因。

◎他山之石策略 —— 從其他公司面臨的危機來學習

危機的類型可以歸納出幾個形式。在類似的類別中，狀況都稍微不一樣，而每個公司的應對方式又形形色色。也許我們現正經歷的這些危機或問題，其實在其他組織裡都發生過而廣為人知。

「現在那公司處在傷腦筋的狀況，對我們來說就是個機會。」作為一位經營者，若只有這樣程度的想法，就表示格局太小了。若競爭對手或同行業者發生了危機，就理當作為警惕，或許那些危機在未來也會發生在我們組織身上，要做好標竿管理，好好分析危機發生過程與事後管理方法。

◎回顧組織文化 —— 定出平時溝通的文化

組織文化是由人共同打造出來的。剛創業時期，所有團隊人員都像家人般親密，會彼此溝通、分享創業哲學，但往往在組織規模變大了以後，隨著新職員的加入與時間的流逝，組織文化和溝通程度都會與昔日截然不同。

一旦發生危機，就會赤裸裸地暴露組織的溝通程度。代表人在問題發生的當下，比起不假思索相信著整個團隊人員都會帶著同一份心情、井然有序採取行動，更應該要客觀地評估內部的氣氛如何、員工間彼此的溝通是否良好等問題。

有很多的危機都是由內部所造成。員工之間發生糾紛、缺乏理解、放任不合理的工作環境等，都有可能會對組織生存造成威脅、迎來大危機的導火線。若想要擁有健康的組織文化，不能只有老闆主張組織的價值與展望，務必讓這些也滲透到工作體系與員工的想法當中才行。

這樣的文化，可以事前防止危機的發生，而且就算真的發生危機了，那也是一股足以解決當下危機的動力，是如此可靠的資產。

100－1＝0。這種狀況會發生在組織和我沒有妥善應對危機的時候。一次的失誤、對危機無感，都可能在瞬間毀掉數年累積起來的成果。從微小的跡象好好觀察吧！謙虛地好好回頭看看我們自己，這就是危機管理的開始。

製作符合自己的危機管理作業手冊

將不安和擔心降至最低的最佳方法，就是去面對那些事物。別只顧著害怕，具體地寫在紙上或是整理成言詞，就能看清問題出在哪裡。事前就找出可能遇到的潛在危機狀況，並試著模擬相關的狀況與應對方案吧！危機管理作業手冊就是將這些危機管理計畫整理好後分享給員工、利害關係人。

製作危機管理作業手冊的第一步，將潛在危機具體化

撰寫危機管理作業手冊時，公司管理階層當然要參與，也儘可能招聚員工一起，首先鎖定在未來六個月至一年的期間，列出所有可能會發生的議題。組織內部的所有業務負責人可以自由提出意見，例如近日最常收到的客訴事項、銷售現況、競爭對手的動向、新聞報導、快速變化的消費趨勢以及雇用員工時產生的問題等等，如此一一蒐集。

把其他公司所發生的危機作為範例，套用在我們內部時，就能看得更清楚。像是近年來最大的問題就是新創公司老闆的甲方行為造成的爭議，這種事故絕不是只有那一天才發生的。沒有好好察看危機，危機就會像毒蘑菇一樣變得越長越大。

從事以網路為主的生意時，更應該要專注在尋找網路中的潛在危機與應對措施。若能在官方網站上經營消費者公告版，或是創建一個社群網路上的溝通窗口，那麼就能在一處集中所有的問題並予以管理。要組織一個能專門處理網路上消費者不滿的團隊，在平時就要好好培養這團隊的能力。熟悉網

路媒體，又具有靈活的使用能力，同時也能與公司內協同部門進行密切合作的人，就該把事情交給這樣的人負責。

危機管理作業手冊中，最重要的是質量而非分量

就這樣把得出的問題與各種議題依類型做分類和歸納，才會知道讓自己很茫然的部分，其實根本就「那幾項」而已。讓問題浮出水面時，就能明確地看見我們無法控制的事情與現在立刻可以做的事情。因外部環境的變化所造成的事，也就是超出內部管理範圍的部分，就該進行以「監測」為主的危機管理；需要介入的核心危機管理的部分，則可依照重要與急迫程度列出管理範疇。

接下來就輪到該寫腳本的時候了。試著假設危機狀況的發生，並詳細地定出該如何受理、報告給誰，如何組織危機管理團隊，還有，要與何種外部機構如何合作等。

不是把危機管理作業手冊製作得厚重、內容鉅細靡遺就一定是好的。即使以政府機關或大企業的危機管理作業手冊為標準，參考其方式來製作出厚厚一本，若這些內容只放在電腦或撰寫者的腦袋裡，那就沒有意義了。危機管理作業手冊是所有員工都要熟記的內容，而這些內容都必須在危機時刻能馬上浮現在腦中，才能發揮效用。針對這個部分，專家建議：「各企業或團體，只需整理出必要的核心內容，製作時儘可能不超過 10 頁。」

撰寫危機管理作業手冊時，務必確實做到的六項核對清單

❶ 發生危機時，誰是控制者（危機管理總負責人）？

❷ 處於危機狀況時，該由誰擔任發表公司官方聲明的發言人？

❸ 哪些人是預設的危機管理團隊成員？

❹ 危機發生時，是否已定下能隨時進行報告、互相流通資訊的報告體系？

❺ 是否已整理出組織內部的緊急聯絡網？

❻ 是否擁有必要時可進行諮詢的外部機關（法律、勞務與廣告等等）名單列表？

規模大的組織會由以專業人士組成的危機管理團隊來應對，但小公司、新創公司或一人公司就得由老闆和幾位員工臨時組織來應對。但這並不代表一定就是劣勢。若能做到危機管理裡最重要的「快速又正確的溝通」，「由核心人力所組成」的小型危機管理團隊會更有效率。

因此，要好好集中在小公司的特性上，也就是彼此之間快速且順暢的溝通能力。根據方才導出來的危機類型，賦予每一位公司員工所需擔當的責任與角色，讓大家都成為危機管理的負責人，這也是個不錯的策略。假設針對我們公司可能會發生的危機，最後歸納八種出來，那麼就可以按照業務的相關程度，讓八名員工分別擔任其中一個危機的負責人。發生危機時，要督促所有人以總負責人 CEO 等為中心來合作。當組織成員因著自己是危機管理負責人或是隸屬於危機管理團隊的一員，而感受到歸屬感時，就會進一步產生責任感。熟記不同情境下的腳本以後，若能帶著他們進行模擬訓練會更好。

擬定符合危機狀況的應對策略

善後危機時，都得煩惱著我們公司的立場態度、要使用的應對方法和尺度等。是一律道歉呢，還是逐一斤斤計較、跟別人爭論呢？無法斷定兩個中哪個是正確答案。如果很明顯自己有做錯的部分，那麼必須趕快認錯，然後專注好好想對策才對。即使我們這方沒有任何法律責任，也別直接表現出防禦姿態，應該要以謙虛的態度，表達我們的遺憾才行。另一方面，針對不當的謠言或惡意攻擊，則要強硬地來處理，並阻止傷害的擴散。我們來了解一下，在面對因惡評者的攻擊、誤報或是內部糾紛而受到損害時，能好好應對的方法。

◎【危機管理情境腳本 1】

如果在網路上有惡評者不分皂白地攻擊我們……？

若是因社群網站上不分皂白地留下惡意評論，造成無法正常經營事業，甚至受到致命性的損失時，那麼就要積極地採取防禦行動。最該先做的事情就是蒐集惡評者的相關證據。將惡意評論發布的日期、帳號與評論內容統統截圖起來，記得畫面要清楚，然後保管好。之所以需要在平時好好做議題管理、不間斷地監測社群網站，為的都是防患未然、遏止損失的產生。

經過第一階段警告惡評者後，要是沒有任何改變，那就提告。不過，即使花錢、花時間，透過搜查機關的調查後，最終贏了回來，但也可能會對我們帶來負面形象，所以盡量不要走到這一步，最好就在那之前和解。

◎【危機管理情境腳本 2】

如果被爆出與事實不符、扭曲真相的新聞報導……？

若因扭曲真相的新聞報導而造成損失時，應盡速執行防禦策略。新聞報導很有影響力，一旦被報導出來，就容易被人認為是既定事實，因此，需要比任何時候都要快速地做出判斷才行。「等時間過了就會淡忘了吧？」若是帶著這種安逸的想法，而沒任何應對，這些報導反而會在網路上持續不斷被分享而擴散。首先，最要緊的就是要確認並掌握新聞報導所提到的內容是否屬實。要確實地確認公司內部到底有沒有構成問題的事項，有沒有違反法律、社會的事項。經過內部的確認以後，判斷報導的內容與事實不符時，便可跟著以下步驟來走。

①針對錯誤的報導內容，將其真相與根據整理成文字。還有，內部必須明確地決定出我們的訴求。或許是要求他們刪除或修改錯誤，也或許是要求他們發表一篇更正內容的訂正報導，又或許是要求刊登反駁報導，提出我們公司所主張的真相或反駁的內容。

②聯絡撰寫該報導的記者，在傳達真相的同時，也要針對我們的要求項目進行協議。聯絡記者時，可以直接透過報導下方寫著的記者電子信箱聯絡，也可以打電話聯絡報社公司，詢問記者的聯絡方式。發布訂正報導的意思是記者承認了自己所犯的錯誤，所以若沒有正確的根據和事實資料，記者是不會接受的。

③與記者無法達成協議時，就發正式公文給報社公司。公文中，應列舉出因不符合事實內容的報導而遭受損失項目，並附上證明與說明資料。此外，也可以附上希望能刊登訂正報導或反駁報導的做法和報導文案。

◎【危機管理情境腳本 3】

如果是從內部傳出引發危機的事情……？

內部溝通的重要程度不亞於對外溝通。在以前，公司內部的事也就自己人說一說而已，但是現在有很多都是因為內部被爆料出來的議題而讓企業陷入危機的案例。除了因為現在是瞬間就能傳遞資訊的數位時代，再加上員工看待公司的認知已經和以前不太一樣的關係。經營者當然希望所有員工無條件對公司忠誠，所以要建立能合理且真正與他們聊天、對話，藉此發洩不滿情緒的內部溝通系統才行。

公司代表或危機管理負責人必須定期蒐集內部員工的不滿事項，然後認真尋找化解方案，也要用心去想如何幫助大家振作士氣。不是只有表面上解決，要致力於找出能在根本上解決內部議題的對策，讓員工能說出他們最真實的聲音。在經營方面做出重要決策之前，應該先好好推測並檢視內部的人可能會出現的動向；為了平時就能讓員工彼此間有暢通的溝通，一定要打造出那樣的氛圍，而這些就是能防止由內部引起危機並予以管理的方法。

適用於一切危機狀況的妙策或解答是不可能存在的。即使是再怎麼優秀的危機管理專家，也不容易提出一次就扼殺危機的方法。「危機隨時都會發生」先從認定這點開始吧！平時就要想像最糟的狀況，在腦海中描繪出應對方案，這就是危機管理的祕密對策。就算在腦海裡發生一場很可怕的危機，自己也能隨時糾正、改正並做好應對，所以這有多慶幸呢？

危機實在是很微妙的存在。當你迴避它還裝不知道時，它會比預想中的來得更大；反觀，我們讓它浮出水面，也做足準備時，它反而會直接安安靜靜地從旁邊走掉。

危機發生時的可做&不可做

即便花心思在議題與危機管理上，整理好管理作業手冊，做足萬全的準備，仍無法完美躲過意外事故和災害等。不過，重點還是在於事發後如何處理。接著我們來看看遭遇危機時，一定要做的五件事與絕對不能做五件事。

危機當下一定要做的五件事

1、迅速地確認事實真相

遭遇危機時，確實了解事情現況是最該先做之事。就是要先查明到底是事實還是傳聞，是實情還是揣測。不可無條件防禦性地隱藏，莽撞地加入個人說詞而對外訴說。必須遵照以下六件事：哪種方法，追究何事、何時、何地、為何以及如何，藉此掌握事實才行。

2、掌握並分享即時的輿論動向

要盡速掌握新聞或社群網站上人們對事情的認知為何，也要掌握事情是如何被報導的。要監測新聞報導，也要知道人們都在社群網站上發表了什麼留言，然後再來決定該以什麼態度來應對。不要看到每則留言就反應過激，也不要去找新聞媒體吵架，而是要先查看整個輿論的動向。但別花太多時間在監測上，也別以為只要時間過了都會安靜下來就迴避。因為危機管理最大的敵人就是「錯失時機」，也就是說，這麼做就可能會導致犯下「錯過最適時機」的錯誤。

3、對受害者表達同理心與道歉

如果是一件有受害者的事件，那麼對受害者的同理心及道歉應擺在最優先。發給像新聞報紙或電視新聞等各家新聞媒體的新聞稿中，一定要提及對受害者傷痛的感同身受，並誠心誠意向受害者表達歉意。必須體會公司內部也可能會出現受害者，好好確認與之相關的部分並確實應對。當老闆展現出滿滿責任感的態度、真心予以道歉時，往往就會有轉換危機局面的可能，並且產生解決危機的端倪。但事實上，以迴避責任的態度來面對，以致引起公憤的狀況反而是更多的。

4、迅速地應對新聞媒體

掌握事實、決定組織的立場之後，接下來就是要製作組織該發布的官方訊息。這份資料也會有很高的機率會使用在日後新聞報導標題或內容，所以作業時應慎重地進行。許多危機專家建議，事件發生後的 24 小時內就要發表新消息，這樣才有助於狀況之善後。

也必須密切關注網路上即時形成的輿論方向。藉由留意輿論方向，仔細衡量該事件的爆發力或蔓延的程度，然後再決定下一步。意思是，不知道事件是會消停，還是繼續延燒，所以要做好預備，像是準備進行下一個動作等等。從像是學者、律師等這種握有輿論主導權且信賴度高的人那裡取得有利證詞，這也是很好的策略。危機當下，新聞媒體會和專家接觸，而專家所提出的意見往往會影響輿論。如果此時，有理解我們的立場，也願意替我們說明的專家團隊，就積極地把他們介紹給新聞媒體，讓大家聽聽專家的說法，這個方法會很有幫助。同時，也要迅速決定好要傳達的核心訊息的主要內容與辦法。危機時的組織發言人，一般來說應由公司代表人或組織上層來擔任最佳。

5、強化公司內部的溝通

為了好好應對在外部所發生的危機，內部一定要團結合作。一旦發生危機，動身應對外部的狀況前或是進行過程中，一定要與內部員工達成溝通。要讓員工了解現在正發生的狀況並依照公司的計畫或方針按部就班地行動。迅速地對員工說明事件的來龍去脈，並公開統一窗口，當外部提出疑問時，全交由危機管理負責人或負責的團隊與外部接洽。

為了不讓不確定或可能造成混亂的內容由員工往外說，應該要確立同一發聲窗口。必須努力具備密切的通報系統，所有人要能在發生危機狀況的每時每刻，都透過公司內的緊急聯絡網、Messenger 與電子信箱等把相關資訊即時地傳送給事件應對團隊。

危機當下絕對不能做的五件事

有時，比起知道什麼事情該做，更有效率的是知道「哪些事情不該做」後再做。危機時刻就是符合這種狀況。慌慌張張、躊躇不決，還以見機行事的方式來應對，只會讓狀況變得更糟。看看最近發生危機的企業與組織，就會發現有很多都是因為做了不該做的事，導致問題變得更棘手。

最具代表的例子有過度情緒化地哭訴、老闆不恰當地介入以及迴避爭議核心的道歉文。

1、不可說謊

說謊、顛倒是非或輕看等，都會招致更大的禍。謊言終究都會被揭穿，而且在被揭穿了以後，就會被輿論厭惡、冠上可惡罪而受凌辱。若藉由掌握事實，確認到確確實實是自己的錯，那麼就要迅速承認，並公布後續的對策，這才是平息問題的最佳途徑。

2、不找藉口開脫

與受害者見面或是面對新聞媒體時，既要謙虛，態度也要坦蕩，全程都應以客觀事實為基礎來說。找藉口和表明立場是不同的。想要說服對方時，必須以客觀事實為基礎來表明。

這時，撰寫成文字來傳達會比用說的更有效。不可因為覺得冤枉就感情用事，也不可把不平不滿對著受害者和媒體發洩。說話時要謹慎，別只是強調公司立場，或是說出會造成其他企業和他人傷害的言詞。應對時，與其一一地向個人、各媒體解釋，不如就在公司或團體自有的媒體官方網站、社群網站等處刊登整理好的所有事實內容，這樣也更有效率。

3、儘量不使用太難的專業術語

向受害者、大眾、新聞媒體等傳達事實時，請使用簡單易懂的詞彙。如果因為是技術方面的內容，就都使用專業術語，只會讓人更加混亂。比起解釋技術性的事，更應該直奔問題的核心，是出於什麼問題而造成的傷害，又會如何解決問題，依照對方的程度和好奇心將其內容傳達出來。溝通的開始，就是要使用對方可以理解的語言。

4、別躲媒體的聯絡，也別濫用「不予置評」

危機當下，無回應才是最危險的策略。說「尚未掌握是否屬實，不接應任何人的聯絡」，並完全切斷來自外部的電話，這樣反而會引起憤怒情緒，形成負面報導與輿論。即使是處於無法掌握所有狀況之情形，也不能保持沉默。「現在正在掌握中，會在何時整理好立場」像這般只是告知現在的進度，也會是個很好的溝通。若一直都是無回應的狀態，就可能會導致利害關係人站出來主張非事實的內容、提出質疑，恐怕會不小心讓既有事實失焦。重點是別因為「資訊的空白」而造成威脅。

儘可能地迅速整理好公司的立場後發布資料，並與大眾、媒體進行溝通，若是不太方便進行發表，那就得把理由交代清楚才行。若給出「不予置評」的回應，就會被看作是毫無責任感的組織。

5、別讓個人立場的意見曝光

請記得，與新聞媒體通話、接受採訪，都不是個人的事，是以公司的正式立場來做的。別因為對方是認識的記者，就不顧前因後果叫他幫忙看看，也別在內文中增加訴苦的部分，讓未經確認的內容流傳出去。在危機當下，與新聞媒體接觸時，別忘了一定得透過報導這管道來連結。可能與公司立場衝突的個人看法、揣測性的發言與辯解，是絕對不會帶給危機管理幫助的。若能在接觸新聞媒體或其他媒體之前，安排進行事前預演，就能減少失誤的發生。

藉由好的道歉來度過危機

面對危機的策略中，最多也最先會做的就是「道歉」。不過，所謂道歉，絕對沒有看上去的簡單。縱使在輿論推波助瀾之下，讓老闆不得不站出來低下頭，也不一定能成功安撫輿論，甚至可能還會激起更嚴重的指責。像是說要向民眾謝罪，而把記者都叫來，卻只是在台上快速地把道歉文讀過去，也不接受任何提問就離場。或者，感覺好像要道歉，但全程一直在辯解、推卸責任。做出這種「非道歉式的道歉」反而會引起公憤。也曾有個小工商業者，他們與在網路上留下不滿事項的顧客透過留言一來一往、吵來吵去，最後敵不過輿論的指責，只好關門大吉。

「好的道歉」該具備的五個條件

道歉也有分「好的道歉」和「壞的道歉」。並不是自己道歉了，事情就會結束。當對方接受那道歉時，才有意義。接著來了解看看為了達到「好的道歉」該具備的五個條件吧！

1、把握時機

若有需要道歉的事宜，別吞吞吐吐，要在適當的時機做。必須要具備能迅速執行的判斷力。發生危機後的 24 小時內做出什麼樣的應對，就會決定組織是能讓危機化為轉機，還是釀成更大的禍患。以確認內容的正確性為由來拖延時間，只會讓事態更惡化罷了。只要確認到錯誤，就要迅速道歉才行。

2、感同身受後的道歉

為了帶著真心、鼓起勇氣來道歉，要先理解對方的憤怒與傷口，並感同身受。若沒有同理心，就不可能誠心真意地向對方道歉。對於受害者、潛在受害者經歷的憤怒和傷口，要真心地有所認知、理解，這樣才會鼓起可以道歉的勇氣。

3、不要用「萬能道歉文」和「自動回覆系統」搪塞

要坦承公司對消費者造成了物質上或精神上的傷害這事實。認錯就是「真正的道歉」。無法從道歉中得知是誰對誰犯了怎樣的錯，是屬於零分的道歉。「我們不是故意的，但如果是因為我們公司而造成問題，那麼我們向你們道歉。」這種「條件式的道歉」也是最糟糕的。形式上來看是道歉沒錯，但卻是會讓對方聽了更生氣，也就是非道歉式的道歉。那種不論是誰都可以用在所有狀況的「萬能道歉文」是不存在的。像是自動回覆系統 ARS 的機械音那般無法感受到真心的道歉，就只會讓對方更惱怒。

4、傳遞補償的心意

所謂的補償，是為了矯正因我犯的錯所造成的錯誤而定的對策，其意義是要將狀況恢復到受損之前。如果是必要，或者如果可以，由金錢和物質一起補償為佳。

5、約好不再犯類似的錯誤

這指的是，要明確地說明「事後要如何做」的補償方案。公開了犯錯的根本原因之後，要展現並表達再也不會讓這種事情發生的意志，人們才會接受道歉。

好的道歉，基礎是「真誠」

在做危機管理時，被認為是最重要，而常被拿出來討論的部分就是「真誠」。好的道歉的基礎一定要是真誠。試著把它運用在危機應對裡看看，以真心代入他人的情感並帶有同理心，這樣消費者和大眾也才能感受到蘊含在我訊息裡的誠心。公司的危機管理能力與公司的評價有直接的關係。

因為社會對企業的社會責任與道德倫理要求越來越高，與此同時，對顧客來說，相較於公司的產品和服務，更看中企業的活動、意圖以及危機當下所展現的態度，這些都是用來評價企業的標準。以真誠為背景的危機溝通，有助於讓因危機所產生的傷害和損失降到最低，也是唯一能讓消費者的指責轉為好感的方法。

到這裡，會讓人再次反覆咀嚼「真誠就是答案」這句話。

/ column /

藉由好好道歉讓危機化為轉機的企業

◆ Airbnb —— 解決問題的根本

Airbnb 為出租住宿平台的新創公司，Airbnb 在創辦後第三年面臨了嚴重的危機狀況。不過，因著積極地道歉和訂定出事後對策，反而提升了人們的好感，也讓事業發展得更穩定、成長得更快。

事件是這樣的：有一位女屋主將自己的房子出租給 Airbnb，房客卻把房子弄得亂七八糟，屋主向 Airbnb 投訴、告知這件冤枉事，但並未收到合宜的回覆，隨即她便將這事上傳到部落格，而這整件事就這樣迅速傳開。

如果人們都認為把房子出租給 Airbnb 是一件很危險的事，那麼就不會有人想這麼做了，事業本身也就容易在這種狀況下倒閉。再加上，一位 Airbnb 管理高層人員與受害者聯絡，要求她下架那篇抗議文章的這事被公諸於世，讓狀況更是雪上加霜。但後來，Airbnb 真心地向受害者道歉，也積極地採納受害者的建議事項，將 24 小時的顧客熱線定為經營核心。

此外，也建立了劃時代的補償系統，若是有 Airbnb 的房東遇到這種類型的損失，可以獲得來自 Airbnb 的美金一百萬元補助。Airbnb 不是使用權宜之計，而是使用了能從根本上解決問題的方案，所以 Airbnb 才能安撫指責的輿論，也才能改善事業本身的結構。

◆ 外賣的民族（Baedal Minjok）
—— 即使不是我們犯的錯，也會積極地解決

外賣的民族（Baedal Minjok）（簡稱外民 BaeMin）為韓國外送應用程式的新創公司，他們也是因為積極地道歉、定出對策，才克服了危機。

事件經過是有一位點餐人遭某間餐廳加盟店店長在網路上外洩了個人資料，還遭到那店長的威嚇，事發之後，形成了「很怕用外民點餐」的輿論。明明是該加盟店店長的錯，公司沒有任何法律責任，但是，外賣的民族依然全面積極應對，他們立刻與該餐廳老闆解除加盟契約，並向受害者約定將資助所有需要的款項。

如果是受害者希望的，不僅是辦理新的手機號碼，連搬家的費用都願意贊助。經過這樣的危機處理後，人們對外賣的民族的指責逐漸消停，還對公司產生了更多好感。

PART 8 自媒體時代，這樣宣傳自己

讓「自己」這品牌上市

組織的公關行銷大致分成兩個方向。一個著重在銷售個別產品／服務的公關行銷，另一個則是針對整個組織的品牌力或形象宣傳。

著重在銷售的公關行銷，就是把焦點放在儘可能地宣傳產品，以便提高營業利潤。而品牌力或形象宣傳就不是以特定產品來做，而是為整個組織來宣傳。宣傳代表人與企業的價值觀、宣傳企業的社會責任、管理標誌與商標權、危機管理以及跟員工溝通管理有關的內部溝通等，統統都包含在這裡。

沒辦法直截了當地說兩種之間哪一個比較重要。以銷售為主的公關行銷能在短期賺取營業利潤，但形象宣傳能在中長期提高組織價值並累積無形資產，其價值也越來越大。不過，對於時間、費用、人力均不足的小組織來說，要做公司的形象宣傳，尤其宣傳代表人，就覺得像是遠在天邊的事，也認為：「我手上哪有什麼值得拿來宣傳的？只要努力工作就行了吧？」

該讓「自己」這品牌上市的原因

越是規模小的組織，整個組織的形象宣傳就顯得越重要。尤其，以中小企業、新創公司、一人公司及自由業者的狀況來說，「公司就等於老闆」，創業原動力憑靠的是老闆的哲學和意志，產品與服務的開發、上市是由老闆一手主導。老闆必須親手經營所有事務，甚至也要由自己包辦和股東或投資者見面並介紹公司等大小事宜。

偶爾遇到記者，想必也需要對記者介紹全新上市的產品。員工的雇用與教育訓練等，這些組織管理也被歸類在老闆該做之事中。誰是公司裡最有技術能力和經營能力的人？誰的腦海中有將來公司發展方向和總體計畫？是誰對組織抱有最多的愛，又是誰對組織成長充滿最多的熱誠？如果要經營一家實體店面，誰最適合站在第一線面對顧客？

如果你的回答是「我」的話，那麼你就代表公司，就是組織。完全就是字面上的意思，你就是代表人物。所以，針對自己做的公關行銷，會對公司、產品宣傳帶來很大的影響。為「我自己」做公關行銷的目的，就是要讓外部市場、業界與社會了解「代表組織或公司的存在 —— 自己」、理解組織的價值觀，並透過這過程獲得外部的認定與喜愛。如果說針對產品或服務的販賣做的公關行銷是突擊部隊，那麼為公司做形象宣傳、為老闆做宣傳就是掩護部隊。由持久戰而非短暫交戰所構成的戰爭裡，會隨著掩護部隊的實力是強是弱而分出勝負。

之所以要為「自己」宣傳，還有另一個理由，那就是在公司成長的同時也幫助自我成長。小工商業者、一人企業家與自由業者都是把自己的臉視作名片和顧客見面。就像品牌在誕生後會不斷成長、市場越來越大一樣，稱作「自己」的這品牌也是如此。

「宣傳自己」的第一步就是根據目的選擇概念

進行公關行銷的方法，不管是針對產品還是針對人，以大框架來看都是一樣的。就是要考慮現在的狀況和事業性目的，再根據公關行銷的目的，想想該以何種概念展現「自己」，並試著將其具體化。這並不是在要求強行編造一種形象、在大家面前演戲，而是在我所擁有的各種層面中，探索並開發值得讓對方產生好感與信任，還能提升公司形象的部分。

可以在「宣傳自己」的方向裡融入商業個性、我的強項以及往後想在某個領域成長的展望等來進行概念化。根據組織個性或狀況，或許還能附加一些形象，像是嚴謹又做得徹底的 IT 開發人員、精通協商的解決問題之人、很有興致的專業表演者、如鄰居姊姊般溫柔又體貼的咖啡店老闆，或者是既博學多聞又很有洞察力的學者等等。

「宣傳自己」的概念，用能定義自己的字句來表達即可。把它具體地定義出來，最好是讓人聽了之後，瞬間就能產生具體的。「如果有天我上了新聞報紙，上面會怎麼介紹我呢？」，或是我要出書時，「作者介紹欄的第一行會是什麼內容呢？」，在腦中想像這些來整理看看吧！

概念就是由形象和活動內容為基礎所構成。強行套上的形象就會如同穿上尺寸不合的衣服那般看起來很尷尬。而且不僅自己本人，連對方也能馬上察覺到其偽善。比起打造形象和概念，其實從裡面散發出來的事物是更為強烈的。

需要「宣傳自己」的時刻

需要「宣傳自己」的時刻，會是什麼時候呢？以結論來說，就是進行企業活動或社會活動的所有時刻。尤其，需藉著「宣傳自己」來提升大眾認知度的有效狀況，其實就是與新聞媒體見面的時刻。人物專訪、新聞採訪以及專欄投稿等，皆為能將自己展現出來的絕佳機會。要做好準備，讓自己即使在意想不到的狀況下接受採訪，仍可在那瞬間展現出最合宜、友好的形象。

與新聞媒體見面時，儘可能做好充分的事前準備，根據新聞採訪的意圖和他們想索取的資訊來決定我需針對哪些部分談論怎樣的話題、提供怎樣的資料，以及展現出怎樣的形象。你是否認為「我這輩子都不會跟新聞媒體打交道，也沒機會？」這種想法不適用於這個數位時代。就算不是具傳統意義的新聞媒體，最近「類似的新聞媒體」多到溢出來。不得不靠公司官方網站、部落格、YouTube、Instagram、Facebook、電話、簡訊、Kakao Story 等向他人展現自己，而這些的傳播力或波及效果其實都不亞於新聞媒體。此外，IT 或技術業界中常作為行銷一環來進行的技術研討會、教育及研習講座等等，這些許多活動都是該參與的。就算不情願，在我們面前仍然會有無數的曝光瞬間來臨。還有，在那瞬間所展現的形象、文字、發言、肢體動作與表情等都將累積在「自己」身上。

「宣傳自己」的核心是「故事」，而非「資歷」

往往會認為「宣傳自己」的第一步就是要把資歷統統列出來。「西元幾年、在哪裡出生，畢業於〇〇〇大學，在〇〇〇公司上班，持有〇〇〇資格證照……」但列出這樣的資歷，並不會勾起對方的興趣。就算使用的是「最早」、「最佳」及「唯一」，這些詞彙很快便會喪失它們的作用。

試著透過「故事」而非資歷來宣傳自己看看。不是以「製作某個產品的人」的角度，而是以「擁有某個故事的人」的角度來說故事，這時人們會更豎耳聆聽。資歷明確地把我所擁有的事物和沒具備的事物展現出來，並想暗地裡與他人競爭。而且只認為成功和業績最重要。相反地，故事超越了成功和失敗，故事可以將「了解邁向結果前進的過程之重要性後，以著健全的心態去克服一切」的這人性面貌展現出來、讓人看見。

首先，仔細地檢視自己，只要是屬於自己的，哪怕只是個小故事，統統都很珍貴。可以將自己創業的契機，想追求的價值、哲學與人生，以及發展事業時得到教訓的既小又特別的趣事，全部整理出來。然後，再把未來我想做些什麼、我想成為什麼樣的人加上去，如此串成一則故事。這麼一來，人們應該會想跟擁有這些故事的主角一起共事，也會想購買這些人所製作的產品或服務吧？

讓「自己」這品牌上市、持續成長，就等於是具備專屬自己的強烈競爭力的過程。自己這品牌的上市也是為了此時的事業必做的課題。這一步十分重要，因為是為了能在自己領域裡成長為傑出的人而踏出的一步。

「自己」這品牌所指的並非只是職業和職責。就算是辭職、不做現在正從事的事，或甚至是退休，也要持續經營「自己」這品牌。「自己」這品牌就是需要持續付諸努力、需要看顧照料的存在。資歷也許會消失，但品牌一定會留下來。

現在就立刻將「自己」這品牌上市吧！

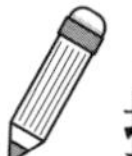

/ column /
把自己的事和強項化為概念的案例

◆ Idea Doctor —— 李長羽

韓國某品牌行銷集團的李長羽會長為個人品牌行銷的先驅。這位會長自稱是Idea Doctor，是個超越企劃人、行銷人與公關人的稱號，甚至申請註冊了自己的專利商標。

◆ Story Doer —— 金政泰（暫譯）

《故事勝過資歷》（暫譯）的作者金政泰（音譯）曾擔任聯合國旗下項目治理辦公室的公關專員。他強調自己並不是「講故事的人（story teller）」，而是「故事實踐家（story doer）」，並為自己打造品牌。

除此之外，他同時也是透過溝通和宣傳夢想著達成、傳遞國際領域價值的國際主義者（internationalist）、挖掘出公益的內容、企劃並使其流通的社會出版企劃人（social publisher），以及找出每個人的潛能並給予支援的人類風險資本家（human venture capitalist）等，他如此把自身概念化來向大家介紹自己。

為宣傳並推銷自己的四件預備工作

「今天想把一位非常重要的顧客介紹給各位。是一位能帶給你一輩子利益的人，相較於今天，明天的他更值得期待。或許現在看似有些平凡，但卻擁有未來成長的可能性。這位顧客的忠誠度極高，絕不會離開，也不會背叛你。為了讓你的公司成長，就必須抓住這一位顧客。為了讓他日後一帆風順，必須用盡所有一切的熱情。同時也是讓你成功的方法。」那麼，準備好要和這位顧客見面了嗎？是的，這個顧客就是你自己。

為了讓更多人了解這位顧客，也就是「宣傳自己」，我們來看看在開始做行銷前的四件預備工作吧！

1、對待自己猶如重要顧客

「宣傳自己」就是要從對待自己猶如重要顧客的態度開始。也就是不僅要客觀，還得努力以愛與關心來看待我自己。要帶著自信、積極地、想解決問題的態度來對待自己。

人心真是神奇。只是一通與顧客的諮商電話、一張寄給貿易夥伴的委託書、一篇放上公司官方網站或部落格的文章，完全可以察覺其中流露的心情。所以，對待自己的心態也很重要。「愛自己並尊重自己的心態」，這就是開始「宣傳自己」時務必具備的重要元素。

2、尋找我的「內容」是什麼？不是完成式，是進行式

代表我的內容是什麼呢？就是把我在一定的期間當中持續開發的能力、素質、關心的項目等全蒐集起來，打造與他人不同的具差別化的自身定位，這些就可說是專屬自己的內容。這或許是你向其他人或社會介紹自己時會提到的題目或產品，也或許是一種可與鄰居或社會分享的才能。

尋找內容 —— 專屬我且具差別化的特性 —— 時，就是從觀察自己開始做起。先看看自己的能力在現在正在做的事情或活動中是如何被使用的！然後放大範圍觀察看看，從職稱、扮演的角色和資格證照這種可用眼確認的能力，到興趣、專長與關心的項目等都不要遺漏。技術、經驗、興趣與愛好等，全部都是你貴重的有形和無形資產。連現在正努力學習，且尚未完成的能力也包含在內。因為內容不是完成式，是進行式啊！

3、記錄業務和日常事件，可能會成重要資料

要做一個很重要的企劃，但對此沒什麼想法而感到鬱悶時，該怎麼辦？想必會找書籍來看、上網查資料，或是去和熟悉那領域的人見面、向他請教。像這般為了解決問題而四處把資料和點子拼拼湊湊，想法就會在意想不到的瞬間浮現出來也說不定。就像這樣，把各式各樣的資料和經驗結合、融合在一起，就能找到新穎又更高一個層次的方案。資料越豐富，也整理得越清楚，這些原物料就會產生豐碩的融合與創造。

累積專屬自己的內容時也是一樣。我做了哪些事、哪些是我喜歡且擅長的、有什麼展望，要是擁有這些種種「資料」，就能以客觀的角度來掌握。若把一次性進行的事情統統拿出來、好好攤開來觀察，也能看見相互連結的點，還能想到可以加入新事物來重組的點子。

將業務或日常做好整理及記錄的好處就在這裡。過去幾個月以來努力執行的項目，只要過段時間就會變得模糊。等到後來想要找來參考時，即使翻遍電腦裡的所有資料夾，也可能找不太到，而且更多時候是連有沒有那些資料都忘光了。

好不容易找到了資料，卻幾乎都是表面的數值或成果。當初，在執行項目的過程中習得的教訓、覺得很可惜的失敗故事、在那失敗當中曾有過「下次要這樣做」的點子……，統統都像煙霧一樣消失無蹤。在那段時間花時間和金錢修習的課程內容、與業界的人進行的線上會議以及市場調查的資料等，都淪為「只在當下有用的資料」而於電腦裡沉睡著。

事後的整理與記錄就跟當下必須做好業務一樣重要。這麼一來，才會知道我做了哪些事，有哪些不錯的成果，中間發生了哪些失誤，也才能以此為根基去擬定未來更應該怎麼做的「有根據的」計畫。記錄會成為歷史，很多事都是如此。專屬自己的特別內容就是要不斷製造，有時過程中也會有所「發掘」。如果有記錄，發掘就會更容易，還能讓內容更豐富。

4、依照內容和傾向來執行「宣傳自己」的主力媒體

該如何把我的存在讓更多人知道呢？在小型的公司或組織中，產品和代表人的能力之間是緊緊相連結的。意即讓大家認識我，就是最有效能宣傳公司、產品與服務的方法。讓外部更加認識我的方法就是要在線上、線下以各種方式來展現其存在感。例如廣告、新聞廣告、外部研習課程、活動、著作、參與聚會、顧客見面會、部落格、社群網站廣告、YouTube 活動等等。混合線上、線下的平台，再以各式各樣的方式去接近大眾時，會有更好的效果。

不過，若要同時做這所有事，可能會有金錢、時間和能力不夠的疑慮，這時需要的是選擇與專注。按照我的內容和傾向來看看最有效果和能持續使用的媒體是哪一種吧！

當內容以文字的方式來表達會占優勢時，出書或是在部落格上活動為佳。當內容適合製作成影像內容，再加上自己覺得透過節目與人溝通很有趣，這樣最好就是使用 YouTube 頻道。如果是經常上傳感情豐富的照片，並喜歡持續累積視覺性內容的，想必大家都會想到 Instagram 吧！

往後這些各式各樣的媒體都可以互相緊密地聯繫在一起。放在部落格裡的文章可以製作成影片，也可以出版成書。把 Instagram 上的照片及短文全部蒐集起來，發表成一本寫真筆記書也行。可以舉辦線下見面會，與過去都用線上溝通的讀者們實際見面，也可以把那些內容做成產品，並開設線下的實體賣場。不過，最要緊的是，先選擇一個符合自己的內容，又能持之以恆地操作的頻道，邁開腳步前行。內容累積得越多後，溝通的範圍也就會變得越來越廣。

與新顧客見面時，會帶來緊張與悸動。會努力想把自己最好的一面展現給對方看，也會為了知道對方想要什麼而動員五感。在「宣傳自己」這裡，也需要這樣的心態。與我人生中最棒的顧客 ——「自己」—— 展開一段蘊含深刻意義的旅程吧！出發！

/ column /

很會做事的人都寫學習日誌

《A player：做的每件事都能做出成果的專業人士 —— 職場人》（暫譯）的作者朴泰賢（音譯）提出建議說，應該要寫學習日誌（Learning Journal），因為這是在做事時既能做出成就，還能培養能力的有效方法之一。這日誌不僅是記錄日常和想法，也是以所謂能力開發這明確又清楚的目的來記錄相關事項。

◆ **第一，經歷了什麼？**客觀地把那天的直接經歷與間接經歷簡短地記錄下來。間接經歷就是藉由與其他人對話、接受教育以及閱讀書籍等而得到的事物。令人印象深刻的間接經歷最好盡快化為行動，使之成為自己的直接經歷。

◆ **第二，感受到什麼？**感受能幫助自己將經歷的事或學習到的部分長久地儲存在腦海中。感受的強度比其好壞更重要。要動用自己的五感，將所有感受生動且具體地描述出來。這樣在日後翻出來看時，就會像是一個電影片段一樣在腦中浮現當時的狀況和感覺。

◆ **第三，學到了什麼？**由於是往後會最常反覆閱讀的重點部分，儘可能寫得越詳細越好。這題不像是前兩個那樣依據經驗和感受來記錄，而是要有意識地尋找自己所學到的部分並敘述出來，所以是有些難度的。在寫這部分時，想必就會領悟到「頭腦知道」和「搬到文字上」是截然不同的事情。能精確地以文字來表達學到的事物時，就表示已將全部轉為自己的知識了。做這份記錄。一定是值得的。

◆ **第四，應該再多學習哪些部分？**在工作時，若覺得該再多學習些什麼，就要把這個記錄下來。針對自己好奇的或是尚未完全了解的部分，整理出需要再追加學習的項目。

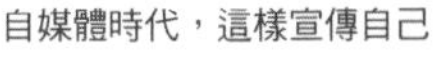

不是要炫耀，而是要「宣傳」

「起床後的第一件事就是用智慧型手機確認公司社群網站上有沒有人留言。到了公司，確認我的電子郵件，接著打電話給兩個貿易夥伴，檢查工作執行的狀況。再打電話聯絡曾為同事的前輩並跟他聊聊近況。然後，寫好並寄出業界協會從上個月開始就要求的會員更新資料。之後，就是要確定好下個月即將進行的線上促銷活動文案，移交給設計組。中午，正準備去吃飯而搭電梯時，巧遇隔壁辦公室的新創公司老闆。他跟我說有三四個新創公司要聯手做群眾募資，問我有沒有興趣加入，所以便與他約好安排明天開會。下午對客戶公司匯報業務現況，再回公司和同仁們討論後續的工作。傍晚，我去參加冥想聚會，是早上跟我通話的前輩邀請我去的。在這場聚會中，我簡單的做自我介紹、遞名片，然後在聽完第一堂課後回家了。」

光是一天都會遇到無數個「宣傳自己」的時刻

上述這是一位開發顧客管理電腦軟體的新創公司老闆的一天行程。這同時也是由電子郵件、電話、實體會議、網路媒體及報告書等各式各樣的文字和言語，以各種直接、間接的方式，塞滿我們職場生活的樣貌。

有發現裡面到底有多少個「宣傳自己」的時刻嗎？光是一天，我們就會遇到無數次「宣傳自己」的時刻。在網路媒體上傳文章並透過留言與人互動的事、與其他人見面認識的事、履歷表、公司／產品介紹書、在工作上初次見面時互相交換的名片，以及為了執行業務而進行的電話聯繫、實體會議與視訊會議，還有為了拓展人脈而參與各式各樣的聚會時做的自我介紹……，這些全部都是「宣傳自己」的時刻。廣義上，就是「說話」、「寫作」與「產生共鳴」的過程。透過各種型態的溝通來讓人認識自己，也透過一連串行為來達成目的，其實就跟普通的公關行銷沒有區別。

如果說：「為小公司宣傳的方案當中，老闆自己『宣傳自己』就是較為有效的方案。」聽到這句話後，通常會有兩種反應。一個是以「像我這樣的人～」開頭來炫耀的類型，另一個則是邊說「我真的很不喜歡備受矚目，我不要做。」邊擺手拒絕的藏匿類型。這兩種類型以公關行銷的觀點來看，都不太洽當。單方面把自己的故事傾倒而下的炫耀方式，別說帶來共鳴了，更是會容易令人反感。藏匿類型同樣也不是合宜的態度。

在公關行銷裡，要把「獲取能見度」當作基本，也就是將我展現別人看的這部分。要有些展現，其他人才能認識我，也才能喜歡我。不是單方面地炫耀，而是要發揮所長，好好展現我的優點，藉此打造出能獲取其他人的共鳴、好感與愛的「自己」這品牌，這就是「宣傳自己」。在「宣傳自己」這方面，務必牢記一句話，那就是：

「請不要炫耀，但也不要躲藏。要真誠宣傳。」

宣傳自己就是說話、寫作和產生共鳴！

溝通很大部分由「說話」所構成。包含像是報告、演講、演習課程等在正式場合裡對大眾高談闊論，也包含像是電話聯絡、會議、與辦公室的人彼此輕鬆聊天、偶然遇見認識的人而問候彼此近況等日常對話，也就是閒聊。在「宣傳自己」也是一樣，說話占了很大的部分。

看看擅長「宣傳自己」的人，他們在閒聊時表現得十分傑出。看似是像流水一樣無意間談論的事，但很懂得在那些當下合宜地展現自己。不是不分皂白地炫耀，也不是無條件放下身段地謙虛。應該是要在那限定的時間內，好好地說出對方想知道的事，這就是個能在「宣傳自己」方面成為能言善道之人的方法。

◎訓練自己完成「電梯裡兩分鐘的報告」

方才分享自己一天行程的新創公司 CEO 恰巧在電梯裡遇到其他公司老闆，並稍微聊上幾句話。表面上，看起來只是簡單地打招呼、聊近況，但仔細看談話內容，就會發現居然存在一個為了了解「我們有一個合作企劃，你是否符合參與資格」而進行的小小試探。若想參與其中，就得有效地透露像是公司能力與參與意志等，以此來說服對方才行。而且必須在搭電梯的短短兩分多鐘內完成！

在我們身上，常發生像這樣得完成「電梯裡兩分鐘的報告」的時刻。如果你是公司員工，那就假設在走廊或電梯裡遇見上司和公司老闆的狀況，自己試試看！

「好久不見了，工作都還順利嗎？」

「啊……你好！喔，這個嘛……很順利，也很努力地在做。」

如果只能做出這種程度的回答，那麼很可惜，你無法在「宣傳自己」上取得優良成績。提問者或許是真的好奇你工作做得好不好、上次指示的事情執行得順不順利。若是有條理地把你現在正做的事、進行到哪個階段，都好好傳達給對方，結果會怎麼樣？可以很肯定地跟你說，一定會讓對方留下正面印象的。

所以說，一定要為了在去做營業活動、報告提案書而與其他公司負責人見面時，不只在會議室，在走去會議室的途中，或甚至是短暫的喝茶時間，能做到簡單地介紹自己、說明自己的業務，必須讓自己「總是」準備好。

「怎麼可能每天都準備好要說些什麼話？」先別急著放棄，而是養成好好整理自己的工作、想法以及大大小小話題的習慣吧！若想在不論什麼狀況，都能有條理地針對某個主題說話，平常就要有邏輯地思考，並讓這習慣成為身體記憶。試著實際把話說出來也很有幫助。如同不多多書寫，就不太會寫作一般，不多多說話，就不太會說話。整理想法可以讓話說得有條有理，也能帶給寫作很大的幫助。

◎「宣傳自己」的必殺技 —— 寫作

或許會覺得「都數位時代了，還提什麼寫作？」或是「最近哪有人在看長篇文章？」引領時代的千禧年世代、Z 世代的人都說十分抗拒長篇寫作。他們熟悉著輸入簡短句子、用通訊軟體溝通，連打一句正常的句子都嫌麻煩，因此才會覺得以完整的段落結合而成的起承轉合寫作很困難。

諷刺的是，就是這原因才要強調寫作的重要性。近年來，隨著網路媒體成了重要的宣傳管道、人們之間的間接接觸比實體見面的機會變得越來越多，文字顯得更為重要。在網路上透過寫作來發表自己意見、分享的事也變多了。隨著網路媒體取代既有媒體，其使用率和影響力都很高，想到這點時，就可知網路的寫作重要性比以往任何時刻都還要大。

不管是生意人或是預備創業者，寫作是必備的必殺技，因為這是能將知識或點子具體化後，使之化為服務或產品的最好工具。

在商業的世界裡，要無時無刻生產並分享以報告書、企劃書、提案書、會議記錄、電子郵件等形式存在的「文字」。就連履歷表和自傳也都是用文字來呈現的，不是嗎？體現照片和影像時也是一樣，是由文字所構成的企劃書或腳本作為基礎來製作。平常就要勤奮地練習、訓練寫作，甚至是做到熟練的程度，這樣就具備了「宣傳自己」裡一項重要能力，能讓自己被認定為是很會做事的人，也是傑出又卓越的人。

要勤奮地發掘出「像我自己」的內容

將自己成為一個品牌，這到底意味著什麼？是不是只有名聲很高，或非常優秀的人才有辦法做到呢？「宣傳自己」基本上就是要跟其他人做出區別。雖說要做出區別，但這意思也不是一定要成為最棒的那一個。不是最棒的，而是「像我自己的」，也就是當具有差別化價值時，就是在「宣傳自己」上成功了的意思。

若要持續做出區別、獲得價值，就得維持一貫原則。也就是當有人想到我這個人時，在他們腦中所浮現的形象、句子和感覺，都能有像是同一個招牌那樣的聯想。為了成為與他人有差別的品牌，首先對於賭上人生來投資和鍛鍊的這價值，必須認真地思考並且接納它。絕對不能就因為可以帶給事業幫助而立刻改變我自己信奉的內容。這樣是無法長久持續下去的。

與自己對話，發掘出有價值的內容

在「宣傳自己」這件事情上，很重要的一點就是「可以宣傳的事物」，也就是內容。就跟向新聞廣告提案時，重要的是該拿什麼內容出來才值得宣傳的事物一樣。要以什麼樣的形象被外部認識自己？想如何成長？自己要擁有明確的信念和希望才行。

那麼，要如何「製作」專屬我自己的內容呢？不對，應該是得先改掉這問句才對。比起製作這個詞彙，「發掘」是更適合的。重點不在於追著最近流行趨勢刻意地製作，也不在於現在執行項目時所需的能力或技術，重點是那些真正在我心裡面長時間的積累，又因是真心喜歡而去做的事。所以不只是一種煩惱後的產物，更是從「自我察覺」開始做起的。

我期盼自己過著怎樣的生活、哪些事情是我喜歡又很擅長的、這件事是否能帶給他人和社會幫助，對於這些部分，要總是不懈地問問自己並好好觀察。「宣傳自己」並非刻意裝扮自己、誇大其辭地炫耀自己。與別人分享我所累積的能力和未來展望，藉此提高自我價值，這既是「宣傳自己」的目的，也是方法。

我能拿什麼做差異化呢？從「工作」中尋找答案

在尋找專屬自己的內容時，可以從自己現在正在做的事情當中冷靜地察看開始。即使你不喜歡現在正在做的事情，也還是得那麼做。沒有人會百分之百滿足自己該做的事。然而，不論是討厭還是喜歡，不論是一直以來所做的事，或不是，自己做過的事一定是屬於自己的貴重資產。就算是自己總在做、看似平凡、沒什麼特別的事，但對其他人來說，一定會是含有珍貴資訊的內容。

再次回頭看看「興趣」、「休閒娛樂」、「追星」

往往自己喜歡的興趣、專長和蒐集等也會成為「宣傳自己」中最熱門的內容。被稱作「生活女王」的美國著名專欄作家瑪莎・史都華（Martha Stewart），她充分將「生活如何成為無止境的內容」展現在大眾面前。瑪莎・史都華之所以能成功，是因為她沒有小看生活、料理、房子室內設計之類的「小事」，她會花很長一段時間進行鍛鍊與開發，讓自己成為這些領域的專家。以自己動手做室內設計的部落客為名的 Casoymilk，她把為家裡做室內設計的過程放到部落格上，後來全部集結成書出版。她的書《室內設計一本通》（暫譯）（Interior one book），打出自己動手做室內設計的名號，成為熱門暢銷書，而沒多久他便辭掉電視台製作人的工作，成為室內設計公司的 CEO。

YouTube 上充滿著以興趣或休閒娛樂成為熱門內容的事例。例如，經營玩具頻道的 Kkuk TV（訂閱人數 178 萬人），頻道主人的興趣就是蒐集玩具。美妝創作者新女士（暫譯，頻道名英文為 Ssin Nim）是個喜歡化妝的平凡大學生（訂閱人數 149 萬人）。用一雙不太精細的手俐落地煮出媽媽牌料理的 YouTuber ——「心房谷主婦」趙星子（音譯），完全就是只為生計奔波的我們每個人的平凡母親（訂閱人數 58.1 萬人）。Korea grandma 頻道的朴莫禮（音譯）奶奶（訂閱人數 136 萬人）是個喜歡在臉上塗藍色眼影、深粉色唇膏這種大嬸妝容的七旬奶奶，她的化妝影片在 YouTube 上爆紅，並獲得了大韓民國內容大賞的獎項，還成為了被 Google 總公司邀請加入的全球名人。

有一位夢想成為電視台製作人，卻在求職時頻頻碰壁的社會新鮮人，興趣使然成立電影評論頻道「白手小屋」逐漸變得有名，最後乾脆成為全職 YouTuber。被稱作「YouTube 界年收入冠軍」、「YouTube 界的劉在錫」遊戲實況主「大圖書館（Great Library）（暫譯）」，他曾於網路學習教育行業打工，因此有學習製作影像的經驗，也因為喜歡玩遊戲、很會講故事，這些統統與興趣結合在一起，從此大大開啟了名為「遊戲解說實況主」的全新內容領域。現今甚至擴張了活動領域，他成立大圖大叔法人公司，帶領十多位員工進行一人媒體企劃、內容開發、外部廣告之企劃與製作等業務。

像這樣，自己的內容都可以從興趣和休閒娛樂中找出來，如果能再加上專業性和樂趣，就會產生更大的協同作用。要有樂趣，才有辦法長久持續做下去。以同樣的主題持續製作內容並不容易，必須是這方面的鐵粉才會有利。有著明確的興趣、愛好及關注的事，不僅提供許多相關資訊，也發自內心感到快樂而付諸行動的「追星行為」，這才是讓自己持續生產同樣主題的內容的原動力。

不需要是最好，但一定要是獨特的

要製作第一名的內容，真的不簡單，就算是某領域的正統專家也一樣。不過，在有興趣的領域裡，能承裝我的視角和價值觀，製作出獨特的內容。況且，如部落格、粉絲俱樂部、YouTube 等作為最近大趨勢的網路平台，人們比起資歷，都更關注在內容上。那種攻讀博士學位之人所寫的論文程度的專業知識是不吸引人的，應該要蘊含真誠、有趣的內容，也有專屬我自己的獨特視角，並持續不斷地上傳，才更吸引人目光。

就像這樣，確立「宣傳自己」所需內容並持續生產，是需要專業性沒錯，不過，那專業性沒有一定要是「第一名」、「獨一無二」與「學位」等。在我所擁有的能力或眾多興趣當中，哪些是自己真正關注且喜歡，還能帶給其他人幫助的項目，要像開啟照向舞台的聚光燈一般，縮小範圍、專注在那領域上。藉由持續鍛鍊，讓自己成為最了解最新動向、資訊與趨勢的人，其專業性是達到能在人面前講訴一小時，甚至是半天的程度。即使是十分微小的部分也沒關係，只要深入挖掘就能獲得無與倫比的經驗與知識。其實需要這種微小經驗和知識的人，比想像中的還要多。

進行箭頭式思考法

前面有談到，為了發掘專屬我自己的內容，就需要「好好察看自己」。亦即從成就我的事物、我的興趣等這些日常開始做起的意思。看向內在的眼睛，也必須懂得同時看向遠方才行。我命名為「箭頭式思考」。

箭頭是由一個點開始前進，而它的終點就得看我把那條線畫得多長而決定。現在就試著用箭頭來針對自己發掘的內容來思考一下。先把自己最終指向的價值與目標放在箭頭尖端，然後大概衡量看看現在這內容落在哪個點的位置上。也許還在開始階段，也許是在稍微進行一些的地方。

藉著這種箭頭式思考，就可知現在我所做的事不是一次就結束的事件，而是一個在前往下一個階段或實現最終目標時的「過程」。同時，還能為原本看似沒什麼意義的此時此刻的狀況賦予意義。一旦已經在自己心中畫出了箭頭，那麼現在所做的任何一件事，都不可能是無意義的了。也變得不會為短期的利益及便利，把時間白白浪費在無法畫在箭頭上的無用之事上。

「宣傳自己」的內容，並不是即興，也不是靠追求流行的事物來製成的，應該要憑著自己心中的那個箭頭，長久地持續開發下去才對。

能持續堅持製作專屬自己的內容

在「宣傳自己」時，持續性、不間斷性也很重要。要把我感興趣的事、喜歡的事製作成內容，並一點一點累積在數位平台上才行。以一個活躍的 YouTube 創作者來說，至少會在一兩年的時間中，不間斷地於每週上傳兩至三個屬於自己的內容。要擁有這種程度的持久力才行。

在公關行銷裡，人人往往都說「收穫 1,000 位粉絲」是最重要同時也是最困難的事。那 1,000 個人成為常客後，這些常客又可以帶來新的顧客來，如此繼續延伸下去。經營數位平台時也是，核心關鍵就是能否收穫 1,000 個訂閱人。

要怎麼做才能收穫這 1,000 個人呢？不該只抓著會爆紅的內容不放，而是要持續不斷生產品質良好的內容，這才是答案。

內容必須盛裝善意、真誠

所有內容的基本，就是那內容是否為真誠、友善的。要好好查看在面對「這內容可以帶給誰幫助嗎？」的疑問時，能否以「可以」來回答。好的內容能解決問題、解除不便，也能藉由給予他人幫助，使對方有所成長。

就算不是什麼偉大的事、複雜的事也沒關係。一個小小的想法和實踐，也同樣能帶給他人極大的幫助。當自己先擁有「要幫助其他人」的信念時，就能獲得能不間斷地製作內容並一直開發下去的力量。

如今是「善良」即為策略的時代。蘊含真誠的內容會帶來許多好評，相反地，不好的內容，不論懲治還是黑評都一定是毫不留情的。為了走得長遠，必須要和良善、真誠一起走，它們將會是你最好的指南針。

/ column /

宣傳自己方面的成功案例

◆ 在美國密蘇里建立起拼布王國的珍妮・多安（Jenny Doan）

「只是把幾千塊小布拼接起來的方法告訴大家而已，竟然就能傳遞幸福，不覺得很驚人嗎？」2008 年發生的金融危機，珍妮辛辛苦苦準備好的退休金面臨消失殆盡的處境，對此他的兒子和女兒希望母親珍妮可以藉由平常當作興趣製作的拼布來賺取自己的零用錢，並向銀行貸款一些錢來幫母親購買縫紉機。起初就像家庭手工業一樣開始的事業，根本賺不到什麼錢。

那時，兒子提議要把教拼布的過程拍成教學課程，並上傳到 YouTube。珍妮完全不懂什麼是 YouTube，只是覺得好像很有趣，就跟著兒子一起製作起影片來。隨著影片一部又一部的拍攝，珍妮展現了她的瀟灑、溫暖的性情以及對拼布的知識，訂閱人數也漸漸越來越多。銷售額不斷地成長，甚至還有來自各個遙遠國家的粉絲來拜訪她。

因著具有人情與情感的溝通方式，讓任何的國籍與世代變得融洽，形成彼此之間強烈的交情。

金融危機以後，哈密爾頓市經歷了經濟蕭條，市區內到處都是廢棄大樓，那時珍妮一家人便買下好幾棟建築，改造成拼布城鎮。人口只有 1,800 人的村莊當中，就有 400 人在密蘇里州星拼布（暫譯）（Missouri Star Quilt Company）上班。透過這例子要告訴我們的是，即使是一位奶奶熱愛的古董興趣，只要在品牌定位上取得成功，也將成為亮眼的商業模式。

◆ YouTube NuNa IT 李承元（音譯）講師（針對高齡 IT 用戶的影像課程）

網路上充滿著各種與 IT 與社群網站相關的課程和內容，其中的李承元講師就是藉著「為 IT 超級新手的簡短課程影像」做出差異化而一舉成名。

像是「如何將照片傳送至 Kakao Talk 群組」、「如何管理 iPad 檔案」、「三星 Galaxy Note 手機使用方法」等等，他透過影片把人們覺得「這麼簡單的事情都需要上課？」的內容告訴大家，如此搶占了「高齡 IT 用戶」市場。

還有，原本在 YouTube 上提供免費觀看的「三分鐘 Power Point」、「三分鐘 Excel 課程」，皆因大爆紅而轉換為付費課程。他因為把自己一直以來做的事，經過再加工後，用稍微不同的觀點，製作出攻略特定年齡層的內容，才得以擁有適合消費者的熱門內容。

檢視自己的人脈並加以拓寬

我到底跟多少人有連結呢？為了解這點，人脈就是其中一個測量的尺度。「宣傳自己」的最終目標，就是要讓其他人認識我。那麼，就得了解看看我與有連結的人之間存在著怎樣的緊密關係，然後要讓其關係網變得又寬廣又堅固才行。透過 P322 的檢查表，先來檢視自己的人脈力大概達到什麼程度吧！

就算最後的檢查結果不好，或是太慘淡，也請別因為太失望就把書闔上了。先好好搞清楚自己的狀況並有所自覺，光是這麼做，問題就已經解決一半了。別在意分數，而是仔細地看每一道題的項目吧！如果知道哪個項目是自己的弱點，就會看見該如何拓寬人脈的方法。

「要展現，才有可能被看見嘛！」讓人認識我的方法

◎勇敢地站出來

若希望有人能認出自己，自己首先要主動展現才行。簡單來說，就是要往外面去。要去我所屬的行業裡，也要去有許多潛在顧客所在之處。調查看看同行業者的社群、線下聚會、課程或是研討會等，並將其列成清單表。社群很重要，是個能大量招聚我們產品或服務所瞄準的顧客的管道。若很難讓人一開始就來參加我們的線下活動，那就先透過網路線上觀察，再慢慢地擴增參與度。

◎確實明白自己所期盼的

為了建立人脈，本人必須確實明白自己想要的是什麼、想跟誰一起共事。朝向累積人脈而努力，並非只是「想認識很多人」才做的，而是為了有效地拓展自己所需且適合的人脈。當你沒有真正了解自己期盼的事是什麼時，你想要見面的那個人也會因為不清楚你想要什麼，而無法幫助到你。在開始累積人脈之前，有必要先花些時間思考接下來會遇到的幾個問題，好好釐清頭緒。

「我想藉由建立人脈獲得些什麼？」
「我想針對什麼樣的人結交人脈？」
「是否該為此投入更多時間？」
「到目前為止有跟哪些人結交關係，而他們對我而言具有何種意義？」

累積人脈的行動計畫

- 寫下「自己的期盼」：把成功、成就、業績、關係改善、成功接單等，自己期盼的目標寫出來，約一～兩頁 A4 紙
- 在認識的人中把能幫助自己的人列出來、建立名單列表
- 把日後想認識的人的名單列出來，也把在已經認識的人當中能為自己牽線之人的名單列出來
- 定期更新行動計畫（累積人脈是持久戰）

◎再次回頭看看與周遭人的關係

在公關行銷裡，為了吸引新顧客，得花上管理既有顧客的十倍費用或努力。這告訴我們，已屬於我們的人與物質的資產就是那麼珍貴。這也同樣適用於人脈裡。好好整理辦公桌抽屜裡塞滿滿的名片，還有儲存在手機聯絡人裡的名字，然後寄送問候的電子郵件、簡訊，或是打電話過去簡單地打聲招呼吧！針對曾購買過我們的產品或服務的顧客，可以先詢問看看購買後使用時有沒有任何不便之處，接著很自然地介紹最近要推出的新產品。

打招呼、問候時，只要好好問候就行了。隔了那麼久才好不容易聯絡上的，不可以貿然地向對方打廣告、做生意。先丟棄焦慮，帶著自己是時隔許久打電話給朋友的心情，輕鬆地與對方打招呼吧！如果已經更換為新的負責人，那麼可以想辦法取得他聯絡方式；如果是曾經的負責人，但現已轉換到其他間公司，那麼或許就有機會成為一個新的貿易夥伴。一個一個久違地聯絡，到後來一定會覺得：「幸好我有去聯絡他們！」

被埋沒的既有關係就是珍貴的「種子關係」，會在拓展人脈方面帶來極大的幫助。

◎不是用拜託的，我們要先付出！

人脈高手不會關注在自己身上，而是會先關注對方。會考慮對方需要什麼、自己要如何給予幫助。販賣產品或提供服務時，比起用拜託的，更應該先提供對方所需要的價值，如此轉換思考方式才行。若先付出，這樣被你幫到的人，不論用什麼方式都一定會報答。雖然不會立刻有成果，但自己將會獲得長遠的回報。所以，格局要放大、看得長遠，這很重要。更具體來說，在「宣傳自己」方面該具備的專屬自己的好內容，一定要是能針對「如何解決其他人的問題」的解答。

只要你成為了在你從事的領域中很有價值的人，其他人就會想主動來和你建立人脈。一個關係可以衍伸其他新的關係並擴張下去。去幫助那些與自己建立關係的人！這麼一來，他們也樂於幫助你。

◎「真誠」總是對的

邊工作邊累積的人脈，終究和家人、學生時期相處的朋友是不同的。有明確的利害關係，理性優先於感性。但也是人際關係的一種。彼此之間，若是那種按照時機會有巨額款項往來的關係，當然，就必須越互相信任才行。表示友情和事業關係兩者不是完全區分開來的，反而是當兩者恰好達到平衡時，彼此就能成為一輩子一同打造雙贏的真正合夥人。

2014 年成立「中韓青年領導者論壇」，招集了中韓兩國中赫赫有名的年輕新一代的企業代表進行活動，這論壇的標語就是：Friendship first, Business later。據說，剛成立的時候，會攜家帶眷地訪問會員彼此的家、一起共度時光。也就是說，因為要先互相累積充分的友情、產生人與人之間的信任，才能一起發展事業，所以，他們願意花費自己珍貴的時間和費用，只為了尋找能持續一輩子的好合夥人，此為相當高明的商業策略。

不管是在商業，還是在讓大家認識我的公關行銷裡，真誠都會是一個強大的利器。既合理、公正又包容對方的充滿真誠的態度，就是一項能讓你在商業現場或社交場所等任何地方都發出光彩的珍貴能力。

/ column /

人脈檢查表：由商人、作家及商業培訓師的杰弗裡•吉特默（Jeffrey Gitomer）提出

請依照你目前的成就程度勾選對應數字

（1＝非常不同意　2＝不同意　3＝無意見　4＝同意　5＝非常同意）

1. 人們喜歡我。

   1□　2□　3□　4□　5□

2. 有持續與新認識的人見面。

   1□　2□　3□　4□　5□

3. 與新認識的人見面後，很容易跟他們打成一片。

   1□　2□　3□　4□　5□

4. 有準備可以隨時隨地很帥氣地介紹自己的台詞。

   1□　2□　3□　4□　5□

5. 有定期在幫助其他人。

   1□　2□　3□　4□　5□

6. 總是想拓展人脈、與人結緣。

   1□　2□　3□　4□　5□

7. 一週至少花十個小時經營人脈。

   1□　2□　3□　4□　5□

8. 有藉由個人網站或部落格提供有益的資訊。

   1□　2□　3□　4□　5□

9. 會把自己製作的電子郵件雜誌寄給我認識的所有人。

   1□　2□　3□　4□　5□

10. 有定期在投稿文章。

1□　2□　3□　4□　5□

11. 有在各種活動中進行演講。

1□　2□　3□　4□　5□

12. 認識自己住處所屬地區的有權有勢者。

1□　2□　3□　4□　5□

13. 自己住處的所屬地區有權威人士認識我。

1□　2□　3□　4□　5□

14. 認識自己從事的行業裡的有權有勢者。

1□　2□　3□　4□　5□

15. 自己從事的行業裡的有權有勢者認識我。

1□　2□　3□　4□　5□

16. 當有人想拓展人脈時，會向我尋求幫助。

1□　2□　3□　4□　5□

計算此測驗的總分

80：　你的人脈十分完美。

70～79：非常了不起的分數。看來還在持續拓寬人脈當中。

60～69：雖然本人覺得自己擁有不算太差的人脈，但以實際情況來說，並非如此。要設定策略，讓你付出的努力，有加倍的收穫。

50～59：你不太了解該去哪裡、跟誰結交人脈。

40～49：你的人脈發展得有些落後。

30～39：你需要做出全面性的改變。

/ column /

將周遭人的人脈化為事業手段的案例：全球餐廳資訊雜誌《查加調查》（Zagat Survey）

與法國《米其林指南》（Michelin Guide）齊名且享有權威的美國代表性餐廳嚮導書籍《查加調查》（Zagat Survey），是從查加夫婦 —— Tim Zagat 與 Nina Zagat —— 和朋友一起到處為紐約餐廳評分而開始的。這是一件著名的人脈直接成為事業手段的案例。

查加夫婦在就讀耶魯大學時相遇相戀，結婚之後，除了中間一度到巴黎生活兩年之外，都不曾搬離紐約曼哈頓中央公園附近。由於深愛紅酒和食物，查加夫婦便時常與朋友們像巡迴一樣，在紐約各處餐廳用餐。就在某一天聚餐時，其中一位朋友開始抱怨了起來。

「《紐約時報》上介紹的餐廳當中，沒有任何一家深得我心。」

查加夫婦聽了後就表示同意，並向朋友建議，說：

「還是就由我們來推薦餐廳看看？」

於是在場所有人便決定，每個人都要找十位自己認識且對美食有很深的造詣的人，並把他們介紹的各自喜歡的餐廳、酒吧等資訊統統蒐集起來。而當時，立馬就生出了一份 200 人的名單。他們會一年一次把這些資料列印出來互相傳閱，到後來做出口碑，越來越多人希望他們能推出這本資訊雜誌，據說，第三年時，發行量還達到了十萬份。又過了幾年，終於步入正軌，開始了這項事業。如今，世界一百多個國家中，不只是餐廳，旅館、SPA 水療館、電影院、高爾夫球場皆為評價對象，已累積 375 萬人參與評價。

這《查加調查》如傳說般的成功關鍵字，就是「拓展人脈的力量」！他們儘可能地善用自己的人脈，在沒有投資資本的情況之下，一手打造出事業。這裡還透露了一件事，那就是拓展人脈並不是從那遙遠的人開始，而是從已經待在我身邊人開始，就是那些陪伴自己已久的家人、朋友，甚至是同事。看完之後，是否覺得現在很值得立刻關心自己周遭的人，並向他們問好呢？

藉由不同平台，在公開場合展現自己

我們都想透過「宣傳自己」成為我所屬領域中的專家。專家 ——「公開的我」—— 就是確實了解特定領域，並能提供許多有益資訊的專業人士。光是想像著，自己的名字會出現在新聞裡，或是自己在正式場合裡進行演講或特講，抑或是在專門誌上投稿，便會感到心滿意足。為此，必須跳脫原本締結一對一關係的方式，進一步地製造大量公開的機會，如此有效率地讓更多人認識自己。有哪些能在公開場合展現自己的方法呢？

從擁有「網路頻道」開始

若已經下定決心要「開始宣傳自己」，那麼擁有能承裝自己內容的宣傳媒體就是最要緊的事。最普遍的是部落格、YouTube 或是電子郵件雜誌等，選擇符合自己的內容、使用起來也順手的那一個吧！重點不在於媒體，而在於要用什麼內容當主題、能維持多久持續好好經營。

◎部落格

部落格就是個專家使用得最多，也較容易管理的媒體。主題最好要能帶給他人幫助，也就是說，要是很具體地針對某個問題提出的解決方案。若自己的定位是以專家為目標，那麼就得脫離日常和興趣等，專注在與自己的事業相關的主題。如果真的要經營日常或興趣的部落格，也要能做出不同於其他人的差別化，努力展現自己獨有的見識。不能二話不說一直幫自己打廣告，而是要針對特定領域，持續地分享資訊、分享小妙招等，也要散佈各方面的真實經驗、案例、失敗經驗談與意見才行。自己看到了一篇津津有味的新聞，比起直接分享網址連結，更應該是用自己的話重新整理過一遍，再加上一些簡單的意見，如此製作一篇新的內容並上傳到部落格。

透過這一連串的過程，其實最大受惠者就是我們自己。對自己而言，就是一直在更新業界的資訊，也從中有所學習，還能確實感受到自己撰稿實力的提升。為了在公開場合展現自己，寫作真是強而有力的武器。不間斷地在部落格上寫的文章，到時候可以刊登專欄，也為演講稿的撰寫帶來很大的幫助。或許可以把這些內容蒐集起來，出版成書，這樣就可以在作者欄上放上自己的名字了。

◎YouTube

自己的內容若適合影像化，也有想要挑戰製作影像的意願，那麼強烈建議你可以經營 YouTube 頻道。首先要擬訂計畫，決定該經營什麼主題，這跟經營部落格很類似。在選主題時，要選自己了解徹底、跟現在正在做的事有關，同時又能引起其他人共鳴而帶來幫助的。想想要把什麼內容製作成影像，試著列出其清單，或構想簡單的腳本吧！若能羅列出至少二十個內容，那就是專屬我自己且值得去發展的主題。

◎電子郵件雜誌

電子郵件雜誌 Mail Magazine 是透過電子郵件接收來觀看的雜誌，又被稱作 Mailzine 或 E-Mag。這種形式就是讓關注特定領域的使用者透過電子郵件接收訊息的郵件討論群的概念。是繼網路雜誌、電子雜誌後登場的全新概念雜誌，發行人可以輕鬆地將自己想要告知的資訊傳達給廣大的使用者。可提供各式各樣的新聞，也可傳送照片或其他附加檔案，這對公司或個人宣傳來說是很有效的。主要是針對會員制運作，訂閱的申請與解除皆可自由做選擇，不需支付訂閱費用。

製造演講、致詞的機會

在業界人士和顧客聚集之處進行演講和致詞的機會，是很有效的宣傳自己的方法，同時也是能感受到個人極大成就感的契機。所有人的目光都會集中在自己身上，活動傳單的演講者也寫著自己的名字。活動照片或影片會有自己的身影，而事後的報紙刊物裡也會持續提到自己，所以是多麼棒的宣傳機會啊！

不過，即便我擁有著好的內容，也不太容易被邀去做演講或致詞。為此，我自己要先接近他們，讓他們認識我，藉此製造機會才行。先了解看看自己的專業領域、主要顧客會參與的活動、與該產業相關的會議與活動等等，也看看有沒有小型聚會 —— 即使不是正式活動，然後把介紹自己的資料寄給這些相關窗口，如此邁出第一步。雖然很難一開始就成為演講者，但持續參加這類活動，就能讓更多人認識我，也能透過觀察演講者前輩的樣子來做標竿學習，而有許多收穫。

若是難以獲得在既有聚會上演講的機會，本人親自製造機會也是個方法。可以提出免費講座的提案，也可以針對網路媒體上訂閱我的文章的讀者舉辦線下實體聚會。試著把小規模的群眾招聚在小小的咖啡廳或讀書空間裡，並進行自己的第一次演講，也是挺有意義的。開始雖然微小，但這樣的開始便能引領你到更大的舞台。

抓住能在新聞中以專家身分給予評論的機會

記者總是在尋找專家。不是只有該領域的最高權威者或最高位置的人才能成為那對象。新聞報導要從各種領域、不同角度來撰寫，因此，就需要聽取相關人員的意見。

這意思是，你也能成為新聞媒體在尋找的相關人員。通常記者會選先前因取材認識的一個人來聯絡，或是試著打聽從其他報導或資料中看過的人的聯絡方式。所以，最重要的是得讓我出現在新聞裡，只要有一次的曝光，就會有很高機率延續下去，像是接二連三地做專家回應、取材、採訪等。

要怎麼做才能被記者的雷達網捕捉到呢？不能只是呆呆地等著記者找上門，必須進入那雷達網裡面才行。若有認識的記者，或是有人幫忙作媒來認識的機會，就要積極地去嘗試。別一開始就瞄準大媒體而感到失望，應該從業界專門雜誌或協會發行媒體等相對比較容易靠近的小媒體開始做。

持續訂閱業界新聞報導，找出跟我所屬專業領域連繫在一起的所有報導，並把各家媒體和記者列出來。把自己看完報導後的意見或是介紹自己的內容寫下來，寄到報導最下方的記者電子郵箱裡，這種積極的態度也很好。可以針對記者寫的一篇新聞報導提出與之相關的後續報導的提案，或者向記者傳達業界消息，這都是促使記者進行後續取材的方法。在介紹時，讓自己所屬專業領域與現實社會中成為話題的項目、領域等連結在一起，這樣就會更有效地讓其被報導出來。

◎投稿

新聞的意見版是開放給每個人的版面。不分男女老少，所有人都可以自由投稿，針對日常中發生的現象或錯誤的事發表指責、忠告或意見等。當然，寄送投稿文到被刊登，得經過一定期間的審稿。去叩叩看新聞報社中隸屬編輯的「新聞讀者部」、「新聞媒體部」、「讀者服務部」的門。如果日刊雜誌行不通，那麼就從業界的刊物、專門雜誌著手挑戰！

「公開的我」必須展現端正的言行和善意

在網路上以自己的名字製作、分享內容時，或參與線下實體聚會時，在那些場合中，總是要努力做出得體又端正的言行舉止。別因為面前沒人就使用粗暴的言詞，也別發布尚未確認的資訊，千萬不能有這些不恰當的舉動。若是已經決意要以專家的身分「宣傳自己」，不論是在線上，還是在線下，都必須多留意自己所展現的一切，也要更細心去管理口碑。

與此同時，也總是要自我檢視：「公開的我」提供的建議與貢獻是否有帶給其他人幫助。比起追求眼前的利益，更應該把視野放寬廣一點，要努力讓我的專業帶給他人與社會幫助才對。這才是讓我這品牌搭建得牢固又完備的策略。我自己能因著幫助別人而成長，我的事業也能因此變得繁盛，還能期待著伴隨良性循環的軌道而來的快樂。

/ column /

在公開場合展現自己的舉例

◆ 透過電子郵件雜誌做網路行銷、發布公司消息的 Ballast I&C

Ballast I&C 為內容行銷公司，會撰寫行銷有關的報導，每兩週會發布一篇。沒有廣告推播，而是純粹提供資訊，這樣強烈的特色，讓接收者能毫無負擔地訂閱，由於能獲得品質優良的內容，人們對這間公司有越來越高的好感度與信任度。此外，因為可以藉此介紹自家公司的代表行銷人以及員工的專業能力，讓大家更認識他們。即使是用文字溝通，也能增進彼此的親密度、提升好感度。其實用這種形式來分享消息，還能衍生至後續營業。

◆ 一人公司勞務師的勞務相關刊物

宋在浩（音譯）勞務師自從創業、成立一人公司後，一直到今天，都不間斷地發行了電子郵件雜誌。內容上主要包含勞務相關消息、判例、法律修訂等。透過雜誌，將勞務師的專業帶給廣大顧客，也讓人感受到「一直都得到這位勞務師對我們公司的關照」，因此有相當高的滿意度。也因此成功創造出新顧客。

◆ 製作預備演講者的介紹資料（經歷與演講主題之介紹）

演講前必須準備一份能說明我在這領域中擁有怎樣的經歷和經驗，也就是自己身為專家的資料。把演講的主題整理出三個部分，把題目、概要以及實際演講時該使用到的簡報特點等一起寫下來。

定演講的主題時，要將自己的專業領域和當下引起的社會議題事項連繫在一起，這樣就能激發人們的好奇心，也更有益於被採納。若擁有部落格、YouTube 或電子郵件雜誌等，就一定要刊登些什麼，讓對方可以看到更多的資訊。

我的聲譽由我自己來管理

「累積良好的名譽需要二十年，但要毀掉這口碑只需要五分鐘。」——華倫・巴菲特

曾引發韓國全民憤怒的韓進集團第三代的一對姊妹「堅果門」及「潑水門」的甲方行為事件、蒙古醬油名譽會長向司機施暴，以及米斯特披薩（Mr. Pizza）會長施暴等等，這些事都是經由社群網站揭發而傳開、掀起軒然大波，不僅對當事人，甚至是對公司整體的名聲和經營狀況，皆造成頗大的影響。前途似錦的新創企業代表也因為辭職員工在個人 Facebook 上發文揭露了自己遭到毆打的事實，給社會帶來極大的衝擊，終究辭去代表一職。曾開一家知名馬卡龍專賣店的小工商業者，也因為在社群網站上和客人起衝突，以致店家 Facebook 粉絲專頁上的負面評論滿天飛，最後只好結束營業。

CEO 的形象、名聲與公司的口碑，存在著密不可分的關係。許多專家表示，企業形象近 70% 至 80% 都是由 CEO 所左右。對外的口碑，雖然可以被管理和企劃到某種程度，但仍有界限。因為名聲不是硬塞的，而是反映出那人的價值觀和品格如何，不論是透過什麼方式展現，統統都會左右那人的口碑。

對中小企業、新創公司、小工商業者和一人公司等來說，針對老闆本身做宣傳，就等於是在為公司做宣傳；反觀，老闆的危機會直接影響公司，讓公司陷入危機之中。

口碑管理就從內部做起

口碑管理必須從內部做起。意即，要把員工想成內部的顧客。由員工口中所說的公司消息或是對代表人的評價，會透過各式各樣的管道傳出去。老闆不該區分員工的所屬職級，應該要拉近與員工之間心理的距離並積極溝通，藉此提高歸屬感。

即便不是公司的代表，內部口碑對我們所有人來說也都非常重要。升遷或轉換跑道的最終結果，都會受到內部口碑的影響。企業會為了更了解求職者而調查個人口碑，一般來說，人事部會透過前一份工作的同事或學校同學來做確認。尤其國外企業，60%都一定會調查口碑，即使不是國外企業，越是高層的職位，就越需經由調查口碑的程序。最近有個趨勢，有越來越多公司會使用外部的付費口碑調查機構。

「我被搜尋，故我在」—— 在社群網站時代裡顯得更重要的外部口碑

十一世紀，活躍在非洲西北部一帶，主導世界貿易的馬格里布商人，他們之所以能穩定地進行交易，都要歸功於「商人聯合組織」。作為組織成員的貿易商與中介商會禁止口碑差的人在市場上活動，這樣的措施就是當時缺乏商業法體系或通訊技術，依然能維持著生意穩定的解套法。簡單來說，就是外部口碑變成一種商業許可書。

現在其實跟當時沒什麼不同。市場經濟的規範並不只受法律上的約束。消費者或參與者口中的評價，就有著更為強大的約束力。作為共享經濟先驅的 Airbnb、優步（Uber），他們之所以能成長並擁有超越希爾頓集團與 BMW 的企業價值，最大功臣就是有實質約束力的參與者們的口碑。使用者

回饋造就了比任何一項政府的約束都還要強烈的事業規範。

在社群網站時代裡，太容易又大量造就出看不見我的監視者和評價者。的確就是「我被搜尋，故我在」的時代。跟個人有關的網路資訊多到滿溢出來，隨之形成的網路聲量也顯得更重要了。對此，韓國企業聲量研究所具昌煥（音譯）所長解釋：「越是負面聲量，傳播的速度和範圍是越迅速又廣泛，而聲量就算是一個內容，足以影響消費者。」

企業的網路聲量風險管理是一項艱難的工作。得組織一個專案組或部門進行監測、進行內容的生產與發佈，以及提高粉絲人數等等，也要為了安撫負面輿論，努力打造正面形象。不過，說要去「管理」社群網路的聲量風險，根本上是不可能做到的。管理聲量的核心就是從頭到尾都不做會拉低口碑的事。數位聲量管理的基本原則如下。

◎乾脆禁止不該出現的言詞

把文章上傳到社群網站之前，要先好好思考是否包含了不該出現的言詞，若是跟公司有關的內容，就更應該注意這部分。帶有內部機密的資訊、毀謗顧客的言詞、髒話、種族歧視、性別歧視、獵奇又淫穢的內容，都乾脆別刊登。「這種程度……大家應該只當作玩笑看看而已吧？」這種安逸的想法是大忌。

◎明確地切割公與私

若想使用個人的社群網站，請務必分清個人帳號和公司帳號來管理。然而，只要本人是公司的代表或主要業務負責人，最安全的做法就是把所有社群網站想成是「對外公開」的來使用。就算是個人的社群網站，那也是一個與社會互動的空間，必須好好整頓且成熟地經營才行。

◎週期性的監測

定期上網搜尋，監測是否有負面或與事實不符的內容。若有負面內容曝光之情形，就必須迅速地應對該狀況。

◎做錯事，就應真誠且快速地應對

因本人的失手或錯誤而造成負面輿論之形成，這時，最正確做法是承認錯誤、趕快低頭道歉。請求原諒的道歉，有基本該做的三件事：先針對做錯的部分有所認知和承認，低頭道歉，最後向人們承諾下不為例。含糊不清的辯解反而會讓問題變得更糟糕。

◎當有外部刊登惡意內容時，應積極地應對

看到那些可能對我產生負面評價的社群網站內容後，若是帶著置之不理的態度而不面對，就會讓問題持續擴大。當事態變得極為嚴重時，尋求網路聲譽管理業者的幫助，也是個辦法。

聲譽不是一兩天就能形成的，不存在所謂的提高聲譽的捷徑、速成法。就只有主動為了累積良好的聲譽而每天付出努力、多加留意的這條路而已了。這是能促使自我成長、更成熟的過程。也就是說，聲譽管理並非為了躲避外部的眼目而被動去做的行為，而是為了在面對內心的標準時不感到愧歉，積極地反省自己的自我保護。

/ column /

公司在僱用有工作經驗者之前調查口碑，會向誰詢問些什麼？

根據韓國人力銀行 JobKorea 於 2018 年以 378 位企業人事部門主管為對象，針對有工作經驗者調查口碑之調查結果顯示，有 40%的企業會在僱用有工作經驗者時調查口碑（大企業中有 51.6%、中小企業中有 38%、公營企業中有 26.9%、國外企業中有 58.6%）。還有，有 64.9%的人事主管表示，有應徵者是公司在尚未決定要雇用誰的狀況下，因為調查口碑後的結果而獲得錄取的。除此之外，也有人是幾乎確定要雇用，卻因為調查口碑後的結果，而擱置了其入職資格，這回答竟達到了 45.7%。

◆ 調查口碑的方法

▲詢問前一份工作的直屬上司（43%）

▲詢問前一份工作的人事主管（37.7%）

▲造訪個人社群網站（27.2%）

▲詢問前一份公司的同事（21.2%）

◆ 想藉由調查口碑確認的事項

▲業務能力（58.9%）

▲人緣、組織適應力（43.7%）

▲確認經歷的真偽（34.4%）

▲透過人品、性格等確認能否信任（31.1%）

▲離開前一份工作的原因（25.8%）

◆ 經調查口碑後決定不錄用的理由

▲因為有跟前一份工作的同事之間不合，或是破壞組織氣氛的評價（65.2%）

▲因前一份工作中有對業績過度包裝之情形（55.1%）

▲填寫了偽造的履歷內容（21.7%）

▲因個人社群網站上充斥著不平不滿、毀謗等負面內容（17.4%）

◆ 經調查口碑後決定錄用的理由

▲因為前一份工作的成就比履歷表上的內容來得優秀（57.1%）

▲因為與上司、同事之間感情好（51%）

▲因為前一份工作的上司和同事口中所說的評價良好（46.9%）

最棒的「自我推廣法」

若只能選出最有效「宣傳自己」的一種方法，筆者一定會毫不猶豫地回答：「就是寫書！」找出能造就出「我」這品牌的內容，持續地去開發這些部分，過程中經歷的關注的事、興趣、特殊經驗等，可以藉由寫書這項工作，把自己的一系列成果整理出來。當然在工作的同時，還要寫書，這一點都不輕鬆。擁有一份好企劃只是基本，要把想法化為文字、不斷寫下去，是需要用上很大力氣來做的勞動。即使如此，當手裡拿著有鑲上我名字的書時，就有種得到無法言喻的極大成就感。

寫書的真正奧秘，就是在這個之後。你透過書，開啟了「宣傳自己」的嶄新大門。是不是很想一探究竟，看看那扇門後面有什麼呢？

寫書就是個執照，是成為專家的認證

我們會在做事時學到許多經驗。透過做事而累積的訣竅，就是最棒的資產。對我來說，就跟平常一樣，做著稀鬆平常的業務，但對其他人來說，卻是賦予了想嘗試創業的力量。寫書就是用可視又正式的方法對這專業性進行認證。透過寫書，可以把現在從事工作的訣竅、專業性與經驗統統裝在一起，沒有其他比這件事能更明顯地展現自己的品牌了。

「我真的能被稱作是專家嗎？」

「比我優秀的人很多，我如果寫書，到後來卻丟人現眼，怎麼辦啊？」

會有這些擔心是正常的。但，如果試著這麼想呢？「我並非因為是專家才寫的，而是為了要成為專家，才邊學習邊寫的。」「寫書」的同義詞就是「學習」。這是因為若是決定要寫文章而開始付諸實踐，就絕對不得不「學習」。除了寫日記這種極為私人的文章之外，光是靜靜地坐著、只靠在腦中思考，很難寫出龐大分量的文章。為了寫出一兩張 A4 大小的文字稿，必須要去找比這分量還要多的書籍或資料來看。思考的量會比資料的量還要多。與其擔心該拿這麼辛苦的過程怎麼辦，不如去想，就是因為這樣，才會說「即便不是專家，也值得試試看」。

茶山丁若鏞作為留下眾多著作的大學者，被譽為「朝鮮時代文藝復興人（Renaissance Man）」。即使在黑暗的流放生活中，依舊沒有感到絲毫的挫折，還執筆寫下五百多本書。當茶山的兒子寫信給位在流放地的他，告訴他：「我最近在養雞。」他便會回覆：「還是我把飼養家畜的過程集結起來出一本書好了。」可見他十分埋頭於整理和寫書。這裡要強調的是，不要只停留在閱讀書籍，應該是要把那些內容整理出來，再加上自身的經驗和意見，然後集結成書，這就是展現知識的最佳方法。這就是促使他成為大學者的「茶山式的學習法」。

寫書的過程，就是能整理知識、資訊和經驗，並實現系統化的機會。再次好好察看原本散落在電腦裡、我的腦袋裡的知識和訣竅，並藉由學習把空著的地方補齊，這就是寫書。不是說「玉不琢，不成器」嗎？讓玉石經過琢磨成為玉器的過程，就是寫書。

創造嶄新機會的大門

原為大企業人力資源組次長的劉景哲（音譯）先生，在他四十歲的那一年辭掉了工作，跳進自由業，走上成為講師之路。讓他有勇氣離開穩定的職場生活，站出來成為一人企業家的，就是寫書。

他將一直以來進行的員工教育經驗，以及不間斷地學習跟業務有關的部分集合起來，出了他的第一本書《轉推彼得・杜拉克的人才經營到現實裡》（暫譯），他憑藉這本書獲得了專業認證。獨立後，持續努力拓展可以擔任講者的機會，並在第三年時獲得優秀講師之獎項，還因為一年間針對國內優秀企業進行共計 1,000 個小時以上的教育，而被評為業界中最優秀的企業教育講師。在那之後，他也持續出書，像是《問題解決者》（暫譯）、《完美溝通法》（暫譯）等。

「每一次的寫書和出版，都讓我的職業生涯往上提升了一個階段。出了第一本書後，我便從職場人轉換為自由工作者，接著，隨著第二本書的成功，我也成為了一人企業家，站穩了腳跟。關於人事教育，是個必須一直更新的領域，這代表著在主動學習方面不能怠惰，而把這過程與寫書這件事連結在一起，就是我的策略。這就是對我而言最強的宣傳手法。遞書給對方比遞簡歷或名片都要好，這才是獲取對方信任的有效方法。」—— 溝通與共感（Communication & Empathy）的劉景哲代表

寫書對自營業的小工商業者來說，也是個極為有用的宣傳手法。去書店看一看，就會發現有許多小商店老闆寫的書。做生意的訣竅、創業過程、經驗談，或是簡單地把過程中獲得的洞察力寫出來，這些由商店老闆流血流汗

寫出來的策略，帶給同伴很大的幫助。

《小商店的成功指南：賺三倍月薪的小商店，只需做三件事就行》（暫譯）作者趙聖民（音譯），他以咖啡店打工仔起家，已經出版了兩本書。如今，大家都稱他為「知識經營咖啡師」，他作為經營小商店專家到處進行演講，還有寫書。有一位經歷斷絕的女性（譯註：有業務能力，卻因生產、育兒而離開職場的女性）睽違十年重返職場，搖身成為公司前線教育師、內部講師，她將整個過程寫成一本書，書名為《65 的奇蹟》（暫譯）。據說，該作者金智安（音譯）之所以會寫這本書，是想把希望和勇氣分享給有同樣經歷的「大嬸」們。行銷人斯蒂芬・布朗（Stephen Brown）在《後現代行銷》（暫譯）（Free Gift Inside!!）一書中提到，「寫書就是放大行銷的另一個了不起的方法」。寫書就是為自己做宣傳的道具，也是對自己冠上「專家」稱謂的最高學位證書。

藉由瑣碎日常成為作者的人們

有人只要提到寫書就怯場，他們都會說：「我太平凡了，沒什麼值得寫成文章的了不起的經驗或生活。」其實並沒有明文規定哪些是值得寫的。不是有這麼的一句話嗎？「再怎麼微小的事，一旦記錄下來，就都會成為歷史。」若想讓瑣碎的日常變得有能量，就必須要不間斷地站在新觀點上察看並記錄才行。而往往就是這些日常的記錄，會引導我們進入全新的職涯中，帶我們為新的事業起步。

有一本叫《一年的早晨 —— 相隔 3191 英里》（A Year of Mornings: 3191 Miles Apart）的寫真筆記書，就是一個把瑣碎日常做成好內容的例子。住在美國東部緬因州波特蘭的瑪麗亞（Maria），和住在完全反方向的美國西部奧勒岡州波特蘭的史蒂芬妮（Stephanie），這兩位互不認識的女性部落客，看到彼此在各自部落格中上傳的照片之後產生好感，後來便決定要共同創建一個部落格，並在那裡上傳各自的早晨風景照，就這樣開始了「一年的早晨 —— 相隔 3191 英里」計畫。這項計畫受到許多部落客的喜愛，在出版成書之後，許多國家也陸續出版了各自的譯本。即使只是個平凡的日常，若用獨特的視線去看、去記錄，就會像這般成為良好的文化內容。

此外，還可以遇見許多平凡人透過日常的素材寫成的書。在一位小菜專賣店老闆的詩集《寫給正行走在愛的道路上的你》（暫譯）當中，樸素地將瑣碎的日常故事，以及總是伴隨他左右並賦予他力量的家人的故事裝在一起，就好像是各種清淡、美味的小菜一樣。以及，成為牙科醫師二十八年的劉尚勳（音譯），在全羅南道麗水經營一家醫院，他把左鄰右舍與村裡的故事寫下來，出版成詩集《母親與星巴克》（暫譯）。新創公司 Her story 以「我幫媽媽製作的自傳」為宗旨，將我們平凡的母親、奶奶口述的人生歷程整理好，製作成自傳。他們的主張是，所有人的人生都值得被記錄下來。就像這樣，我們自己也能成為書籍的作者，也能成為書本中的主角。

開始寫作 —— 以部落格與日記等來累積「書寫功力」

要開始投入寫書，其實是會感到茫然的。到底要寫什麼，又要怎麼寫，就算已經定好主題，要寫出完整一篇文章，並不容易。若是想不到該寫些什麼，就從可以執行的部分開始，一步一步著手試試看。先從整理正在進行的業務內容開始，如果有最近剛結束的計畫，可以把相關資料統統放在同一個資料夾。從最一剛開始的企劃案、推進過程中整理的文件、與其他各機關往來的公文、找來看的所有參考文獻、結果報告，到照片和影像，全部蒐集到一個檔案夾裡，若可行，還能去影印並裝訂成冊。這就會成為專屬我的圖書館館藏。只要好好集中整理好，並放在同個抽屜裡，之後也都可以在需要時拿來閱讀。在這圖書館裡，整理好的資料越多，就越能感受到物性上的滿足，也越能賦予去行動的動機，就是這麼有效果。

有了這些資料之後，針對那業務的部分做成一本手冊也是不錯的。可以假設自己需要把事情交接給其他員工或是後輩，想著自己該告訴對方什麼，用自問自答的方式來製作。試著整理自身的知識、經驗，也藉由學習和調查來補齊不足的部分吧！這些將會是日後寫書的珍貴資料。當然，這些其實也算是一本書了。

透過網路平台來寫作，從各方面來看，也都很有益處。適合上傳、分享文章的平台就是部落格和粉絲俱樂部。有時，上傳到部落格的文章，會被出版社看中，而有後續的出版機會。往往已經出書，或是有出書計畫時，也都會事先或者同步在部落格上進行宣傳。現在就創一個部落格或粉絲俱樂部，定出想寫的主題來上傳文章吧！要是在為出書做企劃，或是真正在寫書的過程中，持續上傳參考文獻、小論文等等，這樣對我自己而言就是個好的記錄本，也能藉此獲取未來的讀者，會有一舉兩得的效果。倘若想更輕鬆地開始投入寫作，那麼可以從自己所喜歡的事開始做起，像是寫日記、遊記、讀後心得、電影觀後感等等。先試著寫寫看，然後寫多一點，才能累積寫作功力。

寫書，促使自己成長的人生課題

寫書的美德在於結果，也在於整個過程。光是有整理業務或製作手冊的經驗，就能有所領悟。我做了哪些事、我在哪些部分失敗了、未來該好好補齊的部分又是什麼，可以像這樣清楚看清與業務有關的現狀與明天。如果能先正確地了解這些，之後的步驟就簡單多了。

《邊工作邊寫書》（暫譯）是由卓正言（音譯）作家與全美玉（音譯）作家所撰寫的書，他們說：「務必要為了突破『現在的自己』來挑戰寫書這件事，這是我們『人生課題』。寫書，根本就不需要什麼才能。關鍵在於推進能力，而不是寫作能力。」

小說《週末同床》作者李萬喬（音譯）在一本跟寫作有關的書籍《改變我的寫作工作室》（暫譯）中提及，雖然有許多人想要寫書，但真正寫書的人卻極為稀少，而對這原因他是這麼說的：

「你是真的很想寫作嗎？還是說，你只是『想寫寫看』而已？你是真想成為作家？還是，你只是口口聲聲說想成為作家，卻僅止於對活躍在同好會裡的自己感到滿足的夢想家呢……？」

也就是說，在寫書方面是成功還是失敗，關鍵就在於有沒有迫切的心和意志。

「宣傳自己」的最終方法，就是要具備能接受自己、為自己感到驕傲的能力。不需要特地展現些什麼，對方也能看見自己身上那優秀的一面。讓自己變得優秀的有效方法就是寫書。縱使這件事做起來一點也不簡單，還需要耗費大量的時間。我擁有什麼樣的內容？寫好的這些文章能幫助到誰？要如何撥空來寫文章？你正考慮這些部分嗎？那麼，你已經是一位作家了。

/ 後記 /

找尋最適合自己的實戰行銷術

從事公關行銷的工作久了，不知不覺就有了職業病。跟人見面時，就會很自動地去想，有哪些事情可以宣傳、用什麼方式來做那件事可以更好地被宣傳。我本來就是個會多管閒事的人，所以會產生這些、那些各種想法，然後再告訴對方。

尤其是和中小企業、小工商業者、新創公司、一人公司、非營利財團、藝術文化團體、藝術家等等見面的時候，這毛病就會發作。這是因為他們比任何人都擁有更好的宣傳事物，也就是內容。如果好好去挖掘，就會出現促使事情和人成長的公關行銷好策略，因此無法不去關注這些部分。應該是因為我比起看到寶石商家陳列架上的經過精細雕琢後價格昂貴的飾品，看見一整座充滿品質優良的原石礦山時，更會覺得興奮。還有，也是因為了解原石的懇切之心的緣故，它們一心只想著：「我也想成為能照亮這個世界、發出光彩而受矚目的存在。」

寫這本書的我們兩個人帶著同一份期盼，也是存在在這世界上無數原石中的其中一顆。在組織裡工作二十多年，到後來自己創業、面對世界，才發現我們遭遇的最大問題就是「該如何讓大家認識我們」，也就是公關行銷。不是吧，即使是公關行銷公司，自身宣傳這件事仍是非常急迫又很困難啊！我們把自己看作最重要的「客人」，就這樣很認真地開始了與自己的會議。於是，我們便沉靜下來觀察，我們是什麼樣的人、擅長做那些事，還有，擁有著什麼夢想，以及讓我們有如今成就的有意義的經驗和小故事。察看我們的優勢與劣勢、機會與威脅，也一一地仔細去看圍繞在我們事業的周遭環境。還有，緊緊抓住我們事業的核心 ——「何謂公關行銷」—— 這根本的疑問，努力去尋求其答案。

我們走過了這段時間，也在公關行銷的現場上遇見了許多的人與案例。有時，我們也幫各種產業群的企業、團體、個人及文化藝術做公關行銷。有些公關行銷的理論，當然是很恰當地在每個當下使用，但更多時候的狀況是，實際狀況和理論完全不一樣，而讓我們手忙腳亂。有時，只是當成興趣去做的事，卻意外地獲得行銷上的成功。這些大大小小的經驗累積起來，成為專屬我們自己的珍貴訣竅。

經歷了這一連串的過程之後，我們更進一步地了解到「何謂公關行銷」這疑問。對此，我們得到了以下兩個解答。

「所有存在物都擁有專屬自己的內容。公關行銷就是『要找出 100 人 100 色一百種故事』。」

「最佳的公關行銷策略就是『真誠』。」

這本書帶著大家尋找「最適合各自的」公關行銷，內容樸素卻是一場真正的大冒險。請喚醒在自己心裡的英雄，邁開步伐、走向冒險之路。「當市場與社會看著我正在做的事情時，會不會覺得很無聊、沒什麼大不了啊？」「做了行銷，這世界就會認出我的存在嗎？」「話說，夢想與現實太不一樣了，乾脆不挑戰嶄新的事，就照原本的做法做下去會不會比較好？」真的很想朝著如此想的脆弱的心中，擲一顆小石子。

你比自己想像中擁有更帥氣的故事！因為最了解你的就是自己，所以自己應該要懂得創造出具有魅力且可以宣傳的事物。不是作為統稱自營業者、企業家、創業家、小工商業者、社會活動家及藝術家的職業而已，而是透過自己的工作對社會帶來貢獻、努力成長為提升自身價值的價值創造者，這方法就是公關行銷。

在你尋找那價值的旅途上，希望這本書能助你一臂之力，能扮演著指南針、地圖，或者是雪巴人的角色。這也是為什麼我們會想帶領大家去尋找什麼是有價值的故事、有什麼能裝載那故事的方法，並且針對「具備做宣傳心態」來寫這本書的原因。在急速變化的媒體環境中，方法和技術的型態也持續產生改變，相對來說，更想分享最為基本的原創技術，意思就是我們著重在教你抓魚的方法，而不是直接把魚給你。

寫書的過程實在很不容易。當初只是想著：「這些都是我們知道的，把現在做的事情整理好就行，應該可以很輕鬆地寫完吧？」而毫不畏懼開始的那個我們，大家一定不知道我們自責自己多少次。越寫就越深切認知到自己的不足，甚至感到畏縮和挫折。再加上，公關行銷具有總在變化、很難去預測的屬性，在寫書的這段時間裡，不斷有新的例子和理論湧出來，以致我們一直在拖延寫書這件事。

每當想拖延時，就會回想當初決定要寫書的初心，就是希望「成為一名能藉由我做得最好的事來幫助他人的人」。喜歡聽其他人的故事，並從那些故事裡找出可以拿來宣傳的事物，這就是屬於我們的樂趣與優勢，不是嗎？我們想跟各位分享的是，公關行銷不單純只是在製作廣告、經營社群網站的平台而已，而是在整個過程中，搞清楚跟自己有關的部分，好好地展望未來，是如此帥氣地探索自我的時間。

並不是書出版後、上架在書店裡就代表大功告成。有生命力的書籍，反而會在這時宣告自己的開始。希望藉由這本書，能聚集更多願意彼此分享公關行銷相關資訊與動向並互助的人。我們夢想著 100 人 100 色，也就是形形色色的人之間能各以不同的故事和展望交流相處、好好摸索宣傳策略，也希望彼此之間的關係是在需要時能形成互利互助的網路，成為彼此的市場、顧客、評論家，也成為彼此的導師與學員。

為了實現這點，我們的第一步就是把實戰的公關行銷訊息藉由電子報的方式寄送給需要的人。公司的官方網站和部落格上，也都有上傳、分享各式各樣公關行銷的資訊。我們隨時歡迎小型企業、非營利團體、自由業者、藝術家在企劃或執行公關行銷過程遇到任何疑問時，都可以來尋找答案或是直接諮詢。我們不僅有線上管道，也有線下管道，很期望跟更多的人和例子相遇。就在不久前，我們以個人品牌的主題，開設了線下特別講座，獲得了超過預期的大量關心與參與。

我們像這樣突破線上與線下之間的界線，很想與許多人見面。欲蒐集各樣產業群的企業、團體和個人的故事，並接受公關行銷策略的諮詢，藉此創造一個充滿臨場感，又能累積數據和解決方案的平台。意思是要為了做事的人 —— 工作者 —— 打造形成一個網路的基礎，而這就是這本書的使命。

坦白來講，我們依然覺得公關行銷很難。看來以後也會這麼想。「100 人 100 色一百種故事」對我們來說，是一項充滿樂趣的挑戰，同時也是最難的考題。因為每一次都需要擬定不同的企劃、進行不同的研究，以及相應的不同測定結果。不論是成功還是失敗，所有的經驗和資訊都會是有用的資產，有助於下一次企劃的產出。若堅信自己一定會有所成長，就足以面對現階段的困難並堅持忍耐。原來，我們就是像這樣透過工作來學習人生的啊！

參考書籍

Bruce H. Joffe.(2008). *Personal PR*. Xlibris.

Leonard Saffir.(2007). *PR on a Budget*. KAPLAN.

金永珠（音譯）（譯）（2018）。《**企劃是模式**（暫譯）》（*project design patterns*）（原作者：梶原文生、井庭崇）。BookStone。

郭俊植（音譯）（2012）。《**品牌，遇見行動經濟學**（暫譯）》。Galmaenamu。

金圭民（音譯）（2017）。《**製作能帶來一百萬個讚的卡片新聞**（暫譯）》。biz books。

金根裴（音譯）（2014）。《**具有吸引力的概念法則**（暫譯）》。中央圖書。

金大勇（音譯）（2016）。《**口碑就是一切**（暫譯）。每日經濟新聞社。

金英文（音譯）（2015）。《**為了成功創業的宣傳與廣告策略**（暫譯）》。Jip Hyun Jae。

金政泰（音譯）（2010）。《**故事勝過資歷**（暫譯）》。蓋倫帆船（暫譯）。

金柱虎（音譯）（2010）。《**PR 的力量**（暫譯）》。communicationbooks。

金泰昱（音譯）（2008）。《**打造聰明的宣傳團隊的實戰宣傳研討會**（暫譯）》。communicationbooks。

金泰昱（音譯）（2010）。《**策略宣傳習作**（暫譯）》。communicationbooks。

金浩（音譯）、鄭載勝（音譯）（2011）。《**爽快地道歉吧**（暫譯）》。acrossbook。

安世敏（音譯）（譯）（2013）。《**反脆弱**（*Antifragile*）》（原作者：納西姆・尼可拉斯・塔雷伯 Nassim Nicholas Taleb）。wiseberry。

中譯版*：羅耀宗（譯）（2013）。《**反脆弱：脆弱的反義詞不是堅強，是反脆弱**（*Antifragile: Things That Gain from Disorder*）》（原作者：納西姆・尼可拉斯・塔雷伯 Nassim Nicholas Taleb）。大塊文化。

南忠熙（音譯）（2011）。《**報告的七個原則**（暫譯）》。《黃金獅子（暫譯）》。

李創申（音譯）（譯）（2016）。《**快思慢想**（*Thinking, Fast and Slow*）》（原作者：丹尼爾・康納曼 Daniel Kahneman）。gimmyoung publishers。

中譯版*：洪蘭（譯）（2012）。《**快思慢想**（*Thinking, Fast and Slow*）》（原作者：丹尼爾・康納曼 Daniel Kahneman）。天下文化。

大圖書館（Great Library）（2018）。《**YouTube 界之神**（暫譯）》。BusinessBooks。

劉政植（音譯）（譯）（2017）。《**The Airbnb Story**（原作者：莉・蓋勒格 Leigh

Gallagher）》。dasanbooks。
中譯版*：洪慧芳（譯）（2018）。《**Airbnb 創業生存法則**（*The Airbnb Story*）》（原作者：莉・蓋勒格 Leigh Gallagher）。天下雜誌。
申率葉（音譯）（譯）（2018）。《**YouTube 革命**（暫譯）》（原作者：羅伯・金索 Robert Kyncl、曼尼・培文 Maany Peyvan）。TheQuestBook。
中譯版*：陳毓容（譯）（2018）。《**串流龐克：YouTube 商務總監揭密 100 個超級 YouTuber 經營社群粉絲的爆紅策略**（*Streampunks: How YouTube and the New Creators Are Transforming Our Lives*）》（原作者：羅伯・金索 Robert Kyncl、曼尼・培文 Maany Peyvan）。高寶。
朴世延（音譯）（譯）（2018）。《**聰明人的愚蠢選擇**（暫譯）》（原作者理查・塞勒 Richard H. Thaler）》。LeadersBook。
中譯版*：劉怡女（譯）（2016）。《**不當行為：行為經濟學之父教你更聰明的思考、理財、看世界**（*Misbehaving: The Making of Behavioral Economics*）》（原作者：理查・塞勒 Richard H. Thaler）。先覺。
安振煥（音譯）（譯）（2009）。《**推力**（*Nudge*）》（原作者：理查・塞勒 Richard H. Thaler、凱斯・桑思坦 Cass R. Sunstein）。leadersbook。
中譯版*：張美惠（譯）（2009）。《**推力：決定你的健康、財富與快樂**（*Nudge: Improving Decisions About Health, Wealth, and Happiness*）》（原作者：理查・塞勒 Richard H. Thaler、凱斯・桑思坦 Cass R. Sunstein）。時報出版。
盧惠寧（音譯）（譯）（2002）。《**游擊戰 PR**（暫譯）》（*Guerrilla P.R. Wired*）（原作者：邁克爾・萊文 Michael Levine）。goodmorningmedia。
金仁秀（音譯）（譯）（2018）。《**內容的未來**（暫譯）》（*The Content Trap*）（原作者：阿納德 Bharat Anand）。leadersbook。
朴基哲(音譯)(2011)。《**PR —— 超越策略、朝向哲學**(暫譯)。communicationbooks。
朴美艾（音譯）（2013）。《**部落格行銷**（暫譯）》。資訊文化社（暫譯）。
朴準基（音譯）、金道煜（音譯）、朴勇範（音譯）（2016）。《**知識創業者**（暫譯）》。Sam & parkers。
朴泰賢（音譯）（2010）。《**A player**》。Woongjin wings。
裴星煥（音譯）（2011）。《**社群網站超強行銷**（暫譯）》。名家出版。
石寶藍（音譯）（2007）。《**給創業者、中小企業的行銷 PR 公式**（暫譯）》。intermedia。
金太勳（音譯）（譯）（2019）。《**這就是行銷**（*This Is Marketing: You Can't Be Seen Until You Learn to See*）》（原作者：賽斯・高汀 Seth Godin）。Sam & parkers。
宋淑希（音譯）（2007）。《**擁有你自己的書吧**（暫譯）》。kugil media。
宋海龍（音譯）、金源制（音譯）等人（2015）。《**看國外成功案例來學習風險傳播策略**

（暫譯）》。communicationbooks。
申東光（音譯）、全正雅（音譯）等人（2014）。《**宣傳之神**（暫譯）》。綠色的魚（暫譯）。
申浩昌（音譯）（2013）。《**公司內的溝通**（暫譯）》。communicationbooks。
安希坤（音譯）（2018）。《**網路生存行銷**（暫譯）》。Ritec Contents。
李景南（音譯）（譯）（2018）。《**想法成為金錢的瞬間**（暫譯）》（*The Creative Curve: How to Develop the Right Idea, at the Right Time*）（阿倫・甘尼特 Allen Gannett）。RHK。
楊春美（音譯）（2018）。《**出版社編輯傳授的寫書技巧**（暫譯）》。Cassiopeia。
吳鐘鉉（音譯）（2018）。《**Naver 行銷趨勢**（暫譯）》。biz books。
Occam（2015）。《**創業 Korea：發掘夾縫和機會**（暫譯）》。miraebook。
劉景哲（音譯）（2018）。《**完美溝通法**（暫譯）》。1000grusoop。
劉世煥（音譯）（2015）。《**先從結論開始寫吧**（暫譯）》。miraebook。
李光聖（音譯）（2015）。《**讓營業額翻百倍的病毒式行銷**（暫譯）》。思想飛翔（暫譯）。
李茂信（音譯）（2018）。《**不做行銷的行銷人**（暫譯）》。raonbook。
李永均（音譯）（2016）。《**轉動世界的力量 —— 宣傳**（暫譯）》。culturelook。
章純玉（音譯）（2005）。《**宣傳也是策略**（暫譯）》。bookvillage。
安振煥（音譯）（譯）（2003）。《**定位**（*Positioning*）》（原作者：傑克・屈特 Jack Trout、艾爾・賴茲 Al Ries）。乙酉文化社。
中譯版*：張佩傑（譯）（2019）。《**定位：在眾聲喧嘩的市場裡，進駐消費者心靈的最佳方法**（*Positioning: The Battle for Your Mind*）》（原作者：傑克・屈特 Jack Trout、艾爾・賴茲 Al Ries）。臉譜。
鄭勇民（音譯）（2012）。《**企業危機就以系統化來得勝吧**（暫譯）》。previewbooks。
鄭任錫（音譯）（2012）。《**廣告媒體策略 —— 不花錢的方法**（暫譯）》。communicationbooks。
鄭景秀（音譯）（2018）。《**一次就追上社群網路行銷**（暫譯）》。business map。
鄭池（音譯）（2016）。《**複製書**（暫譯）》。hummingbird。
趙勝延（音譯）（2012）。《**吹笛子的銷售員**（暫譯）》。21 世紀。
趙衍心（音譯）（2011）。《**我就是品牌**（暫譯）》。midasbooks。
趙永習（音譯）等人（2008）。《**廣告・宣傳實務特講**（暫譯）》。communicationbooks。
趙元錫（音譯）（2012）。《**用社群網站累積全新資歷**（暫譯）》。黃金夜梟。
金丁海（音譯）（譯）（2018）。《**The Amazon way**》（原作者：約翰・羅斯曼 John Rossman）。wisemap。

中譯版*：顏嘉南（譯）（2019）。**《亞馬遜管理聖經：亞馬遜為什麼那麼成功？揭開全球電商龍頭的 14 條領導守則**（*The Amazon way*）（原作者：約翰・羅斯曼 John Rossman）》。Smart 智富。
(株) Prain（2005）。**《誰都不曾教你的專家公關筆記**（暫譯）》。青年精神。
崔在赫（音譯）（2017）。**《網路平台行銷**（暫譯）》。raonbook。
崔準赫（音譯）（2008）。**《讓實踐力變強的 PR 企劃**（暫譯）》。青年精神。
朴瀣拉（音譯）（譯）（2018）。**《瞬間的力量**（暫譯）》（*The Power of Moments*）（原作者：奇普・希思 Chip Heath、丹・希思 Dan Heath）。Woongjin 知識家。
中譯版*：王敏雯（譯）（2019）。**《關鍵時刻：創造人生 1% 的完美瞬間，取代 99% 的平淡時刻**（*The Power of Moments: Why Certain Experiences Have Extraordinary Impact*）》（原作者：奇普・希思 Chip Heath、丹・希思 Dan Heath）。時報出版。
卓定言（音譯）、全美玉（音譯）（2006）。**《邊工作邊寫書**（暫譯）》。salami books。
金永昱（音譯）、金希菈（音譯）（譯）（2010）。**《危機管理 DNA**（暫譯）》（*Code Red in the Boardroom: Crisis Management As Organizational DNA*）（原作者：Coombs, W. Timothy）。communicationbooks。
李智妍（音譯）（譯）（2016）。**《Blod**（原作者：彼得・戴曼迪斯 Peter H. Diamandis、史蒂芬・科特勒 Steven Kotle）。BusinessBooks。
中譯版*：吳書榆（譯）（2016）。**《膽大無畏：這 10 年你最不該錯過的商業科技新趨勢，創業、工作、投資、人才育成的指數型藍圖**（*Bold: How to Go Big, Create Wealth and Impact the World*）》（原作者：彼得・戴曼迪斯 Peter H. Diamandis、史蒂芬・科特勒 Steven Kotle）。天下文化。
李智妍（音譯）（譯）（2019）。**《從 0 到 1**（*Zero to One*）（原作者：彼得・提爾 Peter Thiel）。《韓國經濟新聞報》。
中譯版*：季晶晶（譯）（2014）。**《從 0 到 1：打開世界運作的未知祕密，在意想不到之處發現價值》**（*Zero to One: Notes on Startups, or How to Build the Future*）（原作者：彼得・提爾 Peter Thiel）。天下雜誌。
房永虎（音譯）（譯）（2010）。**《個人化行銷**（暫譯）》（*High Visibility*）（原作者：Philip Kotler、Irving Rein）。Winner's book。
洪成泰（音譯）、趙秀勇（暫譯）（2017）。**《更好是不夠的，要不同**（暫譯）》。BookStone。

台灣廣廈國際出版集團
Taiwan Mansion International Group

國家圖書館出版品預行編目（CIP）資料

自媒體時代實戰行銷術：不必花大錢，用「真誠」與「內容」打動顧客！一人公司、新創公司、自由業都適用，從公關、宣傳、到網路行銷，精準傳遞品牌＆商品價值創造好業績！
/李娟受, 文仁宣作. -- 初版. -- 新北市：
財經傳訊出版社, 2022.09
面； 公分
ISBN 978-626-96106-0-0（平裝）
1.CST：行銷學 2.CST：行銷策略
496 11100829

財經傳訊
TIME & MONEY

自媒體時代實戰行銷術

不必花大錢，用「真誠」與「內容」打動顧客！一人公司、新創公司、自由業都適用，從公關、宣傳、到網路行銷，精準傳遞品牌＆商品價值創造好業績！

作　　者／李娟受、文仁宣
翻　　譯／林大懇
編輯中心編輯長／張秀環・**編輯**／陳宜鈴
封面設計／張家綺・**內頁排版**／菩薩蠻數位文化有限公司
製版・印刷・裝訂／皇甫彩藝印刷有限公司

行企研發中心總監／陳冠蒨
媒體公關組／陳柔彣
綜合業務組／何欣穎
線上學習中心總監／陳冠蒨
產品企製組／黃雅鈴

發 行 人／江媛珍
法 律 顧 問／第一國際法律事務所 余淑杏律師・北辰著作權事務所 蕭雄淋律師
出　　版／財經傳訊
發　　行／台灣廣廈有聲圖書有限公司
地址：新北市235中和區中山路二段359巷7號2樓
電話：（886）2-2225-5777・傳真：（886）2-2225-8052

代理印務・全球總經銷／知遠文化事業有限公司
地址：新北市222深坑區北深路三段155巷25號5樓
電話：（886）2-2664-8800・傳真：（886）2-2664-8801
郵 政 劃 撥／劃撥帳號：18836722
劃撥戶名：知遠文化事業有限公司（※單次購書金額未達1000元，請另付70元郵資。）

■出版日期：2022年09月
ISBN：978-626-96106-0-0